U0613638

马厩设计与运动场建设

[美] 艾琳·费边·惠勒
(Eileen Fabian Wheeler) 编著

邵 伟 主译

中国农业出版社
北 京

译 者 名 单

主　译　邵　伟

副主译　任万平　魏　勇　院　东　赵艳坤

参　译（按姓氏笔画排序）

王东海　杨　亮　杨　敏

张欣雨　蒋　文　雒诚龙

序

本书的写作历经了好几个春秋。可以想象一下，一个年轻人在餐馆一边等着上餐，一边在餐桌垫背面绘制本书马厩的布局图的情景。这本书是我历经多年研究，以长期积累的工程学设计知识为基础写成的，期望为马厩管理者和设施建造者提供参考。从在餐桌垫背面画马厩布局图一直到我任教期间，我接受了动物科学和农业工程的教育，以便更好地理解影响马厩设计主题的内涵。我对马的兴趣激发了我迫切想接受教育的渴望，这种渴望又催生了我想帮助其他热爱马的人去了解更多马厩功能和基本设计原则的想法。

我的记忆里充满了干草、马和皮革混杂在一起的气味。马咀嚼饲料的声音令人愉悦，明亮通风的马厩让人感觉舒适，只需要设计和管理良好的马厩，而不论它的设计是豪华的还是朴素的。我希望这本书能对这类设施的设计有所帮助。

我创作这本书的动机之一是再次强调必须为马厩提供充足的通风，以保证良好的空气质量。我经过多年研究各种牲畜建筑的通风情况发现，目前马厩设计的趋势是效仿住宅建筑设计并实践。这些系统在提供舒适的条件和提高空气质量方面起到了巨大的作用，但却严重降低了马厩和马术竞技场环境的空气质量，导致许多新建的马厩环境反而比传统的马厩更差。

本书大多数马厩建筑结构的具体细节图、详细的设计和规划图都是在建筑商、专业工程师和相关资料中找到的。我期望能为读者提供足够的背景信息，以便其在马厩设计方面做出正确的决策。撰写本书的最终目的是保障马的健康和为人类管理提供方便。

艾琳·费边·惠勒

致谢

我难以对所有为本书的成功创作做出巨大贡献的人——表示感谢。作为本书的主要创作者，这本书的内容来自我通过专业学习和多年磨炼的经验获得的知识。我感激无数为这本书做出具体贡献的人。现在让我按照他们直接投入到这个项目的时间进行致谢。

当你喜欢这本书和它所传达的大量信息时（请记住，一幅"图片"胜过千言万语），我想让你知道，这是技术插画师威廉·莫耶为这本书所做的工作。我在宾夕法尼亚州立大学的10年里，比尔为我详细绘制了成百上千的图纸，包括本书中的150多幅。感谢比尔友好、迅速、专注的帮助，对我完成各种项目意义重大，为我的职业生涯奠定了良好的基础。

珍妮弗·扎雅克兹科夫斯基是本书创作过程中另一个值得特别关注的人。本书关于马厩扩展的几个章节是我与珍妮弗·史密斯（现名：珍妮弗·扎雅克兹科夫斯基）共同撰写的。珍妮弗提供了重要的帮助，她用自己多年的骑手经验和从其他动物科学家那里收集的信息充实了我的草稿。在过去的几年里，珍妮弗一直为我们在马厩和马术竞技场环境的应用研究补充宝贵的资料，本书已收录这些研究成果。珍妮弗也是消防安全章节的主要作者，在这一章节里展现了她作为紧急医疗技术员的专业知识。

在我所在的宾夕法尼亚州立大学农业和生物工程系，有三位同事帮助我完成本书的创作。员工助理玛莎·赫尔和艾米·马尼用他们的专业知识为本书的完成做出了许多重大贡献。玛莎是一位既有耐心又有创意的出版艺术家，她最初的一套情况说明书后来变成了大学简报，现在又变成了本书的几个章节。正因为她的出色工作，最初的情况说明书才会受到如此广泛的关注，从而为这些信息发展成本书的一部分奠定了基础。玛莎组织整理多年积累的信息来帮助丰富本书。艾米在本书创作的许多细节方面都给予了我莫大的帮助。我非常欣赏艾米能及时完成任务的敬业精神，特别是她对细节的关注，能高质量地完成各种任务，让本书的创作更加流畅。第三位值得特别感谢的同事是宾夕法尼亚州立大学农业和生物工程系主任罗伊·尤格。我很感激他同意我在过去的一年里能够花更多的时间"走出办公室"，集中精力创作。我需要全神贯注于写作，正是有充足的自由时间，本书才得以完成。过去一年我还完成另外两本书，一本正在出版，另一本正在出版商那里进行最后的排版。（顺便说一句，我不建议同时写三本书。）

还要感谢我的家人，这本书（还有另外两本）的工作量巨大，我家庭办公室的可用面积已无法满足工作需求，所以我的大儿子本的房间变成了我的"第二间办公室"，这让家庭氛围变得不那么愉悦。感谢我的丈夫蒂姆、大儿子本和小儿子塔克对我的理解，忍受着一个平时活跃的妈妈枯燥乏味地坐在写字台和电脑前。我的家人无论远近，都给我的生活带来了真正的欢乐，我深爱着他们，因为他们是我的家人，我非常感谢他们对我创作的支持。

因为我的职业是研究和推广，这使我养成了让人审阅我文章的习惯。让其他有识之士在材料付印前审阅是非常重要的，而且也需要额外占用我和他们的时间。我欢迎并采纳他们的意见，因为他们在本书所涉及的许多细节之处拥有超越我的智慧，由于他们的帮助，本书的内容质量得到了极大的提升。

本书各章节都受益于各位农业工程师和马专家的技术审核。为了确保这些内容可以让没有工程基础的人来阅读，我征求了马方面的科学家和具有丰富马经验实业家的建议。这本书虽然并不是一本工程学课本，但技术讨论的概念框架还是经历了工程师审查员的验证。

我很幸运有一群出色的审阅专家。我衷心感谢每一位章节审阅专家花费时间给我的反馈。这些审稿人的意见和建议促成了必要的修改和完善。非常重要的是，每一章都提供了让马术爱好者满意且合理的内容，同时包含足够的工程技术内容，以便在日后的决策中发挥作用。

图书章节审阅人（按字母顺序排序）：

Dr. Michael Brugger
Associate Professor
Food，Agricultural and Biological Engineering
The Ohio State University
Columbus，OH
Chapters 10 and 11

Dr. John Chastian
Associate Professor
Agricultural and Biological Engineering
Clemson University
Clemson，SC
Chapter 11

Patricia Comerford
Instructor of Equine Programs
Dairy and Animal Science
The Pennsylvania State University
University Park，PA
Chapters 4，5，8，16，and 17

Bonnie Darlington
Safety Chair
Pennsylvania Equine Council
Chapter 9

Dr. Nancy Diehl，DVM
Assistant Professor of Equine Science
Dairy and Animal Science

The Pennsylvania State University
University Park，PA
Chapters 1，6，9，and 13

Michael M. Donovan
Principal
Equestrian Services，LLC
Annapolis，MD
Chapter 18

Brian A. Egan
Extension Associate，Equine Programs
Dairy and Animal Science
The Pennsylvania State University
University Park，PA
Chapter 7

James Garthe
Instructor
Agricultural and Biological Engineering
The Pennsylvania State University
University Park，PA
Chapter 14

Dr. Robert Graves
Professor，Agricultural Engineering
Agricultural and Biological Engineering
The Pennsylvania State University
University Park，PA
Chapters 6，7，8，and 12

Daniel Greig
District Manager
Chester County (PA) Conservation District.
Chapter 8

Kenneth Guffey
Todd Palmer
Kory Leppo
Agricultural Engineers
RigidPly Rafters
Richland, PA
Chapter 16

Dr. Albert Jarrett
Professor of Soil and Water Engineering
Agricultural and Biological Engineering
The Pennsylvania State University
University Park, PA
Chapters 17 and 18

Nancy Kadwill
Senior Extension Educator
Penn State Cooperative Extension of
    Montgomery County
Collegeville, PA
Chapter 13

Dr. Malcolm "Mac" L. Legault
Assistant Professor
Health, Safety, and Environmental Health
    Sciences
Indiana State University
Terre Haute, IN
Chapter 9

Dr. Harvey Manbeck
Distinguished Professor
Agricultural and Biological Engineering
The Pennsylvania State University
University Park, PA
Chapter 4

Timothy Murphy
Conservation Engineer
Natural Resources Conservation Service
Pennsylvania
Chapter 8

Dr. Ann Swinker
Associate Professor of Equine Science
Dairy and Animal Science
The Pennsylvania State University
University Park, PA
Chapter 14

Emlyn Whitin
Vice President
Stancills, Inc.
Perryville, MD
Chapter 17

Dr. Stacy Worley
Engineering Instructor
Agricultural and Biological Engineering
The Pennsylvania State University
University Park, PA
Chapter 12

Dr. Roy Young
Professor and Department Head
Agricultural and Biological Engineering
The Pennsylvania State University
University Park, PA
Chapter 5

Jennifer L. Zajaczkowski
Senior Research Technologist
Agricultural and Biological Engineering
The Pennsylvania State University
University Park, PA
Chapter 4, 6 and 15

　　珍妮弗是第四、第六和第十五章的审稿人，也是其中 5 章的共同作者，这 5 章最初是通过宾夕法尼亚州立大学农业科学学院作为公报发表的"马厩设计""地板材料和排水""粪便管理""栅栏规划""骑马场表面材料"。她也是公报的主要作者，也是现在的第 9 章"消防安全"的主要作者。

　　这本书里的照片都是我在这几十年以来参观马厩时收集的，许多养马人会善意地将他们的农场提供给人们拍照，还会分享一些他们关于马与马厩的相关经验。当我没有合适的照片可以使用时，一些公司和个人还会分享他们的照片给我。下面的列表包含了在这本书中有照片的设施，它并不是一个全面的列表。因为有些农场是最近才去的，农场主甚至可能还记得我的访问。其他站点照片来自我的档案，拍摄于 20 世纪 80 年代和 90 年代。

　　这本书中一些被拍摄的农场并没有列出名字。有几张照片是我在其他地方旅行时在路边拍摄的"路过"照片，我并没有参与正式的农场参观，所以我不能提供农场名称。还有的情况是，从我访问后，一些农场更改了所有权和名称，所以名称与照片可能不匹配。此外，我还列出了一些建筑商和建筑公司的名字，因为当时我为了解决问题或研究项目曾和他们一起旅行。但我不一定会列出我们访问过的所有农场的名称。如果您认出您的设施，但是并没有在清单上找到您的名字，我深表歉意（可以给我发一个邮件来解决这种情况）。

Tudane Farm，NY

Cornell University Horse Farms，NY

PenMor Thoroughbreds，NY

Stoned Acres，NY

University of Connecticut Horse Farm，CT

BOCES Horse Program，NY

Saratoga Organic，NY

Champaign Run，KY

Brookdale Farm，KY

Gainesway Farm，KY

Lakeside Arena，KY

McComsey Builders，PA

Red Bridge Farm，PA

Smucker Construction，PA

Greystone Stable，PA

Jodon's Stable，PA

Slab Cabin Stable，PA

Maryland State Fairgrounds，MD

Green Mountain Farm，VT

Tresslor and Fedor Excavating，PA

RigidPly Rafters，PA

Waterloo Farm，PA

Ryerrs Farm，PA

Rigbie Farm，MD

Sinking Creek Stable，PA

Turner Stable，PA

Restless Winds Farm，PA

R&R Fencing，PA

Ev - R - Green，PA

Greystone Farm，PA

Three Queens Farm，PA

Carousel Farm，PA

Detroit Radiant Products Co.，MI

Coverall Building Systems，Ontario，Canada

Kalglo Electronics

前言

　　一想到养马，大家脑海中就会想到马厩。马被圈养在马厩有很多原因，但主要有三个：方便管理，提供比户外更舒适的环境，以及遵循习惯与传统。前两个原因是为驯马师提供舒适的工作环境以及对马进行有效的照顾。马厩的环境和管理是为了改善室外条件而设计的，否则马在马厩里会处于不利地位。

　　马是"汽车"或"卡车"的前身，或者更恰当地说是"运动型多用途车"，就像我们的汽车一样，被饲养在家庭或企业的"马厩"里。习惯中，马几乎每天都被使用，并被安置在马厩里过夜直到次日。与目前人的期望相比，他们的马每天要跑几十英里，而一些役用马能够平均每次奔跑20英里到达工作地点。

　　现在我们每天驾驶汽车几十英里，而我们的大部分马常用于娱乐活动，每天只运动几英里。把我们的车放在车库里，让它们大部分时间闲置是没问题的。但一匹活生生、会呼吸的马更适合待在户外或一个开放通风的环境中，如果被限制的话，马的"传统"用途会发生巨大的变化。大多数马被养在郊区是为了娱乐，而不是为了任何"工作"。但也许我们对马厩的想法需要改变，以适应马用途的改变。现代的马通常在一天的绝大部分时间里都被关在马厩里不运动，人们只希望它们在那里休息和睡觉。

　　在这本书中，有几个马厩的设计参考了有关家畜房。这让一些骑手感到不妥，因为他们不认为马是家畜。事实上，在美国文化中，我们不像吃猪、牛和家禽肉那样，或从马身上获得食品。马是我们的伙伴，是我们的家人，但马依然是家畜。马是一种巨大而强壮的动物，它们的本能和习性要求它们被安置在能够识别它们需求的设施中。作为家畜，马会将粪便和尿液排泄在地板上——大量的粪便和尿液；陪伴宠物，如狗和猫，被训练在我们的人类生活环境中找食物，睡在地板上。而马的饲料和卧床比宠物洁净度差，湿度/灰尘和气味比人类居住的环境恶劣，因此需要通风率良好的牲畜设施。事实上，马厩应该有非常好的空气质量，以保持马的健康和运动能力。

　　马场的日常活动因其主要功能而异，无论是饲养、训练还是公共用途。虽然每个农场都需要专门的设施，但设施设计和建设的基本目标是相似的。不同的品种和类型的马有不同的运动风格，但其马厩的基本原理基本上是一样的。本书介绍的马厩是适用于典型的 1 000 磅重的马。我们通常不会为小马驹按比例缩小马厩，但对于 100 磅重的小马驹来说，我们用栅栏和马厩板分割马厩，让它们能看到相邻的马，以此获得安全感。

本书撰写最大的挑战之一是马厩的设计涉及的内容极其庞大。从设计简单、低成本的庭院设施，详细规划和建造功能齐全的马护理设施，到包含昂贵和美丽细节的建设设施，都有各自的设计需求。在大型马企中，从"高端"设施到普通建筑，差别很大。一些读者会把他们的马房描绘成金碧辉煌、富丽堂皇的建筑，而另一些人则想知道如何最经济地实现马房的基本功能。这本书的目的是为专业人士构建良好的马厩提供参考，特别是在提高劳动效率方面。当然，也可以以此添加特殊的功能和装饰，来增加设施的美观度和视觉吸引力。

本书包含了一些容易被大家忽视的主题，如环境控制（通风）、粪便管理和消防系统。另外，一些章节还涵盖了隔间设计、地板、排水的建议，以及栅栏规划和骑马竞技场的特点。

使用本书中的技术信息，将为设计者提供更多有效的参考，帮助您建立一个令人满意的马厩。

目录

序
致谢
前言

第一章　马厩设计对马行为的影响 ·································· 1

　　第一节　逃跑与战斗 ·································· 1

　　第二节　群居需求 ·································· 1

　　第三节　种群地位 ·································· 2

　　第四节　马厩——一个提供食物、安全和休息的场所 ·································· 3

第二章　马厩的布局与规划 ·································· 4

　　第一节　牧场中马厩优缺点对比 ·································· 5

　　第二节　马厩布局的选择 ·································· 5

　　第三节　马厩规划 ·································· 7

第三章　建筑类型和材料 ·································· 13

　　第一节　建筑框架类型 ·································· 13

　　第二节　屋顶形状 ·································· 15

　　第三节　屋顶材料 ·································· 15

　　第四节　建筑材料 ·································· 16

　　第五节　配套配件 ·································· 21

　　第六节　马厩建筑的鼠害控制 ·································· 21

　　本章小结 ·································· 22

第四章　马场选址与场地规划 ·································· 23

　　第一节　马场选址与场地规划 ·································· 23

　　第二节　马场选址布局特点 ·································· 25

　　第三节　马场功能单位 ·································· 30

　　第四节　可选配套设施 ·································· 32

　　第五节　马场及其建筑规划 ·································· 36

第六节 基本要素 ……………………………………………………………… 39

本章小结 ……………………………………………………………………… 40

第五章 马舍的设计 ………………………………………………………… 41

第一节 尺寸 …………………………………………………………………… 41

第二节 门 ……………………………………………………………………… 42

第三节 采光和通风 …………………………………………………………… 44

第四节 区域分割设计 ………………………………………………………… 46

第五节 常用设施 ……………………………………………………………… 48

本章小结 ……………………………………………………………………… 50

第六章 通风系统 …………………………………………………………… 51

第一节 通风 …………………………………………………………………… 51

第二节 一般通风问题 ………………………………………………………… 52

第三节 马厩的通风 …………………………………………………………… 54

第四节 提供有效自然通风的建议——永久性通风口 ……………………… 58

第五节 改善马舍通风的方法 ………………………………………………… 68

第六节 通风不畅 ……………………………………………………………… 71

第七节 通风率的测定 ………………………………………………………… 72

本章小结 ……………………………………………………………………… 73

第七章 地面材料及排水系统 ……………………………………………… 74

第一节 两种主要的马厩地面 ………………………………………………… 74

第二节 马厩地面材料的选择 ………………………………………………… 74

第三节 多孔地面材料 ………………………………………………………… 76

第四节 网格垫 ………………………………………………………………… 79

第五节 不透水地面板材 ……………………………………………………… 80

第六节 圈舍周围的地面 ……………………………………………………… 83

第七节 马厩地面的排水施工 ………………………………………………… 85

第八节 马厩排水系统设计 …………………………………………………… 85

本章小结 ……………………………………………………………………… 87

第八章 粪肥管理 …………………………………………………………… 88

第一节 马厩垃圾特点及其产生 ……………………………………………… 88

第二节 影响因素 ……………………………………………………………… 91

第三节 高效处理有机肥 ……………………………………………………… 94

第四节 粪便储存 ……………………………………………………………… 96

第五节 粪便处理 ……………………………………………………………… 100

第六节 其他马厩废料 ………………………………………………………… 104

　　第七节　法律保护 ……………………………………………………………………… 104

　　第八节　制订计划 ………………………………………………………………………… 105

　　本章小结 …………………………………………………………………………………… 105

第九章　消防安全 ……………………………………………………………………………… 106

　　第一节　火灾的引发过程 ………………………………………………………………… 107

　　第二节　干草火灾 ………………………………………………………………………… 108

　　第三节　规划建设和注意事项 …………………………………………………………… 109

　　第四节　简单的解决方案，降低火灾风险 ……………………………………………… 111

　　第五节　更广泛的防火措施 ……………………………………………………………… 114

　　第六节　发生火灾时的应对措施 ………………………………………………………… 118

　　本章小结 …………………………………………………………………………………… 119

第十章　冷暖马厩 ……………………………………………………………………………… 121

　　第一节　冷暖马厩 ………………………………………………………………………… 121

　　第二节　电力 ……………………………………………………………………………… 121

　　第二节　水 ………………………………………………………………………………… 126

　　第三节　煤气和固体燃料 ………………………………………………………………… 131

第十一章　采光 ………………………………………………………………………………… 133

　　第一节　自然光 …………………………………………………………………………… 133

　　第二节　电照明 …………………………………………………………………………… 136

　　第三节　光的质量 ………………………………………………………………………… 140

　　第四节　反射灯 …………………………………………………………………………… 145

　　第五节　室外照明 ………………………………………………………………………… 147

　　本章小结 …………………………………………………………………………………… 154

第十二章　供暖 ………………………………………………………………………………… 155

　　第一节　舒适的温度 ……………………………………………………………………… 155

　　第二节　马厩中作业区域的加热 ………………………………………………………… 157

　　第三节　控制 ……………………………………………………………………………… 164

　　第四节　马厩的保温 ……………………………………………………………………… 167

　　本章小结 …………………………………………………………………………………… 178

第十三章　辅助设施 …………………………………………………………………………… 180

　　第一节　饲料房 …………………………………………………………………………… 180

　　第二节　干草和圈舍用品的储存 ………………………………………………………… 183

　　第三节　马具室 …………………………………………………………………………… 191

　　第四节　工具和机械仓库 ………………………………………………………………… 194

第五节 清洁站 ……………………………………………………… 195

第六节 盥洗间 ……………………………………………………… 196

第七节 兽医和蹄铁匠工作区域 …………………………………… 198

第八节 回收容器 …………………………………………………… 199

本章小结 ……………………………………………………………… 199

第十四章 栅栏规划 200

第一节 最好的栅栏 ………………………………………………… 201

第二节 适用于各种栅栏的特性 …………………………………… 201

第三节 栅栏柱的选择 ……………………………………………… 204

第四节 特殊的围栏区域 …………………………………………… 205

第五节 栅栏常见问题 ……………………………………………… 208

第六节 围栏布局实例 ……………………………………………… 209

本章小结 ……………………………………………………………… 212

第十五章 围栏材料 213

第一节 栅栏类型的选择 …………………………………………… 213

第二节 栅栏选择概况 ……………………………………………… 213

第三节 栅栏的对比 ………………………………………………… 214

第四节 网状栅栏 …………………………………………………… 218

第五节 钢绞线栅栏 ………………………………………………… 220

第六节 管材和缆绳栅栏 …………………………………………… 224

第七节 弹性围栏与弹性乙烯基 …………………………………… 225

第八节 选栅栏的考虑 ……………………………………………… 226

第九节 门 …………………………………………………………… 226

第十节 杆 …………………………………………………………… 227

第十一节 特殊栅栏的应用 ………………………………………… 230

本章小结 ……………………………………………………………… 231

第十六章 室内骑马竞技场设计与施工 233

第一节 室内竞技场的选址 ………………………………………… 233

第二节 竞技场施工建设 …………………………………………… 233

第三节 室内环境 …………………………………………………… 238

第四节 灯光 ………………………………………………………… 246

第五节 常见竞技场的设计特点 …………………………………… 248

第六节 现场准备 …………………………………………………… 251

第七节 室内骑马场地面结构 ……………………………………… 252

本章小结 ……………………………………………………………… 253

第十七章 竞技场表面材料 ·· 254

第一节 竞技场的表面 ·· 254

第二节 了解基础材料 ·· 255

第三节 常见的基础材料 ·· 257

第四节 具有挑战性的基础材料 ·· 259

第五节 就地取材 ·· 260

第六节 值得尝试的基础配方 ·· 260

第七节 基础材料的特征 ·· 260

第八节 除尘管理 ·· 261

第九节 水的利用 ·· 262

第十节 表面养护 ·· 264

本章小结 ·· 265

第十八章 室外骑马竞技场的设计与建造 ······························ 266

第一节 组建和位置选择 ·· 266

第二节 最简单的竞技场 ·· 267

第三节 竞技场的使用 ·· 267

第四节 降水运动坡度 ·· 267

第五节 地层 ·· 268

第六节 水管理 ·· 271

第七节 水电 ·· 275

第八节 观众区 ·· 276

第九节 竞技场维护 ·· 276

本章小结 ·· 278

附录 湿度图 ··· 279

第一节 湿度图与空气特性 ·· 279

第二节 湿度图的应用 ·· 280

第三节 空气性质的定义 ·· 283

第一章
马厩设计对马行为的影响

设计师只有了解马的基本行为才能正确设计和建造马厩。熟悉马厩建设的设计师需了解马具有与其他牲畜不同的特征；如果设计师对马不了解或者缺乏马厩设计经验，应该主动熟悉马的基本行为和马厩各配套场地应具备的功能。安全可靠的马厩设计不仅能适应马的生活习性，还能为马和驯马师提供便利与安全保障。本章旨在概述与马厩设计相关的马匹基本行为特征。

第一节　逃跑与战斗

马有高度发达的视觉、嗅觉和听觉。马的视角为340°，它对周边的动静很敏感。

战斗和逃跑是马的天生防御机制。马是一种温和的动物，但受到威胁、刺激或感到烦躁、害怕、疼痛时，它们会试图逃跑。所以马厩设施要坚固耐用，且没有尖锐突出物，以防伤害到受惊的马。在无法逃脱的情况下，马很可能会通过踢、撞或咬等方式来反抗。无论是真实的或想象的威胁，马都能迅速做出反应，且反抗时会产生很大的冲击力。因此，保障马厩建筑材料的坚固和驯马师安全就变得格外重要。当马被绳索缠住或马蹄被栏杆卡住时，一部分马会耐心等待救助，大多数马会挣扎，试图跳脱困境。

逃跑和战斗的防御机制体现了马易怒的天性。马在防御时其兴奋和紧张的程度会因个体和繁育品种的差异而不同。设计合理的马厩设施能充分考虑到马和驯马师的安全，同时可以降低马跳过障碍物逃跑的冲动。某些品种的马（如用于繁殖的种马），天生就具有攻击性，这就需要设计专门的设施，防止种马或驯马师受伤。

第二节　群居需求

马是群居性动物，在条件允许的情况下，应将它们组成群体进行饲喂（图1-1）。

单独饲养的马缺乏群体安全感，经常出现危及健康的不良行为，而这些行为在群养时一般不会出现。马被关在马厩中会产生无聊感，这会导致刻板行为［通常被称为"恶癖"，这些恶癖难以通过训练来纠正（图1-2）］。

这些恶癖包括以下内容：

• 啃食木头。
• 用前腿刨或撞击马厩的地面和墙面，或用后腿来回反复踢。
• 反复将重量从一条腿移至另一条腿，以此制造紧张感。
• 在马厩内跑步转圈，摇头晃脑。

• 上门牙顶在硬物上扩张咽喉吞咽空气，即所谓的咽气。

图 1-1　在天然牧场放牧的马通过
共同采食体现群居关系

图 1-2　马身上的恶癖能使马脱离正常行为

当单独饲养的马看到同类时就会平静下来。应尽量让马看到同类或进行放牧，以此减少恶癖的发生和单独饲养所产生的焦虑（图 1-3）。

图 1-3　马看见同类或在它们周围活动时有助于保持安定

第三节　种群地位

马在群体中会形成各自种群地位。每匹马都会使用斗争和顺从相结合的方式，确认其在群体中所处的地位。当地位优势的马遇到地位低下的马（尤其在牧场的拐角和较小的封闭区域）时，很容易发生打斗使后者受伤。

此外，饲料、水和栖息地等资源的分配也受种群地位的影响。

优秀的驯马师善于观察马的行为和性情，并作为日常训练和马舍调整的参考。通过观察牧场中马之间的关系进行合理分组，可以让马更安全地出入围栏，同时保障拖车等马厩设施的安全。

人和马可以通过安全区域影响另一匹马的行为，就像人们的"私人空间"。一旦有人进入这个区域，马就会自行离开。可以通过训练缩小安全区域的范围。当人们试图在田野里捕获马或把马赶进围栏时，经常会用到这个办法。处于统治地位的马不需要明显威胁其他马，只需要进入另一匹马的安全区域，就能让地位低下的马远离饲料、水，甚至一个放牧点。

第四节　马厩——一个提供食物、安全和休息的场所

食物和安全是马主要的关注点。自然环境下的马全天大部分时间都在采食。对于圈养的马，有规律的计划活动占用了大量的时间，而采食只是一项较短、定时的环节。马厩主要的功能就是提供食物和庇护，意味着稳定的食物供应和安全的休息场地。一匹受刺激的马为食物甚至会冲进燃烧的谷仓。

马经常站着休息或打盹，也会卧下进行长时间睡眠。马需要一个舒适的区域进行站立或卧倒休息。比起坚硬光滑的地板，马更喜欢在草垫上睡眠。马被拴在马厩中时，它会将胸骨斜靠在其他物体上进行侧卧，以此获得日常所需的 REM（快速动眼期）。

根据马的行为设计马厩，就不会繁杂和昂贵。多年来，马一直在开阔的草原上繁衍生息，所以围场和简单的庇护所（简单的庇护所可能是茂密的灌木丛或树林）也可以是优秀的马厩。

马厩不仅能保障马的安全，还能更有效地帮助管理员照顾和管理马。精心建设的马厩可以降低运营成本。而规划或建造不当的马厩不仅会干扰日常运作，还会增加人工和维护成本等，甚至危及人和马的健康和安全。

第二章

马厩的布局与规划

精心设计的马厩可以保护马免受极端天气的影响，保持马的身体干燥，并且兼具良好的风和采光性能。马厩墙壁能保护马不受外界伤害，空间宽敞的马厩能提升马的幸福感，有利于提高驯马师的工作效率，储存充足的草料，能够保证驯马师的安全和训练的便利，宽敞的马厩对骑者也是一种享受（图2-1）。

图2-1 当马居住在马厩中，只要严格管理马厩环境和
加强对马的调教，就能提供许多便利

许多牧场仅仅只有一个简单的马棚（图2-2）。当需要把马圈禁几天或者一段时间时，马厩的重要性就突显了出来。

图2-2 对于大多数马而言，带有一个简单遮阳棚的牧场就足够了，
但商业性马厩中工作的驯马师通常希望有更多的便利设施

第一节 牧场中马厩优缺点对比

一、马厩的优点

1. 为马的护理和管理提供了一个庇护所。
2. 允许近距离观察和单独护理圈禁的马。
3. 为训练或锻炼计划调节采食量带来便利。
4. 在冬季训练和展示时为马提供舒适的住所。
5. 防止马在潮湿、泥泞的情况下进入牧场，保障其干净、健康、安全。

二、马厩的缺点

1. 需要投入更多的人力物力，比如打扫马圈、马床，每天至少饲喂两次，还要供水和训练。
2. 不合理的照顾和训练会带来健康问题，甚至形成恶癖。
3. 与牧场的简易庇护所相比，建设和维护马厩成本更高。
4. 设计不当或管理不善的马厩会引发一系列环境问题，如污水和高浓度的氨气，会导致马感到紧张和压抑，产生潜在危险。

第二节 马厩布局的选择

马厩由马舍和通道所构成，马厩的设计类型包括单排式设计、双排式设计（中间含有通道）、岛状环形设计（环形通道型），如图2-3所示。

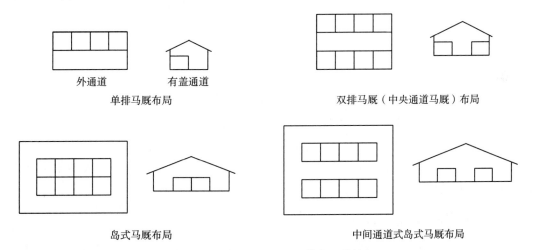

外通道　有盖通道

单排马厩布局

双排马厩（中央通道马厩）布局

岛式马厩布局

中间通道式岛式马厩布局

图2-3　常见马厩平面和横截面结构

单排式设计在温带地区更为常见，因为饲养员能在舒适的露天条件下进行工作（图2-4）。户外活动的马在单排式马厩中能自由出入马厩。双排式设计在美国较为常见，主要用于马厩展示。在封闭的中间通道内可以对马进行照料和管理（图2-5）。岛状环形设计适用于训练强度较大的马（例如赛马），其环形通道不仅可以用来进行训练，还能给马降温（图2-6）。

图2-4 单排式设计通常有开放式的
外部工作通道，对于气候温
和的地区是一个很好的选择

图2-5 完全封闭的双排式设计在美国很常见，
通道两边排列着马舍。在马厩通道内
存放的干草可以堆至天花板

图2-6 岛状设计将全部马舍安置在中心位置，
周围环绕练习跑道。双排式设计的赛
马马厩周围的练习跑道也有足够的高
度，便于骑马

一、单排结构布局

单排式马厩由若干马舍依次排列组成，马可以通过马舍前后两头呼吸外界的空气和观察外界活动，马舍的门通向马厩庭院、训练跑道或公共围场，工作通道位于房顶尖正下方，少数通道会被封闭起来。

单排结构布局能够最大限度减少封闭的空间，比另外两种布局更具吸引力。马能接触到外界自然环境，马厩内的每一匹马都能找到自己满意的位置。另外，只要通道不被封闭，管理者就无须担心天气问题。

二、中间通道结构布局

马舍分两边依次排列的对门设计，中间是较宽的通道。通道可以用来拴马，为马进行梳理，放置马鞍，还可以给马降温，方便打扫马舍。

这种平面设计能更有效地利用马厩内部空间，只要一个通道就能为两排马舍提供服务，最大限度减少外界对马的干扰。这种中间通道结构还可以为每个马舍单独设计一个通向外界的门。

三、岛状环形结构布局

这个"岛"由两排背靠背且紧挨着的众多马舍所组成。一条环形通道环绕着整个岛状马舍。每个马舍的门都能通向环形通道。

另一种设计是在两排马厩中嵌入一个中心通道，且每个马舍的门都能通向这个中心通道。

在这种岛状环形设计中，这些通道能为马舍降温，如果天花板高度足够，还可以用来给马进行训练和运动。当通道被用来训练，那么防尘工作就至关重要。通常马厩的采光不佳。这种设计为安置在此的马提供了过大的空间；除非这些通道被频繁使用，否则这个设计的效率就会受到影响。

显然，马厩中马舍和工作通道的设计相当实用。当马厩是由其他建筑改建而来时，马舍和工作通道的布局就会和常规马厩有所不同。一般情况下，马厩采用笔直、宽阔的通道，以保障马的高效运动和驯马师的安全。通道内还可以堆放大量的草垫、饲草料，宽阔的通道有助于清理马舍中粪尿等废弃物。马舍上方需要设计一个用于换风的通风口，这样圈禁起来的马可以看到外界的活动景象，从而保持安静。优秀的马厩设计最重要的目标就是为马创造一个居住舒适的环境。除了宜居之外，马厩的功能和用途也很重要。

第三节 马厩规划

无论马厩规模的大小，私用还是商用，都应该精心规划设计，保障经久耐用。马厩的基本目的是提供可以免受极端恶劣天气影响、四季保持通风且干燥以及保护马不受伤害的生存居住环境。

无论是私用还是商用的马厩，都为驯马师的工作提供了便利，同时还具有社交娱乐的功能。为了让马厩更安全，要最大限度地减少尖锐形物品和角落的出现，并消除火灾隐患，足够坚固耐用。马厩需要为马和饲养员提供足够的空间，保障他们能够安全通过小门、大门和通道。马厩需要为养马工具、大头钉等设备提供足够的专用存储空间，还需要为草垫、干草和粪便提供大型存储空间。马厩中的马可以进入围场或骑马区，但会将单匹马或带驹的母马安置在单独的马舍中。

选择马厩结构类型时，不仅需要考虑运营规模、气候条件、可用资本以及所有者的偏好，还要考虑马厩整体美观和维护效率。马厩建筑的选址应充分利用现有条件，在饲喂、清扫和设施维护方面尽可能地节约人力成本。对于所有的马厩和其他马厩建筑，应具备以下特点。

如有关主题的其他信息，请参阅建议章节。

一、可变性

为了满足不断变化的需求，后期马厩将会进行改建。如果能低成本且轻松地将马厩改造成其他有用的建筑（如小屋、车库、储藏室），就可以提高其转售价值（见第三和第四章）。

二、吸引力

美观度可通过马厩结构本身与周围环境的和谐程度来体现。优秀的设计布局能提高马厩的美观度，优美的环境可以增加其吸引力（图2-7）。

图2-7 马厩和周围美化的环境可以增添其吸引力和价值

三、空间

马和饲养员都需要足够的空间，但过多且不必要的空间会增加建筑成本。在设计时应考虑为马舍、室内通道、工作设备、干草仓库、草垫仓库、饲料仓库等提供充足的空间（图2-8）。一部分仓库可能建在单独的建筑物内（详见第五和第十三章）。

四、安全性

设计优秀的马厩可以让工作人员和马远离危险。消除尖锐的突出物，提供足够的空间，可以保障马和驯马师安全顺利通过小门、大门和通道。同时还要了解马的基本行为与马厩设计特点两者之间的联系（详见第一章）。

地板到天花板的高度：低矮的天花板不仅影响通风，还会使马厩内光线昏暗，对人和马都存在安全隐患。马厩的天花板高度通常为10～12英尺①，骑行区的天花板高度通常为

图2-8 除了马厩和工作通道所需的空间外，还需要足够的空间来储存工具和大量的设备、饲料、草垫

① 英尺为非法定计量单位，1英尺＝0.304 8米。

16～18 英尺。

五、杜绝火灾风险

严禁吸烟。制定防火制度并严格执行，配备相关的灭火设备和装置（图 2-9）。严格的预防措施不仅可以防止财产损失，还能降低保险费用。在实际生产中，必要的地方应尽可能使用防火材料、阻燃涂料或喷雾（详见第九章）。

六、室内环境

马厩可以最大限度地保护马和工作人员免受雨、雪、风吹和日晒的影响。夏季的凉风可以起到降温作用，但冬季的寒风会把雨和雪吹进马厩建筑内。所以在马厩选址时需要测量当地的风向和风速。马厩内要能接受阳光照射，有利于冬季保温（图 2-10）。

树木不仅是很实用的防风林带，还是夏季风的"漏斗"，可以遮蔽不美观的景象，形成树荫，提高工作人员的舒适感。马厩部分区域装有加热设备，可以除湿，马在冲洗区内就能将身上的水分快速晾干（详见第四和第十二章）。

图 2-9　马厩的设计结构是为了最大限度降低火灾隐患，确保安全。马厩的灭火设备是必不可少的，灭火工具可以防止火灾的发生

图 2-10　良好的室内环境对于马厩和活动场十分重要，最好采用半透明面板来确保马厩室内的采光。确保马厩和活动场的通风对马和驯马师而言相当重要，此处展示的面板在温暖的天气打开有利于空气流通

七、良好的通风

马厩的主要问题有湿度、温度以及存在难以控制的异味。冬季时，良好的通风可以最大限度减少水分积聚，降低马厩内的湿度，并有助于去除异味。夏季时，在马厩或骑马场设计一个较大的通风口（图 2-10）有利于散热降温（见第六章）。

八、适宜的运动区

畜栏和围场由安全、耐用且坚固的柱子以及富有韧性的护栏组成（图2-11）。为围场和通道预留足够的空间，高效的交通计划可以减少赶马和牵马所花费的劳力。整个马厩建筑被栅栏所包围，所以即使是散养的马，在任何情况下都不可能从马厩自由离开（详见第十四和第十五章）。

图2-11　一个合适的活动场所对于马的日常出行和活动是十分必要的

九、水和饲料

马厩和活动区全年都必须供给充足且优质的水。饲料仓库必须能防止啮齿动物（如老鼠）破坏，且远离马匹。最好有单独的建筑以储存大量干草。为了取用方便，马厩内可以堆放几天的供应量（图2-12）（详见第十和第十三章）。

图2-12　每一栋马厩至少要存放一定量的干草、草垫、各类工具以及清理设备

十、特殊功能

特殊功能区域包括喂料区、清洗架、拖车库、繁育区、活动区、办公区、休息区以及生活区（图2-13）。这些设施和设备可以安置在一栋或几栋建筑物内。室内骑马场是马厩很受欢迎的一大特色（详见第十三和十六章）。

图2-13 马厩内有许多特殊功能区域（比如这个梳理区），一些马厩
　　　　设施具有特定的功能（如繁育区和观赛场地）

十一、节省劳力

马厩内大部分的工作都依靠人工完成，因此工作都应该尽可能地节省劳力。大型作业时，可以采用机械代替人力（图2-14）。

明亮通风的室内、简化的设备可以提高日常工作效率，最大限度减少饲养员在工作时产生的烦恼。日常工作的重点首先是喂料、添水，马厩清洁、铺垫料，马的梳洗、锻炼，牵引马进出马舍等。其次才是玩耍、繁育、驱虫、常规兽医检查、蹄部护理、驯马等（详见第四、第八和第十一章）。

图2-14 马厩内劳动强度高，因此节省劳力和高效工作十分重要。这种设计通过手动控制安装在供水管上的阀门来为水桶供水，节省了劳力

十二、粪便处理

提前计算好每匹马产生的粪便量，并做好排泄物的储存和处理工作（图2-15），要优先处理马厩里的垃圾和粪便。粪便堆放点不能对周围环境造成污染，如避免渗出液流入附近水道，以及减少异味和蚊虫滋扰（详见第八章）。

图2-15 妥善处理马厩里的粪便和其他垃圾废品

十三、排水

马厩应建造在地势高燥处，以保证四季都能快速排水。设计合理的排水系统应该考虑到地表水流和地下水的影响。排水不畅会影响原本规划良好的设施的正常使用。可以通过分级排水渠或者地下排水渠解决小的排水问题（详见第四和第七章）。

十四、建筑和维护成本

在选择马厩材料和设计类型时需要考虑多个因素，包括耐用性、易于维护的特点、成本效益、潜在的广告价值，以及诸如企业的自豪感和满意度等无形价值。从长远来看，高品质的马厩可能反而是最经济的。马厩建筑结构的基本类型包括柱梁式以及横跨式。每种类型都有各自的优缺点（详见第三章）。

第三章

建筑类型和材料

本章概述了马厩和室内马术竞技场常见建筑类型，简要介绍了马厩建设中常用的基本建筑材料。建造马厩和室内马术竞技场的目的是免受恶劣天气的影响，因此理想的马厩会因地域不同而存在差异。例如，在夏季炎热干燥的气候条件下，开放的结构在起到防晒的同时也能带来凉爽的微风；在冬季寒冷多雪的气候条件下，更适合采用较封闭的建筑结构。无论哪种天气类型，室内环境都应该比室外更宜居，并提供通风以保持良好的空气质量。室内浑浊的空气将会损害建筑材料，如增加其对水分的吸收，滋生霉菌，最终导致建筑材料变质。因此，马厩和马术竞技场所选的建筑材料要能经受较高湿度和灰尘的侵蚀。

第一节　建筑框架类型

建筑框架类型不仅关系到马厩建筑的外形结构，同时还影响内部结构。马厩内最常用的两种框架类型是柱梁式及横跨式建筑结构。后者是应用于室内竞技场的建筑结构。环形建筑结构由横跨式建筑结构演变而来，与传统建筑结构相比，采用了更轻的框架和覆盖材料。柱梁式和横跨式结构可以用于屋檐的通风、采光以及屋脊通风开口（详见第六和第十一章附加的详细内容）。

一、柱梁式结构

柱梁式结构在马厩中很常见，因为柱子不仅支撑整个建筑结构还能划分马舍（图3-1）。柱梁式结构在许多情况下都是一个非常经济实用的建筑结构。但这种建筑的缺点是难以改建。柱梁式结构作为比较传统的建造技术，是一种适合马厩且美观的结构。

图3-1　柱梁式结构中马厩的柱子用以支撑屋梁

二、横跨式结构

对于马厩和马术竞技场而言，横跨式结构是很常见的一种建筑结构类型，因为室内没有妨碍运动的立柱。如果没有立柱，改建时就不需要移动马厩的立柱或墙面，改建难度就会降低。马厩的墙面离不开立柱的支撑，但并不是所有的立柱都起到支撑整体结构的作用。室内横跨式结构是由桁架（图3-2可以提供一个开放的室内环境，马厩的角柱虽然连接着较矮的桁架，但这些柱子并不会承受屋顶的重量）或刚性框架（图3-3）组成的，用以支撑房顶的重量。

图 3-2 桁架构成的横跨式结构可以提供一
个开放的室内环境，马厩的角柱虽
然连接着较矮的桁架，但这些柱子
并不会承受屋顶的重量

图 3-3 刚性框架构成的横跨式结构在宽阔的
室内马术竞技场中更常见

桁架和刚性框架由木材或钢材建造而成，可以作为工程产品直接购买。桁架常被用于架式建筑。在架式建筑中，支架可直接嵌入地面，替代混凝土地基。刚性框架和拱架由混凝土地基作为支撑，在跨度较大的建筑中很经济实用。木制拱架通常被视作马厩建筑中一个具有吸引性的特征（图 3-4）。与桁架结构相比，木材或金属材料的刚性框架可以提供一个更开放的外观。刚性框架能为屋顶提供一个通畅的空间，而使用桁架结构可以支撑天花板。

三、环形结构

环形结构对于马厩和马术竞技场而言是比较新的概念。由于环形结构采用更轻便和成本更低的建筑材料，所以与前面讨论的传统建筑方法相比，每个封闭区域的成本更低。环形结构在马厩和马术竞技场中的应用，与横跨式结构在牲畜舍和温室建筑中的发展有一定关系。

环形结构框架由管状金属构成，金属管外层覆盖着类似优质防水塑料布的柔性材料（图 3-5）。

图 3-4 木拱一般是简单的刚性框架。
此处展示的是更复杂的框架

许多环形结构是一个带有半透明覆盖物的简易拱形金属框架。任何透光的材料都会留下热辐射，使马厩室内温度上升，这对寒冷的冬季非常重要，但对炎热的夏季是不利的。采用半透明材料必须充分考虑马厩的季节周期变化。覆盖不透光材料的环形结构可以减少阳光的穿透。柔韧覆盖材料经受不住马的碰撞，所以需要建造侧墙（室内和室外）防止马

图 3-5　环形结构对于整体建筑系统而言，是一种较新的横跨式建筑技术

与之接触。加固的环形结构可作为移动墙体使用。如果环形构造覆盖材料是一个整体，且没有任何通风口，则应在端墙上设置用于气体交换的通风口。一些环形设计在增加建筑成本的情况下，能够实现在屋脊和侧墙开口通风。请参阅第十二章了解关于温室大棚的信息。

第二节　屋顶形状

屋顶形状对于马厩的功能和特性有很大的影响。一些形状的屋顶可以为存储干草提供空间，另一些可以加强通风或采光。比例良好的简单屋顶与复杂形状屋顶相比，具有同样的吸引力。典型的屋顶形状如图 3-6 所示。

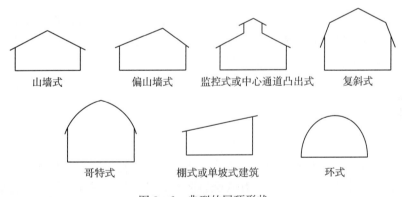

图 3-6　典型的屋顶形状

山墙式：马厩和室内马术竞技场最常用的屋顶，简单的通风系统。偏山墙式：屋顶向外延伸，覆盖室外通道走廊。监控式或中心通道凸出式：可以增加自然通风和光照。复斜式：传统的牲口棚屋顶，其上层用于储藏。哥特式（尖拱式）：多数建筑上层具有储存空间。棚式：常见于牧场遮阴棚以及较小的单排马厩。环式：弹性材料包裹在金属框架上

第三节　屋顶材料

马厩和马术竞技场最常用的屋顶材料是金属、沥青瓦和木瓦。良好的屋顶材料可以防

水，保证室内建筑材料的安全。选择耐久性符合要求且美观的屋顶材料十分重要。但在实际中，成本往往是决定性因素。屋顶具有径流的作用，可以引导雨水远离围场和粪便处理区。

一、金属覆盖物

对于覆盖区域较大的屋顶，金属是最佳的材料（图3-7）。和其他覆盖物相比，金属屋顶具有安装方便、快捷的特点。金属屋顶下层使用轻质隔热层和防潮层，可以最大限度减少水的凝聚和滴落。金属屋顶的隔热层不仅可以减少雨天和冰雹天气所产生的噪声，还能在炎热的夏季和寒冷的冬季起到调节温度的作用，提高居住的舒适度。金属屋顶有多种颜色和形状，且使用寿命很长（20年）。金属屋顶本身是不可燃的，但它所用的绝缘层可能是易燃的。一些人认为金属屋顶虽然具有工业美感，但不如其他屋顶材料美观。

图3-7 前面是安装金属屋顶的室内马术竞技场，后面是安装木制屋顶的传统仓库

二、沥青瓦

沥青瓦具有成本较低和使用寿命长的特点，也是一种非常受欢迎的屋顶材料。沥青瓦是易燃的，但不同等级的沥青瓦具有不同限度的耐火性。在强风地区，要购买带有"抗风"标志的瓦片。因为瓦片能为建筑提供一个完整的外观，所以大多数人选择使用瓦片。瓦片需要专业技术人员安装，并且还要经常保养和维修。瓦片安装在胶合板覆盖物上，可以起到隔热的作用，并减少水分凝聚。

三、木瓦

木瓦一般由机械加工而成，而手工凿制的木瓦看起来比较粗糙，但两者都为马厩或马术竞技场增添了一种质朴的外观。木瓦要经过防火处理，特别是用在有人居住的火灾易发区。虽然大多数木制屋顶都覆盖有保护层，但是有些地方性法规出于火灾隐患考虑而限制了它的使用。保护层必须由熟练的技术工人安装。

第四节　建筑材料

马厩的建筑材料必须经久耐用、易于维护、美观。马厩的建筑材料和整体设计彰显了马厩的市场价值，并映射出所有者的自豪感（图3-8）。从长远看来，高质量的建筑材料往往比廉价的建筑材料更经济实用。马厩最常用的建筑材料有木材、混凝土、砖石、金属以及一些高质量的合成部件。

图 3-8　马厩建筑通常都拥有传统的样式，比如圆房顶、两节门、白色围栏以
及其他许多个人喜好的细节。建筑材料必须能够经受马的碰撞、潮湿
以及灰尘。一个引人注目的马厩通常都会使用高质量的建筑材料

一、木材

使用木材可以使马厩的内部和外部看起来更贴近自然。木材不仅经久耐用，还具有良好的隔热性能且美观（图3-9）。木材有许多等级，从功能单一的胶合板到精细加工的橡木板，可以根据实际情况进行选择。木材需要保养才能保持完好的外观，如果保养得当，木材的使用寿命就会很长。木材是一种相对容易组装的建筑材料。木材是一种多孔材料，不仅能吸收水分，也能藏匿微生物。木材易燃，所以需要用阻燃剂进行加工处理。

因为木材富有弹性，当马腿或马蹄踢到墙壁时，不会对马造成太大的伤害，所以绝大多数马厩的墙壁都是由木材组成的（图3-10）。

图 3-9　在马厩建筑中，木材是非常
牢固美观的材料

图 3-10　木材是马厩墙壁最常见的材料，砖石和
金属材质的墙壁也需要用木材做衬垫

即使马厩墙壁采用其他材料（如砖石）建造，仍需要木制衬垫来缓冲马的碰撞产生的冲击力。金属材质的墙壁也必须有木制衬垫，以防马踢坏金属板而被锋利的金属边缘划

伤。马甚至可以踢穿无保护的金属板材。

硬木具有较高的强度，可以防止被马啃咬。为了抵抗马的踢击，在马可能会接触的区域都要使用2英寸①厚的木板。把木板紧密贴合在一起，或用光滑且钝的金属覆盖在裸露的木材边缘（比如角钢或槽铁），可以防止马啃咬木板边缘。选择胶合板外壳比纯木板外壳成本更低，还能通过染色增加外观吸引力。胶合板比木板更坚固，且维护更少。

因为马厩室内相比室外湿度更高，所以马厩室内外都要使用室外级的胶合板。用于制作室外级胶合板的胶水能经受住高湿度环境。安装0.75英寸厚的胶合板来抵御马踢的冲击力，如果安装有坚实的衬垫，可以适当减少胶合板的厚度。经过防腐处理后的胶合板和木板即使在潮湿环境（地面或者床垫）也具有较长的使用寿命。

二、混凝土

混凝土墙非常坚固耐用且几乎不需维护。混凝土可以防火、防虫，所以对于防范啮齿动物的地方非常重要。浇筑混凝土墙需要先浇筑地基，混凝土墙适合建造在要求经久耐用且马接触不到的地方。马不会一直踢或啃混凝土墙，但会对墙有损耗。图3-11展示了一个用低强度混凝土浇筑的外墙（存储仓库结构）以及由木材建造的隔间墙。混凝土墙可以对清洗区、马具室、饲料房、办公室进行很好的分隔布局。混凝土墙具有吸水性，所以必须用油漆进行密封处理（详见砖石章节）。大体积的混凝土可以保持马厩内的温度平衡，当季节温度变化时，也能使室内保持稳定的温度。混凝土墙的隔热性能比木材或金属框架更好。

图3-11　在这种存储仓库建筑的下方，马厩的外墙由混凝土浇筑而成

为了便于清洁和防鼠，在马具室和饲料房内常用混凝土作为地板材料。第七章介绍了马厩不同地板所用材料的详细信息。

三、砖石材料

砖石建筑的成本高于框架建筑。但从长远来看，砖石建筑具有耐久性和低维护成本的特点，所以更经济实用。砖石建筑能防火。砖石材料成本与木材相似，很大一部分砌筑成本花费在施工劳动力上。因为砖石材料维护成本低，外形美观，拥有较长的使用寿命，所

①　英寸为非法定计量单位，1英寸＝0.025 4米。

以常被用于大规模马匹养殖（图3-12）。

图3-12 砖块是一种外形美观的建筑材料，还能用来铺设通道地面

用砖石材料砌成外墙，室内采用木制马厩，是一种流行的设计风格。用钢筋加固地基和砖石墙，室内墙面用防火涂料底漆处理，可以让墙表面变得更光滑、抗磨损、方便打扫（图3-13）。实验室、产驹房、清洗区的墙体最好贴上陶瓷砖。砖石混凝土是很常见的外墙材料，也可以用来分隔马舍，可以在马厩内墙下部（距地面5英尺左右）贴上瓷砖（图3-14）。装有木制护板的砖墙可以降低马踢或撞击时造成的伤害。砖石材料与混凝土在作用特点上有许多相似之处，比如都可以防虫，需要浇筑地基和混凝土板，体积大，具有稳定温度等。与混凝土材料一样，砖石材料的隔热性能比木制材料或钢框架结构更好。

图3-13 在砖石建筑墙底部涂上密封 图3-14 砖石混凝土是很常见的外墙
　　　　胶有助于清洁 　　　　　材料，也可以用来分隔马舍

四、金属

金属是一种昂贵的主要建筑材料，但使用金属可以降低人工成本，较低的人工成本使总建筑成本低于木材建筑成本。金属材料便于施工，且工期较短。金属板壁需要维护，如果用在与马接触的地方就会降低其使用寿命。需将马安置在远离金属板壁的地方，减少金属板壁上的凹痕和划痕，防止锋利的金属边缘割伤马。金属板壁外部必须有木制衬垫，不仅能保护马免被锋利边缘割伤，还能减少马的碰撞对板壁造成的损伤。一些人可能不太喜欢"工业感"金属面的马厩和马术竞技场。在室内，金属材料会比木材或其他绝缘材料产生更多的回音和噪声，不仅会使人烦躁，还让马紧张不安。金属具有良好的导热性，因此室内温度很快会与室外温度相同。金属框架与其他材料联合使用，可以发挥每种材料的各自优势，并且金属有较高的熔点，具有防火作用。

五、特殊建筑材料

玻璃纤维强化塑料板（玻璃钢）主要用在与水接触且要求经久耐用的区域（如清洗房）。玻璃钢是坚固的防水材料（图3-15），可替代多孔木材和易损坏的金属板。

半透明板由玻璃纤维、丙烯酸塑料或者其他材料制成，常被用在边墙和侧墙较高的位置，从而保证光线能进入马厩或马术竞技场（图3-16）。

半透明的窗帘材料可以装在侧墙的上方，打开窗就能够进行通风和采光（图3-17）。窗帘材料是一种结实的防水油布，通常应用于奶牛场和畜舍的通风。类似质地的材料也被用来包裹环形结构。

图3-15 玻璃钢是一种坚固的防水材料，用于清洗房的墙壁

隔热材料在金属屋顶应用中简要提及，隔热材料被强烈推荐作为屋顶结构的一部分。详见第六和第十二章节更多关于隔热材料特性和用途的详细内容。

图3-16 半透明板常用于侧墙建筑高处，能够保证自然光进入马厩或室内马术竞技场

图3-17 这个马术竞技场边墙的顶部一半都是窗帘材料，打开后能让自然光线和新鲜空气进入，是最大的通风口

表面处理包括喷漆和其他涂层。金属部件（如马厩隔板）表面通常使用粉末涂料，以获得持久的光洁度。实际中，因为可燃性密封剂在遇到火灾时会发生爆炸，所以木材和其他材料的表面要涂上阻燃性涂料。使用颜色明亮的涂料不仅可以增加马厩内的亮度，还能反射外界光线。

第五节　配套配件

马舍内用来固定物品的金属配件（如门、料桶）要坚实耐用，外形轮廓光滑。当打开门或移走料桶时，裸露的配件不能有尖锐突起物，以免对马造成伤害。因为住宅用的配件不够坚固，所以不能在马场中使用。门栓、合页以及滑轨需要能够承受住重 1 000 磅①的动物倚靠和碰撞。要选择可以单手操作的门锁，以便另一只手搬运东西。尤为重要的是，为了确保饲料房的安全一定要使用防马锁。门和墙上，通风和采光时需要打开的控制板，可以选择一个牢固的闭合装置，如图 3-18 展示的配件装置。

图 3-18　持久耐用的闩锁使可移动通风板和大型滑动门能够紧密关闭

第六节　马厩建筑的鼠害控制

能提供食物、水和栖身地的地方会吸引老鼠。马厩可以通过合理设计和管理来阻止老鼠的入侵，但绝不可能清除所有的老鼠。要杜绝老鼠进入饲料房、水源地等适宜筑巢区域。

许多控鼠方式主要依靠物理方法，让老鼠远离食物、水源和栖身地。将建筑物的缝隙密封起来是阻止老鼠入侵常用的手段，但这并不适用于马厩。青年鼠可以通过直径 0.5 英寸的洞，而较小的幼鼠可以钻过直径 0.25 英寸的洞。马厩的门、窗和通风口常年打开，许多门即使关闭也会留有缝隙，不能阻止老鼠的侵入。尽管老鼠对马厩的影响不大，但老鼠喜欢聚集在饲料仓库、马具库和人类生活的区域。这些区域可以按照住宅化的标准建造，以达到防鼠的目的。

防鼠应致力于阻断老鼠食物来源和供水。老鼠能够啃穿薄木板、软塑料和纤维材料，所以要把饲料存放在它们无法啃穿的容器内。对于小型马厩，可以使用能盖紧的金属桶来存放整袋饲料。饲料袋一旦打开，就应该放入防鼠容器中，而不是直接从打开的饲料袋中取料。体积较大的饲料应存放在专用的料箱中，料箱内壁应该用金属板、细钢丝网、混凝土做衬垫。饲料房和工具房需使用混凝土地面，防止老鼠打洞。混凝土地板还有助于清理从防鼠容器（带盖的金属桶）中溢出的饲料。

在马厩和活动场，使用容器盛料不会使饲料溢出，最大限度减少饲养区的饲料浪费。

———————————
① 磅为非法定单位，1 磅＝0.453 592 37 千克。

松散的填土和玻璃纤维绝缘材料等更容易吸引老鼠筑巢，因此在马厩设计时可以用其他更合适的材料替代，比如刚性绝缘板材料（刚性绝缘材料更适合马厩中的高湿环境）。即使替代了上述建筑材料，仓库内仍然存储着大量干草和草垫、马用毛毯、破布以及其他适合老鼠筑巢的材料。防止老鼠进入马具室可以有效减少损失。

本章小结

马厩和马术场常用的建筑材料主要有木材、金属、砖石以及混凝土。马匹活动区域（马居住或常待的地方）的建筑材料要结实坚固，才能抵御马的踢击。马厩里最典型的建筑材料就是 2 英寸厚的橡木板。相比人类居住的环境，马厩和室内马术竞技场中的湿度水平更高、灰尘更多，所以选择的建筑材料需要防水和防尘，比如坚实耐用的防水布。钢化玻璃板等特殊材料可以用在冲洗区。透光的半透明板可用在马术竞技场和马厩墙面的上方。大多数现代化马厩和所有室内马术竞技场都是由横跨、桁架、刚性或环形结构建造而成。传统的仓库和马厩采用柱梁式结构，可以使建筑保持相应的功能和美感。

第四章

马场选址与场地规划

第一节　马场选址与场地规划

马场的整体外观会影响第一印象。通常，这种整体"外观"是通过细节设计来表达的。在细节的背后，是该场地的功能和工作布局。功能完善的场地要素强调功能与布局的融合，以方便日常马护理并与周围环境相协调（或互补）。本章的主要目的是专注于马场选址规划这一主题，注重强调马场设施的功能布局。

本章按照重要性的顺序，从最基本的主题开始介绍。重点介绍私人和商业马场设施相关的特征。

马场的目标和规划范围决定了如何将建筑布局与设计良好的计划巧妙地融合在一起，确定目标并设定重点。

马场设施至少应具备以下基本功能：

1. 为马提供住所。
2. 提供食物和水。
3. 运动场所。
4. 粪污管理。

为了支持这些基本功能，还需要场地储存饲料（垫料）库、马具室和其他设备。马场设施的功能非常多。例如，私人马场后院里可能会有一个简单的马棚和运动场（图 4 - 1）。

其他私人马场的马厩和骑马场安置在住宅附近（图 4 - 2）。相比之下，商业马厩则会为业主的住所，以及包含多栋建筑物的复合马厩有独立的车辆入口。室外和室内马术场通常都在规划中。

图 4 - 1　马可以通过这些道路到达一个简单的马棚里

图4-2 一个好的农场建筑布局会把主要的建筑安置在合理的地势地形上，方便扩建房屋。在这幅图中，展示了一个位于前面的室外马术竞技场，马厩被围场包围着并坐落在居住区的后方，室内马术竞技场靠右。建筑坐落的地方避免了两个马术场的排水不畅

在规划过程中，明确马场目标至关重要。在这个过程中可获得更多信息，也会对马场的发展方向有更清晰的认识。表4-1提供了一个决策模型，有助于决定哪种类型的马棚和运动区可以满足马场目标需求。要协调短期和长期马场目标，以便预期马场增长的效益和资金。长期目标可能较难确定，如果缺乏前瞻性，必将付出高昂的代价。对于一个商业化马场而言，通过对未来马场发展状况的展望，对马场的规模和范围进行最佳评估，然后将此估算值加倍，以备扩张。一个实现两倍预期增长的好计划可以缩小规模，以适应当前马场的目标和财务状况，同时为适当的扩张留出了空间。

表4-1 一个决策模型，有助于决定哪种类型的马棚和运动区可以满足马场目标需求

马的住所		运动区	
马厩	户外马棚	运动场	牧场
单个马房隔间	单匹或多匹马合住	空间有限	大片土地
控制性运动	自我锻炼	无植被	草地表面
马容易接近	马不易接近	适合各种气候	适宜放牧
可变成本	价格较低	捡粪肥	撒粪肥
劳动密集型	可变劳动力	额外坚固的围栏	坚固的围栏和安全的交叉围栏
变化的空气质量	新鲜空气质量	每日运动场劳动力	牧场维护劳动力
两者可结合		两者可结合	

这里提供了一些如何进行选址规划的总体建议。首先，在容易纠正错误的"纸上"进行规划。制订一个周密的计划很耗时间和成本，但是会给你带来很好的回报。其次，列出一个需要进一步审查的问题和思路清单。准备一份场地比例图，这幅场地比例图要能显示斜坡和排水系统、公用设施（包括地下和架空）、道路通行权、现有建筑物和状况、交通通道和主要环境特征，例如水道。在马场比例图上，通过使用描图纸或电脑绘图层拓宽思维，尝试建立新的选址规划。用虚线在现场绘制马场扩建设施的草图，以确保它们的适用性，且不会对现有设施造成过度破坏。一旦最终的想法成形，将所有拟建的建筑物和车道、停车场和小路用木桩标示出来，研究它们怎样才能有效组合在一起。要确保马场外观和周围环境协调一致。

注意：先在纸上规划，出现错误容易纠正。

下面的讨论中，假定马场所用土地的基本项目已经得到解决。这些基本项目特征包括允许马场开发的区域和许可证、公用设施设备（水、电、下水道或化粪池）、充足的劳动力以及能够支持预期马活动的场地和环境。环境特征包括适宜夏季通风的风速以及能够支持建筑物和马活动的土壤和地形。本章末尾对这些项目进行了简短的讨论。

第二节　马场选址布局特点

马场选址布局基本要素主要包括考虑如下内容。

一、排水系统

合理的排水系统既要考虑地表水流，也要考虑地下水源。不合理的排水系统能引发更多的问题。

如果缺乏适当的排水系统，可能会破坏原本完备的马场布局。图 4-3 展示了建筑场地周围的污水处理和排水系统情况。幸运的是，通常通过调整坡度、挖沟或安装地下排水沟可以解决小型排水问题。改善整个马场的大面积排水问题是不切实际的，而且成本高。车道、停车场和小路（或通道）在各种气候下必须保持通畅，这也被称为"全天候驱动"。

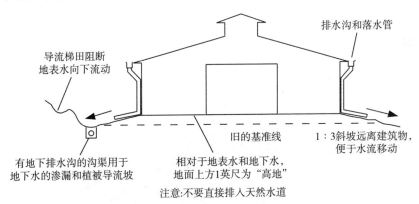

图 4-3　马厩、室内马术场、粪池和其他马场建筑周围的污水处理和排水
面貌特征，类似的特性能帮助排出室外马术场多余的雨水

马场建筑物和活动频繁地区的最佳设置地点应在地势较高、排水良好的地方。整体排水良好的场地可以让建筑物和室外马术场安排更合理，而只需进行最少的场地准备工作。千万不要在低洼地带建设。即使要进行更多的挖掘工作，也要摒弃排水困难的低洼场地，而选择地势较高的地方。图 4-4 所示为一个建在小山丘附近、位置良好的马厩在排水方面的改进情况。

要提前做好规划，避免在建筑建设完毕后再进行昂贵的排水系统改造。即使是建在"平坦"地方的室外马术场，在选址规划时也需要考虑排水问题。室外马术场需要建造在小的斜坡上，以方便排水，并且其不会阻挡地表水流（图 4-5）。详见第十八章。

任何建筑物周围的周期性洪水都是意外发生的，但是可以合理避免。要防止建筑物、粪池或车道附近积水。在建筑场地修建斜坡，可以拦截水侵入建筑场地。成本最低且有效的排水控制机制之一是在建筑物上使用排水沟和下水管道。在室内马术场和大型马厩，这些地方的屋顶会流下大量的雨水，最好将这些水从地坪上排出。另外，在大雪和冰坝形成的气候条件下会影响排水沟的使用，建造时要将屋顶径流和融雪移出地坪（图 4-3 和图 4-6）。一个较小（60 英尺×120 英尺）的马术竞技场，在 0.5 英寸的降雨量中会流出 2 200 多加仑①的水。在没有排水槽的屋顶上，沿每个侧墙 1 英尺宽、120 英尺长的地面上会有超过 1 英尺的水。最好是将这些水转移到可以处理的地方，而不是让它在建筑地上流淌或积聚成泥浆。

图 4-4　这个马厩位于小坡上的绝佳位置，一条由混凝土衬垫的较浅的沟渠可以把建筑周围的地表水和落水管中的雨水沿着山坡向下的排水管道排出

图 4-5　室外马术场需要建造在小的斜坡上以方便排水，并且其建造不会拦截附近的地表水流

图 4-6　在寒冷的气候里通过收集和转移建筑基地大量的水，可以在没有排水沟和水落管情况下处理从宽大屋顶流下的雨水和雪融水，正如此图展示的一条较宽的碎石排水沟

二、铺路控制泥浆

建筑物位于较高地势，并修建附属的排水系统，可以确保场地的干燥。但这意味着马

---

① 加仑为非法定计量单位，1（美）加仑=3.785 412 升。

场其他部分在排水方面可能不太理想。在适应周期性洪水（如在地下水补给区内）或其他湿润的地面条件时，维护草地以支持马和轻型车辆通行的一种方法是在草地表面安装铺路砖或坚固的刚性材料网格。安装铺路砖或网格后，回填土壤，使其与铺路砖或网格的顶面相平。

铺路砖有许多尺寸和形状，它们紧密连接呈一个多孔的表面（典型的），可以支持行人、马或轻型车辆。铺路石通常是混凝土结构，也可采用抗紫外线纤维增强聚乙烯的网格材料。水可以通过铺路板或网格材料的空隙垂直渗透。有些空隙设计得很大，有些空隙设计得很小。一般建议将空隙设计小一点，这样马蹄就不会被卡住。铺路砖内的空隙需要小于 4 英寸，1～2 英寸的空隙最佳，这样马在表面行走起来才会舒服。使用的网格材料是专门为马的行走而制造的，其空隙足够小，可以最大限度地防止马蹄陷入。

图 4-7 铺块交织成一个坚固的具有渗透能力的表面，如同在马围场里安装了一个地下水补给盆地。在马被允许回到牧场之前，临时栅栏将被拆除

图 4-7 所示为用作地下水补给池的马场使用的铺路砖。

在铺路砖中间的空格内种草（图 4-8），混凝土铺路砖材料可以在斜坡或交通繁忙的地段将土壤固定住。图 4-9 所示是马场使用的铺筑材料的特写镜头。铺路砖的空格（在这种情况下，大多数空格间隙约 1 英寸）比一般的马和马驹的蹄子尺寸要小。

图 4-8 铺块或者网格材料上的空格中长出的草能够稳固马围场高通行区域

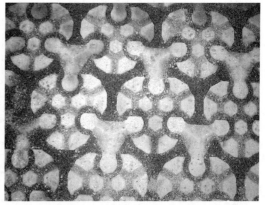

图 4-9 交织的铺块特写，拥有较小的空格以防止马蹄陷入卡住

三、非马场因素

除了开发土地外，马场规划还将受到其他因素的影响。马场所处地的法规和对邻近马场的影响将在马场选址规划过程中起到重要作用，必须考虑该地区的法律限制和住宅开

发，同时对邻近社区的增长和住房发展做出预测。即使法律上没有要求，也要将建筑场地与物业线后移，作为当前或未来住户的缓冲区。

管理不善可能会造成苍蝇、异味、噪声和灰尘等情况，影响邻居和居民的户外活动。前面提到的物业线缓冲区也起到了很好的作用，可以让这些干扰因素形成之前，对其进行稀释和消散。考虑周到的马场布局会减少日常管理工作量，使其更易于管理。从一开始就做出应对措施，避免扰民而被投诉，而不要等问题出现了再做出回应。

马场散养的马是对邻近住户的一种骚扰，因此不要在围栏区外放养马。在交通繁忙的区域，由于马主的问题，可能会造成严重的责任和后果。规划围栏结构（马围栏材料实质都是坚固的柱子）和布局将会从实际上消除散养马的危险（详见第十四和第十五章）。建议在马场周围设置围栏，包括入口及大门，以便在有贵重动物的马厩或交通繁忙的道路附近控制散养的马。即使在最好的管理条件下，马也有可能从骑手或驯马师手里挣脱或者逃出围栏。周边围栏提供了最后的控制措施，将马控制在业主的领地内。

四、可达性

马场常年都有车辆进出。修建道路的费用可能很高，但它是马场基础设施中最值得投资的项目。汽车和皮卡需要一条至少8英尺宽的车道，而牵引车和商业农用装备则需要12～16英尺宽的车道和大门。应急车辆也需要良好的马场道路。沿着主车道修建的桥梁要能承受重型车辆的通行。农用拖拉机的拖拉工具可能需要足够大的空间来转弯，以进入建筑物或围栏区。图4-10展示了大型卡车和带斗拖拉机180°转向所需的距离。同样，大型马拖车和牵引车也需要大量坚固的地面实现安全转弯。为了避免倒车，应该为牵引大型拖车的司机提供一个大庭院或能驾车通过的马厩和仓库区。即使是在小型私人马厩，也要考虑在哪里以及如何为自己和通行的马拖车转向提供便利。

为了保证马厩的安全，车辆入口一般为单行道。将入口车道设在市政道路上，同时将管理者

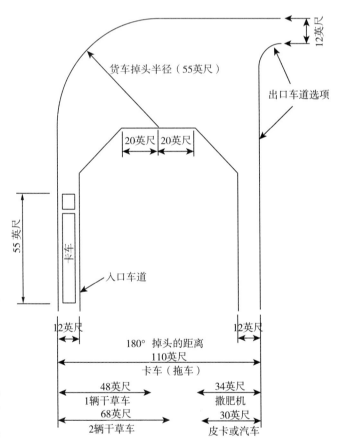

图4-10 拖车卡车实际180°的转向空间约为110英尺，汽车和小卡车180°转向需要30英尺空间，拉粪拖拉机则需要34英尺空间，为拉干草的带斗拖拉机提供48英尺大小的空间，另外增加20英尺给另一辆运草车

的房屋安置在能看到入口车道交通情况的位置。这样可以观察来往的车辆，确保缓慢行驶的运马拖车能够安全进出。当需要安装入口大门时，应将其安装在距离道路不超过 40 英尺的地方，最好是 60 英尺，这样进入的车辆在靠近大门时能够安全地停在路外（图 4-11）。

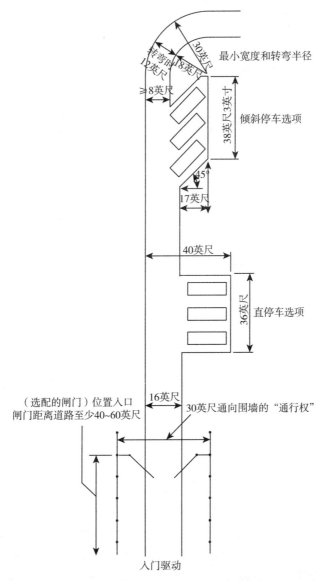

图 4-11　入口车道和农场道路尺寸，展示了有角度和直的选项的停车场

商业化马场的入口车道宽约 16 英尺，每边留出 7 英尺的"公共通道"，以便排水和存放积雪。要让可能悬空在路面上的大型农用设备通过，马场车道的大门需要足够宽。出于积雪和排水的考虑，最好将围栏与马场其他车道边缘保持至少 5 英尺的距离。计划好从车道、庭院和停车场清理出来的积雪堆积位置（图 4-12）。

在储存区和马厩之间建立专用车道，以便运送干草、饲料和草垫。建筑物之间的通道要能保证日常的机械化运输作业，还必须为消防车提供消防通道。消防安全指南规定，农场行车道和桥梁必须能够支撑救援应急车辆（消防车的重量不低于 20 吨），这样建筑物才

图 4-12　在寒冷的气候条件下，建筑、停车场和车道周围需要足够的空间堆放积雪

有机会不被损坏。第九章有更详细的关于消防设备通道的场地布局的介绍。如果需要用牵引车运送干草和垫料或马，则需要类似的道路特征和桥梁承载能力。

第三节　马场功能单位

无论哪种类型的马场，在选址规划上都有一些共同的功能单位。马场的基本单位包括马的居住场所、活动场所，以及用于存放饲料、草垫和设备的仓库。粪便处理需要一个短期储存区，至少保证能够存放四周的累积量。可能还需要长期保存（长达一年）肥料的场所。部分土地将用于修建通往住宅和建筑物的车道。道路作为马场资产的一部分，即使不是很正规，也需要保障仓库和马厩之间的干草、饲料和粪便的运输。饲料和水的供应内容在第五章和第十章。

一、住所

为马提供住所，以抵御寒风，防止苍蝇滋扰。单独饲养的马每匹需要 $100 \sim 150$ 英尺^{2}的住所；对于集体饲养的马，1 000 磅重的需要 $60 \sim 100$ 英尺^2 的住所。如果将攻击性强的马放在一起饲养，则需要更大的空间。住所应尽可能布置得简单并保留自然特征（例如，一个在温暖气候条件下的遮阳屋顶），但更多的是有屋顶的三面棚，正面向南开放，以便在冬季时有光照。考虑到马场夏季和冬季的流行风向，住所朝向最好利于阳光的照射，且能阻挡冬季的寒风。活动区也经常使用简单的大棚，这样马就可以自由选择在棚内或棚外休息。大多数马在活动过程中不用遮挡，但在刮风下雨天气需要为马提供户外马棚。马也经常在棚内的遮阳处活动以躲避苍蝇。如果马在自然环境中可以找到天然的庇护所，如森林或挡风的地形（如大的岩石），可不需要建筑物栖身。

马厩中的住所可以建设成单间马舍。长期以来，马厩一直是饲养马的标准住所，但对于养马来说，马厩并不是必需的单元。马在简单的住所里往往更健康快乐。然而，许多人更喜欢马厩，并在马厩里饲养大量的马。马的马厩大小通常为 $100 \sim 144$ 英尺^2，在某些情况下会为马提供更大面积的马厩，如种马、产驹母马或较大品种的马。马厩设计布局的详细信息详见第五章。

二、活动区

大多数马都能从定期的户外自由运动中获益。户外运动区可以满足较小的活动。牧场上养马是常见的景象。马主需要决定户外运动区主要用作运动场，还是需要生产牧草。

马可以从定期的户外自由运动中获益，各马场的目标和管理方式有很大的差异，因此对土地大小或者活动区尺寸没有一个通用的标准。有的马场让马全天待在室外，并提供简单但自由进出的马棚。与此相反的是，有的马场让马大部分时间都待在室内，对于外出有着严格的控制。一般而言，私人马场倾向于全天户外活动模式，而商业化马场则遵循限制外出活动模式。与大众心中的印象相反，美国大多数马都在城郊，而非农村环境中饲养的，因此大量盛产牧草的牧场并没有得到有效利用。

因为马只饲养在有限的土地上，牧草作为马主要饲料的重要性已经降低。户外活动区通常用于运动，而不是作为采食牧草进行管理或维护（图4-13）。无植被覆盖的户外运动场应设计成干燥、排水良好的围场，这意味着要实施排水、泥浆控制和垃圾清除计划。详见第十四章中"全天候围场"中的更多信息。

图4-13 许多成功的马场布局都牺牲围场植被面积，建造全天候马场，而并不在意围场植被能否维持长期放牧或遮蔽用，这样的全天候围场的地基和排水系统的设计非常重要，设计的好可避免泥泞和污染

户外运动区至少需要规划500英尺^2。对于一匹马而言，需要的跑道最小尺寸为10英尺×50英尺，围场最小尺寸为20英尺×23英尺。这些尺寸将为马以适度的速度伸展、翻滚和嬉戏提供空间，较大的围栏尺寸会更好。由于马会频繁地接触围栏，小型活动场的围栏需要特别安全和坚固。第十四章提供了关于马活动场围栏布局的更多信息。

三、饲料房、马具室和工具房

除了马所占的建筑空间外，还要额外提供约30％的空间用于存放饲料、马具和工具（图4-14）。仓库可容纳量的"经验法则"是通过观察获得，使其设施布局具有良好工作效率和合理存储空间。在工具房中存储所需要的设备，可以避免在马场工作区中被工具和饲料桶绊倒。在一个小型的可容纳两匹马的马厩中，所有的马具、饲料和工具都可以存放在一个独立的地方。将马护理中使用的各种用品和梳理工具摆放在橱柜和架子中会更有条理。在大型马场中，存放饲料、马具和工具的储物间已经发展成独立的专门房间。每年的干草或草垫供应还需要大量的额外存储空间（更多详情见本章后面内容）。

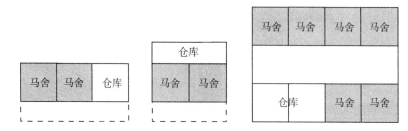

图 4 - 14 马厩仓库"经验法则"就是将 30% 马舍面积区域用作仓库，马厩中如果要储存草垫、大型设备（拖拉机）和干草就需要额外的储存空间

四、粪便管理

粪便的管理和使用已成为马场管理的重要内容。法律要求保护环境，免受粪便管理不当而造成的影响。专门规划建造一个粪便储存专用场地，可以清除粪便，并可以就地转化和利用粪污。短期粪便储存需要数天或每月清理一次，而长期粪便储存需要每年清理一次，每年需要制订粪便管理计划。

为了提高劳动效率，将短期粪便的储存地点设在方便且全年都能进入马厩和围场的地方。马厩和经常使用的围场要经常清除粪便（通常是每天）。马粪的产量大约为每匹马每天 1 英尺^3。马厩草垫的使用和脏垫料的清除在各马场差异较大，但平均以每匹马每天约 2.5 英尺^3 的马厩废料（粪便和垫料）计。一匹马每年的马厩废料量体积可能约为 12 英尺 × 12 英尺 × 6 英尺（高）。

粪便储存库必须位于较高、排水良好的地方，这样粪便浸出物可以被附近的水源冲走。从美观的角度来看，在粪堆周围设置坚固的栅栏或种植乔木和灌木，有利于减少潜在的灰尘和气味。第八章有更多关于粪池的选址规划和设计的详细内容。

粪便的利用包括土地施肥和堆肥。土地施肥需要使用机械化设备在土地上撒播肥料，并种植饲料作物。堆肥区域是除马场活动区的独立运作区域，为市场提供副产品——有机肥。

可以在马场大量储备粪便，定期进行处理；或者频繁清理粪便，每天或每周通过垃圾车或卡车将其运出马场。只要马场垃圾的质量和数量满足堆肥生产企业的需要，他们就会对收购马厩垃圾感兴趣。季节性堆放的马粪，可由其他拥有机械化设备和农田的人处理。

由于粪便会成为滋生苍蝇、营养物质流失和产生臭味的场所，因此粪便管理对于良好的邻里关系和环境健康至关重要。务必将粪便管理作为场地规划的首要步骤之一。制订一个后备计划，当本地粪便运输商倒闭或其设备在 6 个月内无法使用时，要有一个粪便利用和储存的后备计划。即使所在地的法规尚未要求，也要编写一份简短的书面粪便管理计划，以证明良好的环境管理能力。

将粪便管理作为场地规划的首要步骤之一。

第四节　可选配套设施

除了住所，许多马场还配备了其他功能设施，其中包括马术竞技场、草垫和干草仓库、机械化设备、拖车和其他设备仓库、办公室以及管理区。专业养殖场会有与其功能用途相配套的设施，如育种和产驹设备、训练场和兽医设备等。本节简要讨论马场常见配套设施。还有其他设施或区域，如清洗马厩设备或冲选区，可以提供便利的厨房和洗衣房等设施，但是要注意火源问题。

一、牧场

牧草健康且丰富的牧场，每匹马需要 2～5 英亩①（在美国温带地区）草地，并进行有效的牧草生产管理。牧场管理需要掌握牧场产量与收获时间、装备和资金的相关知识。牧场的好处是可以将经济、优质的马饲料与健康的运动区结合在一起。每匹马需要的牧场面积取决于该地的土壤类型及其肥沃程度、降水量和排水量、种植的牧草品种，且与季节紧密相关。牧草一年四季的产量并不同。因此，除了牧场管理外，还需要进行干草储存。牧场中超过 70% 的牧草需要每年施氮肥。豆科植物，如三叶草和紫花苜蓿，可将大气中的氮固定到土壤中以供草地使用。

成功的牧场管理需要掌握牧草产量与收获时间、设备和资金的相关知识。

牧场管理受益于轮牧，使牧草再次生长从而提高植物活力。将牧场至少划分为三块区域，可以在每块区域放牧 4 周左右。牧草再生期取决于牧草品种以及降水量。当牧草被啃食到 3～4 英寸高时，就将马从这片牧草区转移到下一区域。肯塔基州的兰草可放牧啃食至 2 英寸高。过度放牧会抑制豆科植物的生长，使杂草入侵，而放牧不足会使牧草生长到相对不适口的阶段。

为了维持良好的牧草质量和产量，需要及时收割。收割间隔时间与住宅区草坪的修剪间隔时间相近。马是典型的选择性食草动物，会过度采食偏爱的牧草，而让牧场的其余牧草长成非生产性植物。在管理不善的牧场中，过度放牧和施肥不足都会导致牧场杂草和灌木丛横生。

本节的目的是提供一个与马场场地规划有关的成功牧场系统所需面积和管理工作的概要。

二、马术竞技场

马场中最好规划一个马术竞技场。大多数马术竞技场的面积最小约为 60 英尺×120 英尺，这使得大多数行走较慢的马有足够的空间安全地绕过弯道。许多室外马术竞技场都比这个尺寸大得多，用于骑马的竞技场也是如此。竞技场四周必须有一个比实际骑行区域大 2～10 英尺的斜坡台面。公共马场一般至少有一个马术竞技场，包括室内和室外马术场、跑道和训练围栏。室外马术竞技场临近可能有观众看台。更多详情请参见第十六章和第十八章，分别介绍了室内和室外马场的设计和建造。

三、干草和草垫长期储存仓库

干草长期储备库应该与马厩分开。

特别是对于公共马厩，强烈建议将干草长期储存室与马厩设施分开。现场的访客可能

---

① 英亩为非法定计量单位，1 英亩＝$4.046\,856×10^3$ 米²。

意识不到在干草储存库附近吸烟的危险性，意外点燃干草的风险会增加。因此需要张贴禁烟标志并执行禁烟条例。私人马场同样应该考虑单独存放干草，特别是当马在马厩中的饲养量超过室外饲养量时，建议干草库和其他建筑物之间至少要留有 75 英尺的距离，以有效防止火势从干草库向周围建筑物蔓延。可以在马厩或马棚中存放几天的干草和垫料，以方便日常饲用。

干草储存空间要求为每吨 200～330 英尺^3。秸秆储藏空间为每吨 400～500 英尺^3。干草和垫料储存库结构简单，一般是一个简单屋顶防护结构，或者是三面或四面的封闭空间，以更好地防止雨水侵蚀（关于干草长期储存库设计的更多内容详见第十三章）。但是必须有足够大的开口保证通风良好，散发干草发酵产生的热量，减少自燃的风险（关于燃烧的更多信息，见第九章）。提供全年适用的路面，以容纳和承受大型运载卡车（可能还有消防车）通过，方便车辆进入存储区以便卸载。

不能低估储存干草存在的火灾风险。牧草一旦被点燃，消防部门很少能够及时挽救，因为草料着火会释放大量的热量，燃烧非常快。不管消防部门多么努力控制火势，也几乎没有机会扑灭火势或抢救仓库。如果马厩里存放有干草，须了解火灾风险。

部分马场将干草储存在马厩里，而不是在专门的建筑物里。不可否认的是，每天从干草堆里把草捆运进马舍中确实很方便，但要评估其方便性和干草储存所带来的灰尘、霉菌和火灾危害之间的风险。一般认为这样做是得不偿失的，这样做所节省的劳动力很少，因大量的劳动力（或机械化装置）会被用来收割干草，而不是运输。

对于马大部分时间都在室外的小型私人马厩来说，马厩内可以存放干草和垫料，比建造一个单独的干草和垫料仓库要好。要意识到，在马厩内存放干草和垫料会产生更多的灰尘和霉菌污染。在小型马厩中，只要注意不要让发动机或排气部件引燃饲料，就可以将干草和垫料库与设备库放在一起。

四、设备仓库

与其他农业作业相比，马场的设备需求是最少的。小型农场拖拉机或大型园艺拖拉机在私人马场的各种任务中发挥着重要作用。对牧场的管理、粪便的清除、垫料和干草的清除和搬运以及马术竞技场中的各种任务都需要机械设备。拖拉机及其配套设备可以胜任绝大多数工作。特别是对牧场和粪便的管理，不必投资购买所有的必需设备，可以雇佣外部承包商工作。牧场管理要用到收割和施肥设备。土地施肥可以抵消一些牧场的施肥需求。粪便的运输和处理需要粪便处理设备。干草和垫料的运输可采用高架输送机装载干草，或用小车将干草从长期储存地运到马厩。马术竞技场的管理包括对基础地基进行调节、再分配和调平，通过一个拖拉装置运输，同时通过浇水来控制灰尘。

将设备放到仓库或者建筑物中可以延长设备的使用寿命。与散落在农庄各处的设备相比，一个专用的仓库可以增加设备的安全性和外观整洁性。马拖车需要一个专门的停车场，方便拖车连接，同时不影响日常杂事。

马的管理还是要靠大量的日常手工劳动，所以在马住所内需要存放耙子、铁铲和扫帚。这些较脏的工具不宜放在清洁的地方，比如马具室、办公室和休息室，所以最好专门留出一个空间来存放它们。

五、长期储粪池

一匹马一年所产生的废料（带垫料的粪便）为800~900英尺^3，但不同的马场差异相当大，因此，在有条件的情况下，应使用当前管理方式的实际数字。所有马场都需要短期储粪池，而如果粪便被很快清除或者使用频繁，则可能不需要长期储粪池。长期储粪池需要与前面"粪便管理"部分讨论的选址、排水、渗滤液控制、妨害管理和环境保护等方面的特征相同。更多信息详见第八章关于粪便储存场所的设计。

六、居民便利设施

向公众开放的马场需要为参赛者和观众（家庭成员）提供停车场。为三类潜在的访客规划通道和停车位：家庭访客、商务访客和重型运输卡车司机（图4-11）。即使是私人马厩，建造马拖车空间也是有益的。对于商业马厩来说，停车场应该有安全的地基，即使在黑暗中也可以方便进入马舍和马术竞技场。为访客夜间安全活动比如步行去干草、草垫仓库和粪便池提供户外照明。（第十一章有指导方针）

马场的社交活动通常是非正式的，但有座位的区域或小角落通常会被顾客和员工充分利用。一些马场中还设有室内竞技场和休息室的观察区。为支付骑马课程费用的家长们提供了一个干净、舒适的地方，可以安全地观看他们孩子的骑马活动。

公共马厩或有员工的马场要有浴室设施（有时一个便携式厕所就可以了），否则就要向客人开放家庭浴室。在商业马场中，也要有供人饮用的水和清洁用水。马场中都提供洗手和清洁马具用的水槽或水龙头。详见第十章。

兽医和修蹄工人需要一个明亮、舒适的工作场所，并让马站在防滑的地面上进行作业。

要为兽医和蹄铁匠工作提供一个光线充足的整理区或工作通道，并且附近要有停车场，方便兽医人员停车（图4-15）。拥有许多马的马场需要特定的场合，进行大量常规兽医护理。

考虑设置一个办公室，用于文书工作、业务管理和接待访客。在小型马场中，马具室的一部分可以作为办公室，而在商业化马场中就需要一个专门的房间。办公室和休息室通常有暖气和空调，以保证舒适度。在寒冷潮湿的环境下，马具室通常会加热来

图4-15　马厩附近需要为员工、访客、兽医等人全年提供充足、安全、方便的停车场，车道还能作为运送货物或者紧急情况进入建筑的通道

改善皮革状况。办公室、马具室和休息室的建设应该符合住宅标准，而不是在马生活区使用的"仓库"结构。即便如此，住宅型建筑必须能够承受马厩中潮湿和多尘环境的严酷考

验。这些有人居住的地方，随着电器、暖气片、保温材料的使用增多，火灾隐患较大，对鼠类的吸引力也较大。

大多数马场的业主或者管理者都有一个住所，有些甚至为工人提供额外的住所。在住宅和马场之间要观察二者相互影响程度。要考虑到公共马场"休息日"的私密性与日常和紧急时马护理的便利性之间的平衡。在住宅区设置单独的车道，马场中增加私人和工作职能划分，但在马场设置无人看管车道会增加安全风险。

第五节　马场及其建筑规划

一张关系图可以帮助梳理并决定关于农场建筑的位置。"关系图"有助于定义农场特征之间的关系，并为计划设定背景。例如，马厩附近需要什么？附近的户外围场和短期储粪池会提高日常工作效率。长期干草储备库可以离远一点，长期储粪池可以更远一些。可以通过规划物料和马的活动距离来提高可达性。

一、多功能性

对于家庭型企业来说，如果你逐渐对马失去兴趣或者打算出售地产，那么可以考虑将马厩改成其他用途的建筑。横跨式（无内柱）的建筑马厩通常可以很容易改造成车库、工作车间或办公室。

二、扩展性

在不影响周围建筑或功能的情况下，留出空间来为以后增加房间做准备。考虑并规划可以增设一个马厩或室内马术场的地方，或在现有设施中加建一个办公室。至少在马厩的一侧留出有扩展潜力的空间。

三、宜居性

马厩的周围环境会影响附近住户。要处理好从活动区散发出的异味，尤其是人们经常在室外活动的季节。要考虑到你和你的邻居双方对马场持有的观点，这样可以考虑到隐私问题并将干扰降到最低。

四、工作效率

与物料存储（干草、草垫、粪便等）相关的建筑布局将对日常工作效率产生长期影响。即使在泥泞和雨雪季节也要保持道路通畅和便利。

五、选址规划实例

图 4-16 展示了场地的开发，作为一个简单的示例演示了结合上述特征的比例图和关联图的使用。该图提供了一系列马场及其建筑规划理念，并指出了优缺点，旨在制订出一个符合马场既定目标的粗略工作计划。

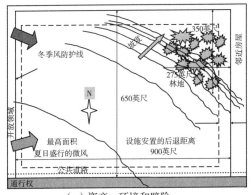

（a）资产、环境和壁阶

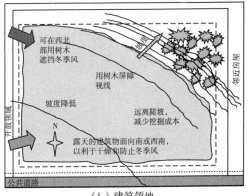

（b）建筑领地

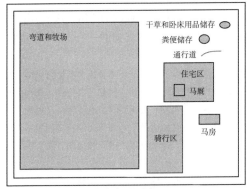

（c）场地要素

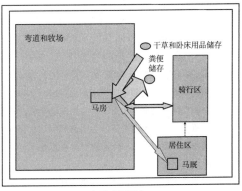

（d）关联图

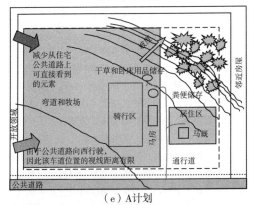

（e）A计划

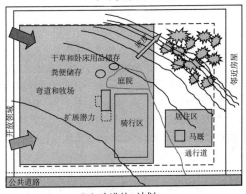

（f）改进的A计划

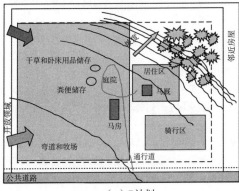

（g）B计划

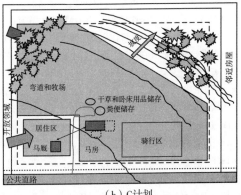

（h）C计划

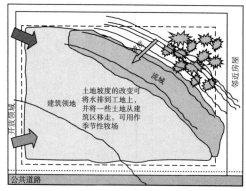

（i）坡度反转示例

图 4-16 这组图作为一个简单的场地规划编制示例，演示了比例图和关联图的使用。这个例子是一个饲养六匹马的私人马场，其目标是为一个繁忙的双职工家庭提供一个日常工作效率高且有吸引力的马场

（a）准备一幅显示重要特征距离的规模图，包括地产分界线和场地环境特征，这个环境特征包括盛行风向、地势地形和自然场所面貌，比如林区。标记出可能会影响场址规划的现有建筑物和相邻事物，例如公共道路、邻居的住房和空地。展示出能够对地产和财产产生影响的所有法律要求和公用事业。即使没有法律要求，也要为自己所拥有的地产每一边都留下一定的后退距离，为自己和邻居提供一个活动缓冲带。在这种情况下，和邻居住房之间要留下较大的后退距离，和邻近田地的一侧后退距离可以小些。制订一个场地发展计划，并对该地块进行相应的开发。注意该场地西南象限的高地位置。

（b）开始决定应在哪里可以建造马厩和住所。为了最大限度地减少挖掘和施工成本，应在现场较为平坦的土地上建造。在规模图上画出"建筑领地"的简略图。保留森林区域以阻挡邻居的视线和声音，因为不宜在陡峭的斜坡上进行建造设施。在场地西北部增加防护林可以降低冬季的风速和减少吹到场地的积雪。尽量保持西南侧开阔以利于夏季凉风吹进。

（c）这里展示了最基本的住所和马厩在实例场上的选择定位。在这一阶段，有些元素可能是粗略的估计，而另一些就要精心设计。例如，业主已经决定了住所的面积以及房子、马厩的基本尺寸，但是他们仅仅粗略地估计了理想的活动场面积和物料的储存容量。关联图上所有区域都有简单的建筑形状，说明如何安置各种元素。在这一阶段不需要建筑细节，但可以包括在内。例如，马厩完工时可能呈现 L 形，在最终设计中外出活动区域也可能不是一个大的矩形区域。形状和面积上的细微差异不应影响马场建筑元素的粗略布局，但对最终的详细计划实施十分重要。无论是在纸上还是电脑上工作，都要按比例创建基本场地元素的形状。下一步是创立一个关联图，说明各元素之间的关联。

（d）创建关联图，选取基本元素，标出它们之间的活动流通程度。如果马厩被户外围场包围，马将会有高效的活动。储粪场应该紧邻马厩到仓库的地方。储粪场要远离住宅和公共道路。干草、垫料仓库需要靠近马厩，但要保持一定的安全距离，物料单向流入马厩。马术竞技场通常靠近马厩，但活动量少于物料处理量。房屋被安置在去往马厩便利的地方。家人希望从家里看到马术场的活动情况。没有显示的是车道，它提供了通往公共道路、住房、马厩和各个仓库的作用。下一步就是在场址规划的规模图上放置各种元素。

（e）A 计划，可以尝试将住宅设在邻近的房屋附近以便兼容使用，可以感受到"邻居"的存在。将马厩设在住宅附近。再把储粪场放置在马厩后面，就可以使其在住房和公共道路的视线之外。为了消防安全，把长期干草和垫草仓库设在离马厩至少 75 英尺远的地方。马厩西面相对平坦的地形可用作骑马场。围场可以围绕着马厩。通行车道比较麻烦，其中的一个问题就是进入公共道路向西有一个限制视线的上坡，另一个问题就是到达仓库的路都是死路，这就要求运输卡车倒车，马拖车没有一个方便掉头的地方。工作人员就不能从房子看到骑马场的活动情况了。下一张图展示了改进的 A 计划。

（f）改进的 A 计划，通过换马厩和骑马场的位置能够保证从房子看到骑马场的活动情况。进出车道可以通过将车道从视线受限的山丘上移到更远的地方来改善，为运输卡车和马拖车增设一个庭院以方便转向调头。注意，在新的位置场所的马厩要有更多能扩展的潜力。但现在的马厩不再方便地接近住房，且布局分散，牺牲了周转面积。这种设计可以通过把所有建筑安置得紧凑些，结果就是家庭选择移动住宅区。

（g）B计划，居住区的院子不需要很平坦，实际上，为了家人的享受有一个美好的森林景象，将房子搬到背向树木繁茂的山坡。这也增加了与邻屋的私密性。骑马场最好定位在领地的前半部分，从房子和马场都能够看到并且靠近居住区。但现在看来，好多事情似乎是错的，进入车道沿着公共道路进入了不好的位置，房子有着全景视野却对着粪便储存场所，另外，夏季盛行风把臭味带到了居民区，面临着异味扰民的问题。

（h）C计划，家庭决定把房子安置在马场上风处。马厩到住房有100～200英尺的距离，把骑马场安置在马厩附近且从房子能看到的空地。马厩周围预留能够扩展房间的空地。材料仓库（草、粪）在马厩后面屏蔽了居民和公众的视线。粪便储存场所和邻近的住房相比在先前的计划中隔得更远了，而且还有森林作为缓冲带防止滋扰。增加防护林降低冬季寒风，拟建一段短的进出道路和一个院子以方便运输卡车和拖车转向调头，用于司机进入的公共道路在一个较高的位置，相比之前的规划改善了视野和能见度。活动场包围着马厩，马厩设在离道路很远的后方，对于领地前方的围场就会拥有足够的空间。此时，这个规划进入更加详细的阶段，更精细的位置和规模尺寸使规划更加完善。从功能上来说，这个规划将会高效处理粪便和垫草，从而提供一个整洁美观的马厩设施。

（i）特别注意场地排水问题，要考虑到类似场地的影响，这个场地只是陡峭斜坡的方向不同而已。如果陡峭的部分倾斜到建筑领地，在考虑到地表管理和地下排水时，一些潜在的建筑场所就要从高地上搬离。

第六节　基本要素

在考虑马场选址规划的任何详细事项之前，以下要素都需要深入探讨和认真考虑。

一、法规

如果地产不能合法地用于预期目的，即使是再完善的规划和梦想也会付诸东流。在购买土地之前，一定要确保马场规划符合该地区的土地限制因素。在开始施工之前，马场规划需要得到当地政府的批准，以确保符合分区和建筑要求。明确所建设施是否被视为农业财产，还是有限制牲畜（如马匹）的住宅，或者商业设施。如果要在个人财产上登记别人的马，要了解商业用途的限制因素。饲养牲畜可能存在批量限制或者对与土地面积有关的动物密度等因素进行规定。

二、公用服务

充足的供水是马场的基本要素。如果供人饮用，则需要饮用水。另外，优质水也可以用作其他用途，如供马饮用、清洁、马匹沐浴和浴室使用。池塘通常被纳入农场建筑消防之用。商业马场中需要电力，但对于小型住所而言，电力只是一种简单的便利因素，而不是必需的。如果马场中拥有浴室，就意味着需要进行污水处理。

三、环境

凉爽的夏季微风在马场中很有用。马厩和马棚的位置应有夏季的盛行风，使用防护林带可以阻挡冬季盛行的寒风。阳光的照射和地面斜坡可以使建筑物周围地面干燥。对于马场，土壤类型不会像种植农作物的农场那样要求高。然而，合适的土壤条件和平缓的地形对于建筑支撑和牧草生产很重要。

四、劳动力

与其他商业牲畜牧企业相比，马场仍然相当耗费人力。事实上，所有的马喂养和垃圾清理工作都是由人工完成的。对劳动效率和时间（日常和季节性）都要进行规划。场地规划和使用关联图的重要性主要在于建立高效的劳动模式。给马厩和围场供水的自动浇水机越来越普遍。在马厩有限的外出时间里，马通常都是被单独牵引着进出围场的。对于大型马厩来说，将管理者或马夫的住所作为马场建筑规划的一部分并不罕见。

五、商务事宜

许多马企的吸引力在于对马场规划美学的细节设计。这种形象是营销战略计划的重要部分，能给马场访客留下良好印象。对于某些商业马场来说，靠近客户或马产业中心可能很重要。马产业中心有兽医、设备和马业专家。考虑到马主在马场中寄养马的通勤便利性，将马场建在交通便利的位置可能会带来广告效益或顾客便利。

六、原有建筑

一些拟建的马场，其用地可能建有其他用途的农庄。尽量保留最有使用价值的建筑，并在它们基础上进行新的规划。移动或拆除建筑物的成本很高。在不适合马场建筑周围工作时，要权衡这一费用。人们倾向于高估旧建筑的价值。当然，保存有些老旧或具有历史意义的建筑结构经过维修后能够达到想要的用途，比如用于存放或者作为干草、草垫仓库。

本章小结

一旦确定马场的经营目标，为了马场的发展，要制定出短期和长期发展目标。在进行任何详细规划之前，都需要确定基本要素，例如养马许可证、公用设施的使用和适宜的场地环境。马的基本需求包括住所、清洁的水和饲料以及围栏区。粪便管理对于正确存储和使用马厩和围场的废料是必要的。除了饲料和垫料的储存外，还需要储存马具和工具。考虑到邻居和其他非马场因素往往会影响规划细节。场地内各建筑之间的交通便利性可以提高工作效率。

当提供了马护理的基本功能后，就要考虑马企业的宜居性。大多数人想象着马在葱郁的牧场上觅食和运动，尽管这对许多马场来说可能不是一个合理的设计。为了维持牧场的牧草生产，需要制定一个管理大纲，包括割草、施肥和轮换放牧空间。多数马场业主都会对骑马的道路和马术场很感兴趣。对于一些马场来说，需要长期储存粪便、干草和垫料以便管理。同样，材料处理设备的储存也是必要的。最后，为在马场工作和喜欢骑马的人员提供一些便利设施，包括办公室、休息室、充足的停车位和浴室等。马场的范围和目标各不相同，因此，除了基本需求外，无法提供通用的方案。

应通过使用关联图来制定场地选址规划，确保场区各元素之间位置合理。马场规划要考虑建筑物和户外活动区的多功能性和可扩展性。提高日常工作效率可以节省日常时间。一个周到的规划应该将所有的功能整合在一起，为自己和邻居提供一个适宜居住的地方。

第五章

马舍的设计

马舍是马厩或马棚的基本功能单位。一个简单的后院马舍和一个功能齐全的马舍乍看起来可能有所不同，但它们都为马和驯马师提供了一个适宜的环境。驯马师和马的安全应该是马舍设计的首要考虑因素。舒适性对马也很重要，但便利性对驯马师执行日常工作和马护理也同样重要（图5-1）。无论管理风格还是需求如何，马舍的基本要素都是一样的。许多影响功能和成本的配置可以应用于马舍。

本章阐述了关于饲喂1 000磅左右的马的一些基本马舍特征。现实中，要为更大体重的马将马舍调整到合适的尺寸。

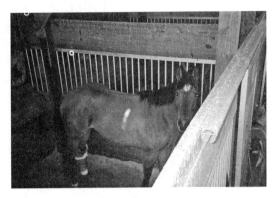

图5-1 马舍是马厩一个基本功能单位，它不仅为马提供安全和舒适的环境，还为驯马师提供了便利

第一节　尺　寸

马体型的大小和马在马舍中停留的时间决定了马舍的尺寸。体型较大的马要比小马驹需要更大的空间，以便能够舒适地转身、躺下和起身。一匹1 000磅的马需要的标准空间为12英尺×12英尺。许多马厩都能成功地使用比这略小的马舍，但墙体之间长度不应小于10英尺。通常，马舍墙面之间距离应该是马体长的1.5倍。马待在马舍内的时间越长或马越活跃，马舍尺寸就要越大。两个标准马舍之间的隔板或者马舍之间的界限可以移除，以便为母马和马驹留出更大的空间（图5-2）。

标准的马舍隔断高8英尺，最低也应达到7.5英尺，以防止马跨过隔墙（图5-3）。多年来，虽然马舍门的标准尺寸为8英尺

图5-2 室内挡板部分被移除，使两个标准尺寸的马舍变成一个较大的马舍，大的窗户可以增加采光，拆除窗户玻璃以利于暖季空气流动

高、4英尺宽，但这在马厩中并不常见。马舍房门生产商通常供应略高于7英尺的门，宽度为42～45英寸。这是能够让马通过实际开放的尺寸。这些开口刚好满足马和驯马师的安全需要。

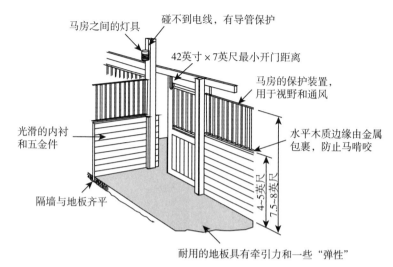

图5-3 典型的箱式马舍构造

马舍通常建造高度为10～12英尺，最低高度为8英尺（图5-4）。天花板过低不仅会阻碍空气流通，还会增加马头撞到天花板的概率。事实上，许多马厩都有开放式的桁架或者椽构造而没有天花板。在这种情况下，最低高度就是马匹可能撞到的最低部位（如灯具或桁架下弦）的高度。

图5-4 大型马厩在天花板上面的封闭阁楼都有干草储存仓库，每一个马舍都提供有用于通风和采光的窗户，有一个顶置门可以进入通道，而进入每个马舍则是通过滑动门

第二节 门

门的材料和结构多种多样，但是最常见的还是旋转门和滑动门（图5-5）。门可以和整个开口等宽，还可以分成两块门板，上下两部分都可以打开（图5-6），或者可以覆盖

开口的一半至 3/4，这在金属网状门中比较常见（图 5-7）。

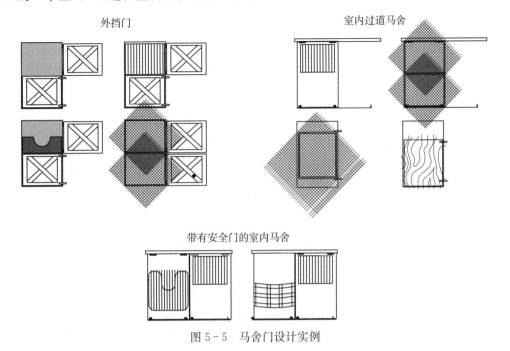

图 5-5　马舍门设计实例

图 5-6　荷兰门是一种很受欢迎的马厩门结构，马可以通过上半部分门看到或者将头伸到外面

图 5-7　马舍采用额外加固门，使用灭火器很方便

旋转门应该设置在通道而非马舍。打开旋转门会减小通道的工作空间，可以通过闩锁来避免此问题。旋转门采用较少的硬件就能正常工作，但需配合坚固的铰链或合页来防止

从门框上脱落。滑动门除了架空轨道、与地板水平的导向装置外，还需要一个止动装置，防止门开得太大而从轨道上掉下来。注意，如果马经常蹄刨、踢或倚靠门，需要固定门的下部位置。标准长度门上的空隙应小于3英寸，防止马蹄或马腿被卡住（图5-8）。所有的门和门框都要结实耐用，有安全闩锁，没有锋利的边缘或突出物。

例如，滑动门轨道应该是弧形的，并远离交通路径。门锁和其他可单手操作的锁扣可为日常工作提供方便（图5-9）。将门锁的位置放在马够不到的位置，因为马可能会以学习如何操作门锁为乐。马会试图跳过半高的门（如上下都可打开的门），可以安装那些马能够将头伸出但又不敢跳跃的门。

图5-8 混凝土砌块的马舍墙壁构造和全屏滑动门

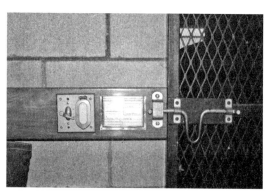

图5-9 马厩周围需要坚固的安全硬件并安装带有保护措施的电气元件，许多马场提供马身份信息识别卡，固定在每个马舍附近，方便对马进行识别

第三节 采光和通风

照明对于照料和观察马舍中的马很重要。马舍中难免存在阴影和光线不足的区域，这些区域会妨碍观察和照料马。为了保证自然采光，每个马舍应该提供一个至少4英尺^{2}的窗户。玻璃窗应该安置在马够不到的位置（通常在7英尺以上），或者采用牢固的护栏或网格将其围起来（图5-10）。有机树脂玻璃是个很好的选择。

沿着前部或侧墙放置电子照明设备可以减少马舍内的阴影（图5-3）。马舍中心上方安装照明装置时，当马走到灯前会产生阴影。合理的电子照明设备是100瓦的白炽灯或者20瓦的荧光灯。照明设备的安装高度至少是8英尺，也就是马接触不到的地方。

图5-10 马舍窗户上的保护栏杆

最好在照明设备上安装一个不易碎的保护性笼子以加强防护，这些在大多数照明用品商店

都有销售。在马需要通过的场所里，所有的电线都必须装入金属或者硬塑料导管中。

　　啮齿类动物可能会啃咬无保护措施的电线而引发火灾。电线可以安置在金属导管中，但这样有生锈的可能。应将电子照明装置安装在马、孩子以及宠物够不到的地方。更多的详述参详第十章。

　　为了每匹马能够健康的呼吸，应该提供新鲜空气。图 5-11 展示了马舍横截面的通常尺寸和组成元素，窗户（每个马舍都能打开的）、屋檐和屋脊的通风口、无天花板（或者至少是一个很高的天花板）可以加强新鲜空气的流动。不建议在马舍顶部存放干草和垫料，因为它们与马抢占同一空间。这些物质不仅会引起火灾，它们携带的灰尘和过敏原还会影响空气质量。

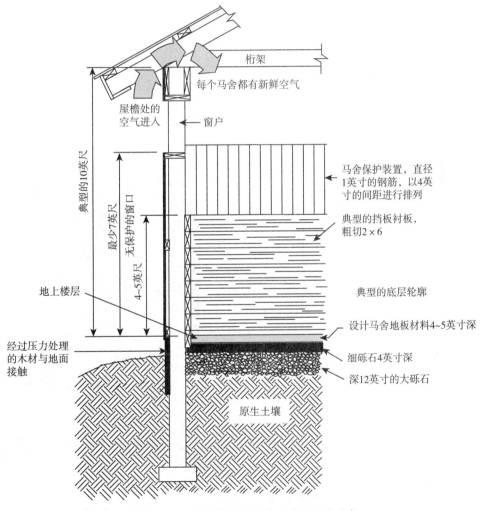

图 5-11　马舍横截面的通常尺寸和组成元素

　　马舍格档顶部的开放式窗板和网格门都有助于室内空气的流通。墙体坚实的马舍配备网格门可以增进马舍内的空气流通（图 5-12）。通常情况下，马舍通道有利于通风，而马舍内部却因空气循环不畅而导致空气流通障碍。更多信息详见第六、第十和第十一章。

图 5-12 马舍都有室内和室外门，一般采用上下能打开的荷兰门，而室内门主要采用顶部有栏杆的木质滑动门。每个半封闭的门都可以增加空气流通，马舍后墙的屋檐口可以让新鲜的空气流通

第四节　区域分割设计

马舍隔板通常是 2 英寸厚的粗切橡木板或者松木条。软木很容易被踢咬损坏，大多数踢损区域都在隔板低于 5 英尺的地方。与地面接触的底板需要采用经过压力处理的木板（图 5-13）。

胶合板（至少 0.75 英寸厚）是一种坚固的木板替代品。与可能收缩、变形或开裂的木板不同，胶合板可以消散踢打的冲击力，具有较好的强度重量比。如果要选择比木头更耐火的材料，可以使用混凝土和砖石。混凝土和砖石结构坚固持久耐用，但因其具有热阻性、高建筑成本、对抗踢打过于坚硬的特点，而不常采用。（详见第三章）

马舍隔板高约 8 英尺，与马舍底层地板齐平，以防止马被缝隙卡住。木板间隔 1.5 英寸，可以增强马舍之间的空气流动，同时阻止马之间的碰撞（5-14）。使用间隔木板时，采用稳固的垂直中心支撑装置来稳定 12 英尺长的墙体，防止木板被踢断。水平的木板边缘横面很容易被马啃咬，所以要用金属包裹。

马舍墙面的顶部不需要全部使用坚固材料（图 5-15），墙中心需要木板支撑，墙面顶部呈开放式设计，通风良好，便于观察马的活动。同时马可以看到其他畜群和其他马棚活动，可以减少

图 5-13 马舍墙面需要使用坚固的材料，马舍门也需要选择安全的硬件。墙面底部压力处理板与地面和粪便有接触。有两个通道和四个马舍宽度的马厩开放分区可以增加可视度和空气流通。注意马舍后墙上面的烟雾探测器

图 5-14 马舍木板之间的空档可以加强空气流通，木板可以
提供保护，避免马啃咬金属边缘而受伤

无聊和恶癖。开放式隔板的底部有 48～60 英寸的固体材料，顶部有一个开放式面板。常
用的是直径 1 英寸或同等直径的钢筋。钢筋之间的空档最多不超 3 英寸，或者采用空格为
2 英寸的重型金属网格。

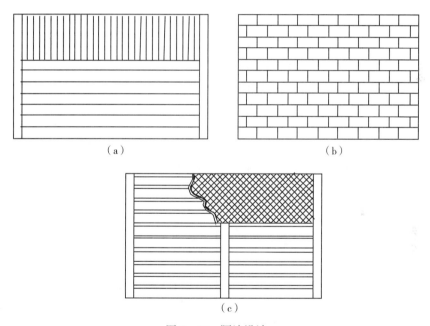

（a）   （b）

（c）

图 5-15 隔墙设计

（a）下面是坚固的木板，上面是竖直的栏杆 （b）坚固的墙板，2×6 的木板，松木条、0.75 英寸厚的胶
合板或者混凝土砖石 （c）间隔木板带有 1.5 英寸的间隔空隙，整个墙面可以都是实心的（左边显示的）或者
马舍护栏（右边显示的金属网格需要中央墙支撑）

金属电线管不够结实坚固，作为栏杆时要防止马蹄卡在空档之间。要确保栏杆材料足
够结实，这样在被踢时就不会弯曲，不会让马蹄穿过时被卡住。表 5-1 推荐了长度为
30～60 英寸的栏杆，有足够的强度防止大多数马踢弯栏杆。但有些马如果看不到邻近的
畜群，就会表现得更安静，这种情况下可以在栏杆或网片上安装临时的实心板（例如胶合
板）。

表 5-1　可以抵抗马踢穿的稳固支撑马舍栏杆的推荐尺寸

	最小管道尺寸		
最大跨距（英寸）	标准管道尺寸	外径（直径×厚度）（英寸）	最小固体直径（英寸）
30	3/8	3/4×1/10	5/8
40	1/2	7/8×1/8	3/4
50	3/4	$1\frac{1}{8}\times1/8$	1
60	1	$1\frac{3}{8}\times1/8$	$1\frac{1}{8}$

资料来源：Att By gga Häststall，en idéhandbok。

注：跨距为实心墙上方的钢筋长度。栏杆的"踢踏安全性"不仅仅取决于所列出的尺寸，它还取决于钢筋质量（弹性模量）、钢筋之间的活动缝隙，钢筋通过紧固还是焊接方式固定在框架上，以及钢筋下面的墙体高度。

第五节　常用设施

　　马舍内部，包括配件都应是光滑、结实的，且没有突起物。通常马舍的常用设施有水桶或自动饮水机、饲料桶和拴马用的环以及其他装置（图 5-16），例如干草架或者放干草包的环状结构以及丰富环境的装置（玩具）。当采购马舍常用设施时，要考虑成本、耐用性、易更换性和易清洗性，特别是饲料桶和水桶。马是跑得快、强壮的动物，整天都需要待在马舍里。需要选择高品质、经久耐用的设施才能长期无故障地使用。

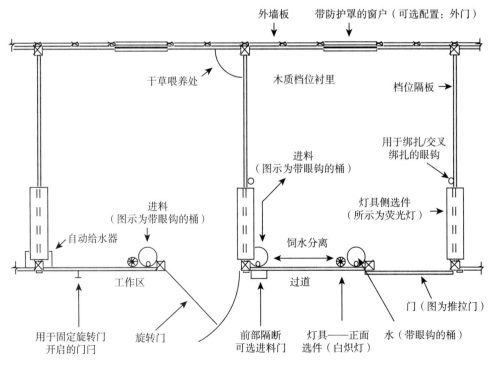

图 5-16　马舍全貌俯视图，包括可供选择的门、饲料、饮水位置和照明装置

一、谷物粮食和水饲喂装置

确保马舍饲料和饮水装置分开使用（图5-17）。如果水桶距离饲喂桶很近，马在咀嚼饲料时就会将其掉进水桶里。饲料桶和水桶应该牢系在墙面上而不是放在地板上以免被打翻，水桶边缘应刚好高于马胸前高度即与鼻梁水平。这个高度足够低，马很容易就能够到，从而减少马踩到水桶的机会。但水桶的这个正确摆放位置也是粪便容易落在水桶中的高度。吊桶的固定装置应该光滑、没有缝隙，需要牢靠地固定在墙上。一个眼钩和双端扣很适合带提环手柄的水桶。有些厂家为饲料桶和水桶提供了安全牢固的壁挂五金件，使得无论桶如何摆动，配件都保持可靠。要确保固定桶的配件可以方便拆卸，以方便经常清洗。

通常是基于成本和管理来决定用桶装水还是使用自动浇灌装置供水。购买和安装一个自动饮水机要比一个水桶贵很多（图5-18）。自动饮水机可以减少完成日常活动所需的时间，还可以监测马摄入的水量，但它也不是万能的。自动饮水机和水桶一样，需要日常检查，确保粪便没有进入桶里，以保持水质新鲜清洁。任何供水装置都需要定期清理水藻和垃圾。如果容器干净，水比较新鲜，马就会饮用更多的水。在马运动或治疗后，可以将水桶中的水倒出马舍，更换新水。合理的饮水机放置的位置和水桶放置的位置一样，需要放置一定的高度并与饲料桶分开。在有些情况下允许两个马舍共用一个饮水机。

图5-17 马舍滑动门和分离的饲料桶及水桶，通过高处的加热和隔热绝缘供水管为水桶供水，采用独立阀门为单独的水桶供水

图5-18 自动饮水机、盐砖和饲料桶位于马舍墙面面前

选择自动饮水机时，要考虑到材料的强度和维护要求，因为要与马有接触，自动饮水机的表面要光滑，易加水，易于清理。一些饮水机要求马降低水位才能注水，这个注水机制需要马用鼻子打开一个阀门，对马来说可能很困难，或者有些马会害怕碰到它。阀门装置也可以变成一种"玩具"，一些马会非常高兴保持阀门一直开着，直到马舍被水淹没。在较为寒冷的气候条件下，需要保护装置防止水管结冻或者冻裂。对抗结冻的保护措施包括掩埋供水管，同时在冰冻线以下对地上水管采取加热处理。在大多情况下采用加热马舍棚或者对裸露的供水管使用电加热带等方法，但在水电或设备出故障时可能会失效/失灵（更多信息详见第十和第十二章）。

二、干草饲喂设备

理想的饲草（干草）喂养方式因饲主而异。干草可以直接放在地面饲喂，但是这种方式会造成干草混杂垃圾、泥土或者垫草。混凝土地面可最大限度地减少干草与脏污地面的接触。地面饲喂的一个主要优点是可以让马以自然的姿势进食。

干草架、干草包、干草网可以使干草不接触地面。采用干草固定装置时要格外小心，如果马踢着干草架或干草网，或者马臀部靠近干草架或者干草网时马腿可能会被卡住。在选择固定装置前要考虑马的习惯、个性和行为，当采用干草架、干草网或干草包时，底部应该为马缩减至合适的高度，太高时干草灰尘会落入马的眼睛或鼻孔，太低时会让马觉得不舒适。架子上所有的焊接接头要坚固、光滑。

干草饲喂设施因管理人员的个人喜好而异，一些业主不喜欢干草架或者干草网，是因为会使马吸入刺激的干草灰尘，不能给马提供一个自然的采食条件。除了干草架和干草网，另外的选择就是干草槽，干草槽可以让马以更自然的姿势进食，减少灰尘落入。一个设计良好的马槽通常由木头制成，底部和地面持平，上部到马胸的高度。干草糠和灰尘会堆积在马槽底部，必须定期清理。

三、系环

拴马的系环通常位于马的上方，放置在远离饲料桶和水桶的地方，并朝向马后方的一侧侧壁。这样在清理马舍或者梳洗、钉马掌时更加安全。确定墙体足够牢固，要能够经受马的抵抗，并且每面墙上的配件都要光滑。

四、地板

多数马舍地板的选择和使用应满足以下多数要求。马对地板的要求很高，所以地板必须经久耐用，能承受1 000磅重的马的踢打和使用。好的地板要有一定的"弹性"，能吸收马的冲击和重量的地板可以减少马的腿部压力和减缓蹄部问题。地板应该防滑以防止马受伤，特别是当马试图从躺着的姿势站起来时，要避免肌肉拉伤。较滑的地板可能会抑制马试图躺下的欲望。

由于马一天中的大部分时间都是低头而接近地面，所以选择无异味（氨气）残留和防水性好的地板最有利于健康。选择一个便于维护的材料可以减少清理和维护马舍地板的时间。但没有哪种地板材料能够满足所有的理想属性。泥土是免费的但不耐用，混凝土持久耐用但不免费。用橡胶垫或深层垫可以避免混凝土和其他坚硬材料过硬的问题。较厚的草垫可以防止马皮肤被刺伤或者被擦伤。潮湿的橡胶垫和黏土会很滑。地板的更多信息详见第七章。

本章小结

通过以上几个方面简单的指导，同时考虑驯马师和马的需求，可以规划愉悦和安全的马舍环境。幸运的是，马舍组成材料上有较大选择空间，例如，建设成功的马厩，其门和地板材料具有较大可更换性。良好、安全且简便的马厩包含了本章说明的所有功能，包括马舍的尺寸、耐用性和马的护理。一个大小合适、环境良好的马厩是必不可少的。

第六章

通风系统

　　虽然马术爱好者的骑行和驾驭方式多种多样，对马的品种需求和兴趣也有所不同，但都认为马厩内保持良好的空气质量很重要。兽医和专业饲养员都建议给马厩提供良好的通风，这样会使马的呼吸道保持健康。众所周知，马厩里应充满新鲜的干草和干净的马气味，而不是粪便或氨气的味道。然而马场建设和管理中最常见的问题就是不能提供足够的通风。为何一个如此常见的功能往往会在马厩设计中被忽略？我们是否应该考虑马的需求？从马厩功能和结构角度来看，设计者和业主是否忽略了通风？马厩的建设有向住宅设计方向发展的趋势。尽管马是我们的伙伴和宠物，但当它们被认定为家畜时，马厩的设计就偏向了实际设计。本章概述了一些已被成功应用于马场的通风系统实例。尽管本章的重点讲述马厩中称式布局的箱式马舍，但在其他马厩布局、棚内通道或室内骑马竞技场中，这些原则对保持良好的空气质量同样有效。

　　通风不足是现代马场中最常见的错误。

第一节　通　　风

　　通风的目的是为马提供新鲜空气。通风的方法是在建筑中提供充足的通风口，使新鲜空气与室内空气互换以保持空气清新。有很多种方式能使每个马厩都始终保证有新鲜空气（图 6-1）。马厩需要有"洞"使空气进入，而不能像我们住宅一样密封得像个热水瓶。跟我们的住宅相比，马厩内的空气有更多水分、气味、霉菌和灰尘，更不用说还有粪便堆积在圈内。

图6-1　在大多数天气里，马厩可以通过打开门窗来保持新鲜空气。这种马厩建筑还提供屋脊通风口、冲天炉和沿着建筑物屋檐打开的开口，这样即使在最寒冷的天气里，当门窗关闭时也能有新鲜的空气交换

　　在炎热的天气里需要通风来散热。为马提供清凉的微风而不是让马待在炎热且空气凝滞的环境。在温暖的天气里，开窗通风有助于马厩内空气的流通。在寒冷的天气里，往往需要关闭窗户以防止冬季的寒风吹到马身上。在冬天，马厩通风的目的是控制湿度，减少异味和氨气等。马厩中的水分来自马的呼吸或者其他活动，例如给马

洗澡或者设备的清洗。马厩中湿气的增多会增加冷凝的风险,强烈的氨气味会使病原体散播,严重时会导致马呼吸道感染。通风的目的是为马提供新鲜空气。通风主要有两个简单的过程(图6-2)。一个是"空气交换",即室外新鲜空气与室内空气的交换,第二则是"空气分布",即将新鲜空气均匀地分布在圈舍中。适当的通风可以同时提供这两种功能;两者如果缺其一,就是通风不彻底。举个例子,如果新鲜空气不均匀分布在马厩里,仅仅让新鲜空气通过建筑物一端敞开的门进入马厩是不够的。同样,如果一个密闭的环境仅仅使用内部循环风扇使浑浊的空气均匀分布,也是不合理的。

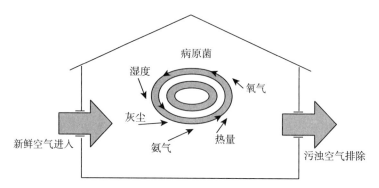

图6-2 空气交换(新鲜空气进入,浑浊的空气排出)和空气分布
(新鲜空气向圈舍内所有部分流动)是两个通风过程

第二节 一般通风问题

什么才是舒适的条件?最适合马生活的温度范围是45~75℉[①]。人类最舒适的温度要比马偏高一点。显然,马住在外面也能很好地忍受严寒,适应冷风。如果是寒冷条件,马的长毛和充足的营养能承受低于0℉温度。即使参加比赛的短毛马,也可以在提供毯子和盖巾时适应冷但干燥的室内条件。在箱式马舍里,马可以自由地远离不舒适的环境。

怎样才算是良好的通风?冬季的马厩,内外几乎一样的寒冷,但室内比较干燥,且没有形成凝结水。寒冷潮湿的环境对人和马来说都是不舒服的,并容易在舍内形成闷热潮湿的环境。初次进入马厩,在适应马厩条件之前就要对其空气质量进行客观评价。在炎热的天气里,由于有遮阳,马厩内的温度要比室外温度低一些,也会更舒服一些。

在冬季,马厩与室外的温差应不超过5~10℉。这一准则有助于保证空气新鲜,但这也意味着在北方马厩内会出现冰冻现象。在寒冷的天气中,需要维持马厩内的温度在0℃以上。为了保证空气质量和马的健康而紧闭圈舍是错误的。如果在马厩内墙表面长期有冷凝水存在,必定是马厩紧闭、通风不足而造成的。

马的主人在为马进行护理时,通常需要温暖的圈舍环境。与其加热整个马厩或切断通风设备使马的身体变热,不如加热整理区和马具室。如果不能忍受寒冷,那么可以在易加热的区域补充热量,如马具室或清洗和梳理区。可选用防冻自动排水栓(图6-3)和防冻自动饮水器。马厩内的水管需要埋在和圈舍其他管道一样的深度中。

[①] 华氏度(℉),为非法定计量单位,与摄氏度的换算关系为 $F=C\times1.8+32$,其中 F 为华氏度,C 为摄氏度。

气流呢？当冷风吹到马厩时就会产生一股气流。暖风吹在马身上不算是气流。由于马在相同条件下比人更能忍受寒冷，所以我们所认为的通风对马来说并不一定不舒服。一定要区分低温和气流的区别。通风的主要原理是：即使很冷的新鲜空气也可以引入到马厩，当它与马厩中的空气混合后，它便不再具有当初的风速和温度。考虑到马在室外承受的风速，就会意识到，马厩内正常且良好的通风对马的影响是微不足道的。

那么马厩内的通风如何分配呢？

一个开放、通畅的马厩结构有助于空气流动。在马厩内的通风口，即新鲜空气进入、马厩空气排出的地方提供气流。新鲜的空气被带进了马厩，它会带走湿气、热量、灰尘和氨气，可以从另一个通风口排出。阻止新鲜空气流通的结果就是马厩里空气十分闷热。

图 6-3　在寒冷气候下，大多数马厩都需要设计应对冰冻的装置，如自动排水栓

一个开放、通畅的马厩结构可以使马呼吸到新鲜空气，建立一个气流的通道用以排出陈旧的空气。

走进马厩来判断圈舍的空气质量。

湿度、气味和氨气是圈舍里的主要产物，马呼吸和稀释空气污染物都需要新鲜空气。由于大部分灰尘和氨气是附着在草垫和饲料上的，所以要检查地板附近以及马头高度处的空气质量（图 6-4）。近地面空气质量对于马驹或采食地上的草料，或者卧着休息的马尤为重要。圈舍的工作过道凉风习习，通风良好，而马厩却闷热不堪，这种情况并不少见。

应该提供多少通风口？

自然通风往往用"每小时换气量"来表达。每小时换气次数（ACH）意味着马厩内空气的总体积要在一个小时的时间内完成更换。每小时换气 6 次意味着每 10 分钟换一次气。马厩应该保持良好稳定的空气质量，每小时换气 4～8

图 6-4　通风的主要目标是在马匹生活的地方通入新鲜空气。可以评估马厩里的空气质量

次，以减少霉菌孢子污染，减少冷凝，减少水分、气味和氨气的聚集。相比之下，现代家庭每小时有 1/2 的空气换气来自门窗周围等各种缝隙的渗透。这一稳定通风的建议大大超过了住宅的平均换气率，这样可以在更具挑战性的环境中保持空气新鲜和空气质量良好。

第三节　马厩的通风

马厩和马术竞技场采用自然通风。风和热浮力（热空气上升）是驱动通风的自然力量（图 6-5）。自然通风利用位于沿侧壁和屋脊的通风口（屋顶）来适应这些空气运动负荷。马厩至少需要两个通风口，一个是不够的。图 6-6 显示了建筑中常用的屋檐通风类型。如果马厩的设计不能同时拥有屋脊和侧壁通风口，那么沿侧壁的通风口比屋脊的通风口更加重要。有趣的是，即使整体看起来非常开放的结构设计，如前开式住所，也仍然需要一

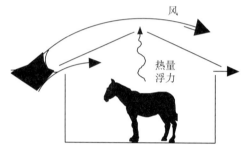

图 6-5　马厩通风采用沿两边侧壁和屋脊的通风口来适应自然通风下的两种力量：热浮力和风力

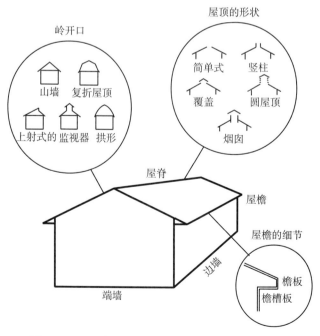

图 6-6　用于描述通风系统设计和功能的建筑术语

个在背面侧壁的通风口来增加新鲜空气流通（图6-7）。马厩的通风系统在同时拥有屋脊和侧壁通风口时能更好地发挥作用。屋脊的通风口可以让积聚在屋顶附近的温暖和潮湿的空气排出。由于风在离地面较高的地方速度较高，因此屋脊通风口也是一种非常有效的空气动力交换机制。

风是马厩自然通风的主导力量。随着风速和风向的变化，马厩的通风口会经常在新鲜空气入口和非新鲜空气的出口之间交替变化。风会通过建筑物迎风侧的通风口将空气通入马厩，同时将空气从马厩的背风侧或下风侧带出。一旦风速超过1英里^①/时左右，风力驱动式通风会消散马厩中热力的影响。

图6-7 建筑物两侧侧壁的通风口是自然通风的关键。即使是前开式马厩，也需要一个后屋檐通风口来适当通风

由于马厩里通常没有暖气，因此被认为是"冷"的住房。热浮力（热空气上升）取决于温暖的马厩内部和较冷的外部环境之间的温差，马的体温会使周围环境略微变暖。因为通风良好的马厩的内部和外部环境之间的温差不到10℉（约12℃），所以不会有很大的温差作为空气流动的驱动力。

使用风扇如何？

另一种主要的通风方式是机械通风，在压力控制的结构中使用风扇、进气口和控制装置。机械通风在某些类型的牲畜舍（家禽和幼畜猪舍）中是典型的，为了动物的健康，圈舍会被加热到高温（70～90℉）。这些加热的圈舍需要严格控制通风率来保持恒定的温度。马厩一般不使用机械通风，自然通风可以满足马和牛等动物的居住需求，因为它们对各种温度条件的耐受性很强。机械通风设备的安装和维护费用很高，但可以控制空气交换率。在采暖季节，加热型马厩可从受控的机械通风换气率中获益。每台风扇都有一个已知的容量，单位是英尺³/分，能提供均匀的空气交换率。

在寒冷的天气下，建议每匹1 000磅重最低通风率应为50英尺³/分，来控制湿度和空气质量；在温和的天气时，通风率应为100～200英尺³/分来排出热量；炎热的天气则至少需要350英尺³/分。大小为每1.7英尺²的进风口需要容量为1 000英尺³/分的风扇；换句话说，这个进风口的尺寸为每24英寸²需要容量为100英尺³/分。机械通风作为一个带有风扇的系统运行，风扇在内部环境和外部环境之间产生静压差。这种压力差是空气流动的驱动力，对于适用于马厩或马术场的通风系统来说，压力差保持在0.05英寸左右。空气通过机械式通风系统以800英尺/分的速度进入马厩，实现良好的空气混合并且分散到圈舍内。必须对马厩进行管理，使空气只能通过新鲜空气进风口进入建筑物。在大多数情况下，这意味着当风机运行时，所有的门窗都要关闭。

机械通风进风口尺寸为每100英尺³风机容量24英寸²的开口，水的静压差为0.05

---

① 英里为非法定计量单位，1英里=1 609.344米。

英寸，进风速度为 800 英尺/分。

进风口的尺寸如表 6-1 所示。

表 6-1　与自然通风目标相比，每匹马的机械通风扇容量和进风口尺寸

通风率		所需的进气口面积
每小时换气次数（ACH）	英尺³/分	英寸²
1	25	6
2	50	12
4	100	24
8	200	48
16	400	96

注：12 英尺×12 英尺建筑面积的 1ACH×10 英尺天花板高度的档位容积＝1 440 英尺³/（档·时）＝24 英尺³/档。

表 6-2 提供了一个 6 匹马圈舍的风机容量和进风口尺寸。进风口最好能安装在能使更多的新鲜空气均匀分布的地方，而不是提供一个很大的进风口。在每个马厩屋檐安置一个进风口，这样所有的马匹都能呼吸到新鲜空气。当风扇连续运行时，进风口应当是唯一一个永久开放的洞口。如果风扇的循环功能打开和关闭（例如，在一个计时器上设定时间，2 分钟通风，3 分钟关闭，依次循环），或者空气交换量发生变化时（变速风扇或多级风扇），则需要自动调节进风口。更多信息参阅第六章的机械通风设备和系统设计部分。在自然通风的建筑物中，因为空气进入的速度不如机械通风系统所达到的速度高，因此要设置更大的通风口。

表 6-2　6 匹马的马厩机械通风风扇和进风口设计实例

6 匹马的马厩实例						
通风率		总数		槽口入口面积		
每小时换气次数（ACH）	英尺³/（分·马）	通风（英尺³/分）	进气口面积（英尺²）	总数（英寸×英寸）	每个马舍（2 英寸×英寸）	每个马舍（1 英寸×英寸）
1	25	150	0.26	2×18	2×3	1×6
2	50	200	0.51	2×36	2×6	1×12
4	100	600	1.0	2×72	2×12	1×24
8	200	1 200	2.0	2×144	2×24	1×48
16	400	2 400	4.0	2×288	2×48	1×96

注：12 英尺×12 英尺建筑面积的 1ACH×10 英尺天花板高度的档位容积＝1 440 英尺³/（档·时）＝24 英尺³/档。

机械通风进风口尺寸为每 1 000 英尺³ 风扇容量 1.7 英尺² 的开口，水的静压差为 0.05 英寸，进风速度为 800 英尺/分进行混合。

以前推荐寒冷条件下每 1 000 磅马厩的通风量为 25 英尺³/分，这是一个非常低的通风率，导致一个马厩只有 1 个 ACH（表 6-1）。从以往寒冷天气通风率的角度来看，可以确定每人 15 英尺³/分的通风率就足以保证房屋不会有陈旧或闷热的气味。这个建议是在严格的建筑标准下制定的，自然漏气现象已基本消除。每匹马 25 英尺³/分的通风率，甚至还达不到住宅区人类通风率的两倍。每匹马每天呼吸的水分（每天 2 加仑）相当于一

个典型的四口之家所产生的湿气（呼吸、淋浴、做饭等），因此每匹马 25 英尺³/分的最低通风率太低了，无法真正保持马厩环境的清新。在马厩中，需要去除粪便和尿液中的水分和气体。自然通风的倡导者建议至少以 4ACH 来保持马厩稳定良好的空气质量，这对于加热的马厩来说是一个过高的速率（加热引入的空气燃料费用），但对于没有加热的机械通风的马厩来说并非不现实。

怎样使用风扇保证空气在马厩各处流通？

循环风扇可以暂时稀释马厩中温暖、陈旧的气流区域，为马提供清凉的微风（图 6-8）。这些风扇使马厩里的空气流动，因此它们不能为马通入更多的新鲜空气。一个设计合理的马厩通风系统（自然或机械通风系统）基本上不需要循环风扇。

机械通风的另外一个作用是使用风扇将空气吹入管道，将新鲜空气分配到马厩中那些难以直接接触到外部空气的地方（图 6-9）。这种管道系统可用于改造旧的圈舍，尤其适用于新鲜空气有限的谷仓地下部分。管道还可以有效地分配谷仓中的补充热量。第十二章将详细描述管道设计的细节。

图 6-8　没有足够空气流动的马厩可以在马周围的关键地方使用循环风机改善。马厩的风扇，其电机和部件要能承受马厩的灰尘和湿度。如图所示的风机，目前在农业和园艺市场有销售

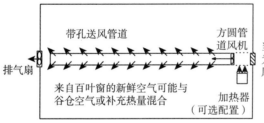

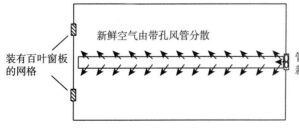

图 6-9　用于空气流通的两个机械通风系统的风扇和管道的俯视图。第一幅图表示新鲜空气分散到管道，实现加热和再循环的分配管道。排气扇系统将空气通过马厩一面墙上的百叶窗入口吸入，并在另一侧墙上的通风口排出污浊空气。第二幅图显示的是无再循环的新鲜空气流通。百叶窗出口可以排出马厩空气

第四节　提供有效自然通风的建议——永久性通风口

马舍的侧壁要有一些全年开放的通风口。每个马舍都应该有新鲜空气可以直接进入的通道。一个方法是给每个马厩的马都提供至少 1 英尺² 的通风口，这样即使在最冷的天气也能通风。这个通风口最好是在屋檐上（侧壁与屋顶间）。通常采用沿屋檐的槽口，贯穿整个马厩的长度（图 6 - 10 和图 6 - 11）。

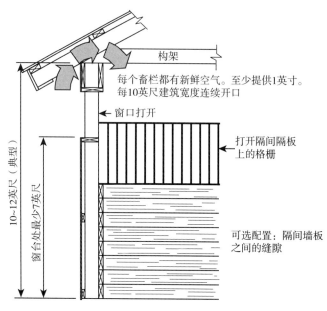

图 6 - 10　给每个马舍提供新鲜空气最好的方法是在屋檐开通风口。此图为马舍组件和屋檐通风口
　　　　　的剖面图。屋檐常年开放，并通过打开门窗提供额外、大面积的温暖天气开口

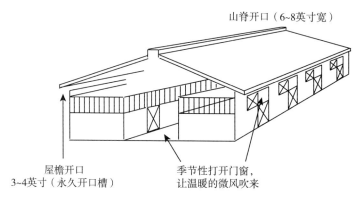

图 6 - 11　通风口在中央过道的透视图。屋檐入口槽为侧壁的整个长度。
　　　　　屋脊的通风口则显示为竖直的口

屋檐处的连续通风口有几个好处。通风口可以使新鲜空气均匀分布于圈舍两侧，为每个隔间提供新鲜空气。通风口的位置在屋檐下，距离地面 10～12 英尺，可以使进入的冷空气在到达马之前与马厩里的空气混合调和一下。长条形进风口在寒冷条件下是符合需求的，因为通过相对窄、薄的通风口的空气质量较好，而不是像打开的窗户或者门那样进来的大片空气。

寒冷气候下的最低准则是为建筑物每 10 英尺宽度至少有 1 英寸的贯通性永久开口。对于一个 12 英尺宽的马舍，一个 1 英寸宽的贯通性永久开口可产生 144 英寸^2 或 1 英尺^2 的永久性通风口。这种每 10 英尺建筑宽度的 1 英寸开口是家畜饲养场成功自然通风建议量的一半，即每 10 英尺建筑宽度至少使用 2 英寸开口。典型的家畜圈舍（例如自由式奶牛舍）的单位面积动物体重约为马舍的 3 倍，湿度和粪便气体的增加与马厩类似。因此上述建议的马厩最小通风口可提供品质更好的新鲜空气（每 10 英尺宽 1 英寸），且比现有的典型的圈舍更稳定。

图 6-11 和图 6-12 展示了一个比较推荐的功能性通风口设计，在中央通道马厩（36 英尺宽）的每个侧壁上的屋檐处都有 3~4 英寸的永久性通风口。这略高于最低建议值，在冷而凉爽的环境下，当其他马厩的通风口（门和窗）经常关闭时，可以确保马厩通风良好。如图 6-13 所示，室内骑马场屋檐配备了一个永久敞开的 4 英寸宽的通风口，用于整个场馆的空气流通。一些马厩和竞技场有较大的固定通风口，在 16 英寸的屋檐悬空处有一个 13 英寸的屋檐通风口，在屋脊处有一个 6 英寸的通风口（图 6-14），这些通风口常年敞开。

其他马厩配备的屋檐通风口带有铰链板，这样通风口的尺寸可以在极度寒冷的天气里关闭部分开口（图 6-15）。在整个夏天，通风口都是全开的即 6 英寸，在冬季则通过摆放一个 1×4 的挡板，使通风口缩小为 2 英寸。不到非常寒冷的天气不要覆盖超过 75% 的屋檐通风口。图 6-16 所示为自然通风结构特点。气候温和时，在小马厩中，可以在离地面约 20 英寸的地方安装一个 2 英寸×7 英尺大小的槽，以保证提供给马驹新鲜空气（图 6-16、图 6-17）。这样就可以让小马驹有一个良好的生活环境。图 6-17 所示为温热环境下通风结构特点。

图 6-12　用大开口的钢丝网保护屋檐通风口是一个很好的选择，可以在任何天气下为马厩提供新鲜空气。通道拱顶上的 4 英寸通风口与对面侧墙屋檐上的同等大小的开口相匹配

图 6-13　马术竞技场一年四季也需要新鲜的空气交换，而屋檐通风口可以通入新鲜空气

图 6-14　无须为马厩中安置的大量永久性通风口而担心。在寒冷的气候下，这种屋檐通风口为 13 英寸宽，悬挑 16 英寸，在 32 英尺宽的圈舍里还提供屋脊通风口，这样圈舍全年都会有新鲜的空气吹入

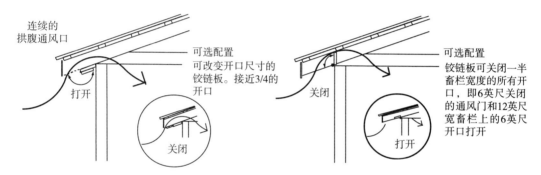

图 6-15　屋檐通风口具有多个尺寸可供选择

可以选择不同尺寸的铰链板来改变通风口的大小。最多可以关闭通风口的 3/4。

铰接板可将所有通风口封闭为隔间的一半，如：在 12 英尺宽的隔间上可以关闭 6 英尺的通风门、6 英尺的开口。

图 6-18 至图 6-21 显示了一种可移动的帘子，为马厩或骑马场提供大型侧壁开口。帘子是一种坚固的篷布状材料，尽管它可以很容易实现自动化，需要用手动卷扬机移动。当使用半透明的帘子材料时，马厩或竞技场将有自然光进入。

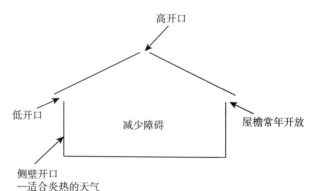

图 6-16　自然通风结构特点。包括高通风口和低通风口，其中一些是全年开放的。较大的通风口可以在炎热天气实现空气流动

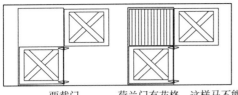
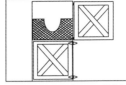
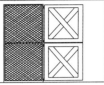

两截门　荷兰门有花格，这样马不能　荷兰门有部分格栅，以限制　完全打开格栅，空气通过
　　　　将头伸到外面了　　　　　　马接触到外面，并防止跳过　整个门进入
　　　　　　　　　　　　　　　　　较低的门板

（a）　　　　　　　　　　　　　　　　　　（b）

图 6-17　温暖气候下，在外档门上有通风口

图 6-18　马厩周边有环形运动通道。马厩
　　　　开有侧墙窗帘供空气和光线进入

图 6-19　坚固、半透明的窗帘材料在侧壁的
　　　　顶部升降。即使在寒冷的天气里窗
　　　　帘完全关闭，窗帘顶部永久开放的
　　　　屋檐通风口也能供给新鲜空气

　　　窗帘的材料可以是实心的，或是多孔网状的（类似温室中使用的遮阳布），既能缓冲风速，又能让新鲜空气进入。在马厩中，窗帘虽然可以安装在和整个边墙高度一样的通风口，但通常是安装在圈舍侧壁顶部 1/3 或一半的地方。窗帘材料并不结实，需要防止马接触。开放式的帘子可以让空气更加流通，建筑屋顶在炎热的天气起到遮阳的作用。

图 6-20　赛马场的内部，该马厩有一个岛状结
　　　　构，但有中央工作通道。侧壁开口可
　　　　为设施提供充足的光线和新鲜空气

图 6-21　上下移动窗帘可以减少或增加新鲜空
　　　　气进入。即使窗帘关闭，屋檐处的 5
　　　　英寸通风口在任何天气下都能吸入新
　　　　鲜空气。窗帘的移动可以实现自动化

一、马厩的通风口

图 6-22、图 6-23 和图 6-24 为寒冷天气下的最小通风口和温暖天气下通风口给出的建议。除了最冷天气外，屋檐上的通风口需要大一些，以确保寒冷或凉爽的天气里马厩内空气质量良好。如果没有合适尺寸的屋脊通风口，那么就把屋檐的通风口扩大一倍。中央通道（图 6-22）和单通道（图 6-23）的马厩更易于进行适当的通风。

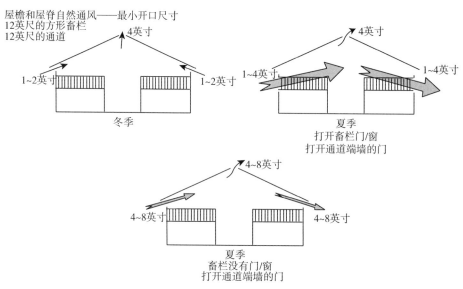

图 6-22　建议在中央通道两侧都有圈舍的地方使用屋脊和屋檐式通风口

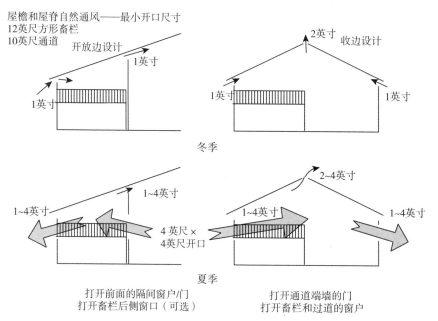

图 6-23　建议在单通道圈舍且畜栏面朝外的工作通道的圈舍使用屋檐式通风口

双通道马厩的通风口，四排马厩的宽度如图 6-24 所示。在马厩均设立双通道通风口以克服这种建筑设计的缺点。四排布局的中央马厩，距离通风口较远的地方几乎没有新鲜空气。如果马厩的墙是密闭的，顶部没有格栅，那么在这些中央畜栏的通风特别容易受到影响。在中央畜栏有一个坚固的天花板，这些圈舍就没有新鲜空气流动。当马待在室内的时间多于在室外的时间时，不建议采用这种双通道布局。为了防止氨气和气味在中央马厩内积聚，马厩的日常清理工作很重要。尤其重要的一点是，这个建筑设计包含一个开放的内部结构（没有天花板和开放的花格墙），以便新鲜空气可以自由移动（图 6-25）。类似的不适当的空气流动也出现在与室内骑马场共用侧墙的马厩中。竞技场侧壁附近的马将无法获得新鲜空气，除非在马厩的侧壁开有通风口。

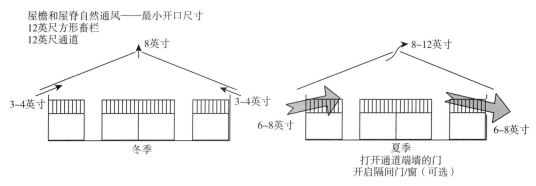

图 6-24　双通道且有四排布局马厩的地方使用屋脊和屋檐通风口。在四排布局的
中央畜栏处几乎没有新鲜空气，因为它们附近没有新鲜空气的通风口

避免气流的限制

永久开放的侧壁屋檐通风口应该尽可能开放。理想情况下，它们是完全开放的。不要用残余的窗户防虫网或金属屋檐处理覆盖。这两种覆盖物严重限制了理想的空气流动，并且会很快被灰尘和糠等堵塞，最终消除几乎所有的气流（表 6-3）。

表 6-3　通过屋檐进风口处理的开放面积和有效面积

开放区域（%）	图示	说明	1 英尺² 的通风口	有效面积
100		简单的通风口	1 英尺²	推荐。整个区域允许空气流通
87~94		通风口覆盖着 1 英寸² 的铁丝网或带 3/4×1 $\frac{1}{8}$ 英寸² 通风口的防鸟网	1 英尺²	推荐。对通过网眼的空气有轻微限制
80~84		通风口覆盖 2×2 网状五金布，开口为 1/2 英尺	1.25~1.5 英尺²	谷壳、昆虫和冷冻冷凝物可能堵塞通风口
66		住宅防虫网每平方英尺 18×16 目，孔径 0.05 英尺	1.5~2 英尺²	不推荐。对气流限制过大，小孔会被灰尘堵塞
43		带 1/8~5/16 英寸槽的百叶窗或开槽通风的拱腹板	1.5~3 英尺²	限制空气流通，通常包括一个防虫网，它会被灰尘堵塞
4~6		带 1/8 英寸冲孔的屋檐通风口	16~25 英尺²	不推荐。设计用于房屋阁楼防虫。几乎没有气流，几个月内就会被灰尘堵塞

金属面建筑物通常是以金属封檐板和壁板来处理的，所以要告诉建筑商，需要在屋檐处通风换气，而不采用金属壁板。穿孔金属壁板是为住宅和商业阁楼通风应用而设计的，其通风需求是马厩最小通风量的1/3。住宅用的壁板有非常微小的孔洞，可以防止昆虫进入，但如果安装在马厩中，几个月就会被污垢和灰尘堵塞。此外，与马厩相比，阁楼几乎没有灰尘。想要阻止鸟类从屋顶进入，可以安装一个3/4～1英寸的钢丝网方格。由于鸟类会从门窗等较大的开口处进入马厩，因此屋檐上不需要钢丝网。类似的逻辑也适用于防止其他飞行动物的进入。幸运的是，马

图6-25　一座双通道马舍，内部横跨四排马舍，将中间两排马舍打通，马舍墙顶有格栅，天花板较高

大部分时间是被赶出去的。在这个马厩设计中，整个中间部分的空气预留部分尤为重要，因为这些马厩同侧壁外的畜栏一样，无法直接接触到新鲜空气的通风口。

二、屋脊通风口

屋脊敞开面积应该与洞口面积相匹配，每匹马至少有1英尺^2。相同的建议（每10英尺宽的地方配备一个至少1英寸的连续通风口）也适用于屋檐的通风口。如果没有提供屋脊通风口，那么最小屋檐通风口尺寸应是建议尺寸的两倍（如果没有能使用的屋脊通风口，那么就在每10英尺宽的地方提供2英尺的连续屋檐通风口）。与对屋檐通风口的注意事项类似，一定要避免使用对空气流动限制过大的住宅和商业屋脊通风装置。纱窗限制空气流动。记住，是在给马厩通风，而不是房屋阁楼，它不仅需要更多的空气流通，而且马厩的灰尘会堵塞纱窗的通风口。专门从事农业建筑的天然通风设备制造商生产的屋脊通风组件将提供相对不受限制的气流，可以防止降水。图6-26显示了几种市场销售的屋脊通风装置。有些在马厩通风中很有用，而另一些则限制了自然通风气流。气流路径最窄的部分，即位置Z，会影响空气流动。农用屋脊通风组件［图6-26（a）、（b）和（c）］可用于马厩。一些商业或工业建筑的屋脊通风组件可以用在马厩［图6-26（d）、（e）和（f）］，尽管它们对自然通风的空气流动有一定的干扰。不建议使用住宅用的屋脊通风口（此处未画出），因为它们不能为马厩通风提供足够的通风口，而且容易产生冷凝水，使通风口冻结而关闭。

一些屋脊通风口设计采用了透明或半透明的材料，让自然光进入马厩。

实际的屋脊通风口是在屋脊通风口组件的最限制空气流动的部分测量的。制造商通常提供的是屋脊通风口底部与建筑物内部连接处的喉口，空气流动的关键测量点是气流路径的最窄处。图6-26中通风口组件的Z处显示了这个最窄处。

有些设计，特别是图6-26（d）和（e），在没有风的时候，会阻止暖湿空气自然向上流动并从建筑物的屋脊通风口流出。暖湿的空气向上流动，而不向下移动，无法从屋脊通风口中流出。这些被困在屋脊通风口的空气不仅会阻碍通风，还可能会凝结，导致在寒

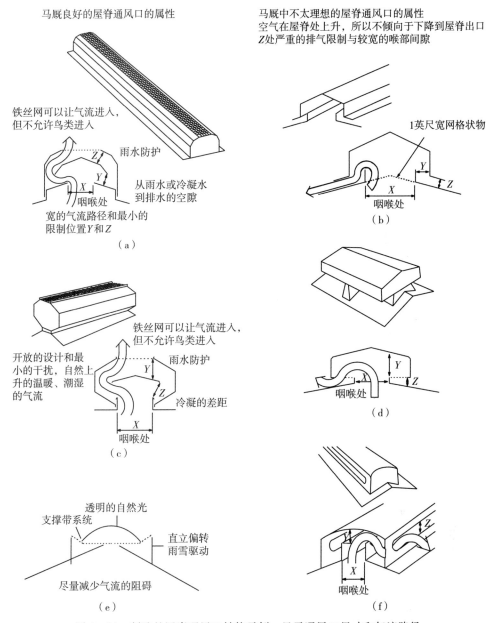

图 6-26 制造的屋脊通风口结构示例，显示通风口尺寸和气流路径

冷的天气里滴水或结冰。最简单有效的屋脊通风口是在屋脊上开一个无保护的开口（图 6-27）。

建筑物的桁架或椽子被保护起来，以防止降水，稳定的内部管理使偶尔的雨水进入是可以容忍的，图 6-27（d）显示了一个屋脊通风口，通风口两边有垂直的竖立板，增加了通过屋脊开口的空气流动。

屋脊通风口可以是一个连续的开口，也可以是一系列沿结构均匀分布的不连续性通风口。在冬季，可以关闭一部分通风口，只提供建议的永久性开口面积，而在需要更多空气流通的温暖天气，就要打开所有通风口。

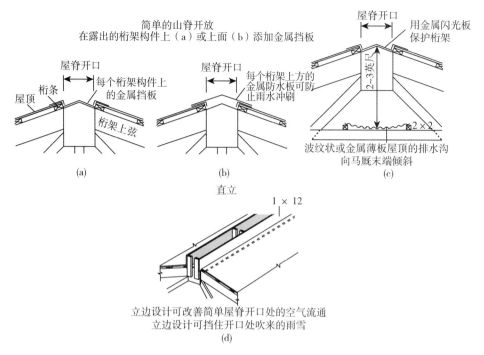

图 6 - 27 最简单有效的屋脊通风口是一个不加盖的开口。图中列出了四种设计方案
引自 Natural Ventilating Systems for Livestock Housing. MWPS - 33. MidWest Plan Service，Ames，Iowa. 1989.

三、屋脊通风口的种类

屋脊通风口不一定是一个连续的开口，尽管这样做对马厩内空气质量的均匀性最有好处。在许多马厩中，冲天炉是许多马厩中受欢迎的建筑特征，它们可以用作屋脊通风口（图 6 - 28）。测量冲天炉结构最严格的开放区域往往是在百叶窗处。冲天炉可能有一个 3 英尺² 的开口在马厩区域，以及 9 英尺² 的通风口，但要确保这个通风口上方的百叶窗也有至少 9 英尺² 的有效开口面积。百叶窗通常会阻挡50％的开放区域。要知道，有些冲天炉纯粹是装饰性的，没有办法通过移动它们来通风。为使冲天炉在视觉上保持平衡，每英尺的屋顶长度提供大约 1 英寸的冲天炉宽度。大多数冲天炉在马厩的开口处是方形的，高而不是宽。例如，一个 48 英寸

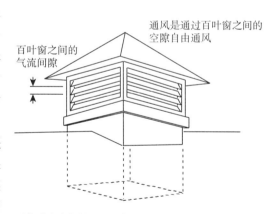

通往稳定内部的开口通常比百叶窗的总间隙面积大得多。最小的面积（百叶窗的缝隙）控制着气流

图 6 - 28 冲天炉是一种流行的马厩设计，如果有足够的百叶窗开口，可以提供屋脊通风。为家畜建筑通风而设计的屋脊通风装置是一个不受限制的空气流通的好选择

见方、80 英寸高的冲天炉在一个 30～36 英尺宽、40～60 英尺长的马厩上会显得很匀称（图 6 - 29）。

在有天花板的马厩中，烟囱是一种常用的结构，它将空气从马厩的屋顶排到外面（图 6-30）。烟囱的垂直管道穿过马厩的屋顶或上层（阁楼或干草堆）。烟囱穿过阁楼或干草堆时，当相对温暖的马厩空气通过寒冷区域的管道时，烟囱壁的隔热性能应达到 R-10 级别，以阻止冷凝。烟囱出口必须至少高出建筑物顶 1 英尺（即马厩的空气不再回流至阁楼或草堆）。

图 6-29 该马厩通过屋顶上的百叶窗水平"冲天炉"提供屋脊通风。如图所示，天气温和时的新鲜空气通过顶部打开的荷兰门进入每个马厩。当底部同样打开时，全屏网门可防止马离开，同时允许大量新鲜空气进入。每扇门上方的玻璃塑料板一年四季都能让光线射入

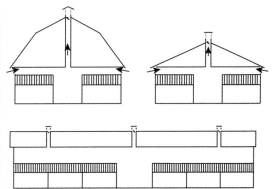

图 6-30 烟囱作为有天花板的马厩上的高开口是有用的。提供相当于马厩建筑面积 0.5%～1% 的烟囱开口，一层楼房的烟囱最小尺寸为 2 英尺见方，两层楼房的烟囱最小尺寸为 4 英尺见方。通过电缆控制的阻尼器在寒冷的气候下可以发挥作用。关闭度为 90% 的风门位于烟囱顶部附近，保持烟囱内充满暖气，使气流更受控制

四、冷凝与保温

空气中的水分与冷的表面接触而冷却时，就会产生冷凝现象。保温是用来保持室内建筑的潜在的冷表面温度，减少冷凝。即使在通风良好的稳定条件下，未加热的建筑里需要在屋顶上安装 R-5 级别保温层，以阻止屋顶钢筋上的冷凝水。冷凝不仅会滴水，还会缩短金属和木屋顶材料的使用寿命。

胶合板结构上的瓦片屋顶提供接近 R-2 级别的隔热水平。1 英寸厚的聚苯乙烯可提供 R-5 的隔热值和抗吸湿性。聚苯乙烯也具有良好的蒸汽阻隔性能，虽然每一个刚性板接头都需要密封，防止水分移动。

冲天炉的烟囱开口的尺寸与连续屋脊通风口的尺寸相同（每匹马至少有 1 英尺^2 的开口）。为保证适当的气流，一层建筑的烟囱要求不小于 2 英尺×2 英尺，两层建筑的烟囱不小于 4 英尺×4 英尺。在长形马厩上，最好每隔 50 英尺左右提供一个以上的冲天炉或烟囱。除了阻止鸟类进入外，避免遮挡冲天炉或烟囱开口（大约 1 英寸的方形铁丝网）。

监控屋顶（图 6-31）在靠近顶棚的窗户处提供高开口。也可以在监控部分的屋檐处沿着屋檐提供通风区域。沿监控屋顶的窗户采光是这种屋顶设计的另一个好处。

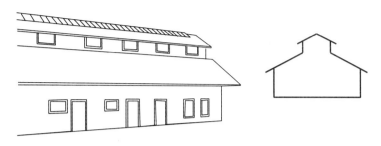

图 6-31　监控屋顶在靠近顶棚的窗户处提供高开口，也可以在
监控部分的屋檐处沿着屋檐提供通风区域

五、透气墙

在马厩中允许新鲜空气交换的另一种方法是采用透气墙。谷仓板护墙板之间有薄薄的裂缝，在每个交界处有一些空气流动，这就是所谓的透气墙。在木板上添加木条会降低这种效果，舌榫护墙板也是如此。

现代建筑采用 4 英尺×8 英尺（及更大）的大面板，通过消除裂缝（大面板建筑需要屋檐和屋脊通风口来代替裂缝开口），使透气墙的数量减少了。而一些老旧的谷仓，它的大部分非正式通风都是通过谷仓壁板提供的透气墙通风。

裂缝中进来的空气在整个结构中是很均匀的，进入的是微小的气流，很快就会消散，从而不会形成风。

即使在大风条件下，马厩内也能保持舒适均匀的新鲜空气。有些马厩特意建设这些透气墙。护墙板可以紧密对接，但仍留有很窄的缝隙，或者在温和的气候条件下，垂直的木板之间的间距为 1/4～1 英寸。护墙板连接时采用粗加工的未干燥木材，这些木材一旦干燥将会产生缝隙，可以提供扩散性通风。从外部看，透气墙板看起来很坚固，结构很好。从内部来看，可以看到阳光从木板之间的缝隙穿过，表明空气可以进入（图 6-32）。

图 6-32　马厩内部显示马厩过道末端透气墙板有气流缝隙。这个马厩还有其他良好的通风功能，包括屋檐和屋脊通风口，每个马厩都有可以打开的窗户，马厩隔板上有开放式格栅，而且没有高空气流障碍物

第五节　改善马舍通风的方法

通风的目的是为马提供新鲜空气。将新鲜空气引入马厩是良好通风的第一步，接下来就是将新鲜空气分配给马舍内的马。马舍内的空气分布可以通过开放、通风的内部结构得到改善。马舍为将空气送到马所在的地方提供了障碍，但为了安全地禁锢马，马舍的坚固

度也是必要的（图 6-33）。

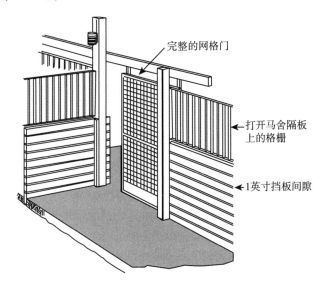

图 6-33　改善进出马舍的空气流动的功能包括隔板之间的缝隙、马舍隔板上部的开放
　　　　　式格栅，以及带有全长开放式格栅的门

（改编自《马匹住房和设备手册》，MWPS-15，中西部计划服务，埃姆斯，艾奥瓦州，1971）

一、开放式隔断

通过提供空气进出档位的开口，可大大改善通风空气流动（图 6-33）。与实心隔断相比，强烈建议在档位前部和侧面隔断的顶部采用开放式格栅。开放式隔断除了明显改善通风之外，还有其他好处。开放式隔断可以让马互相看到对方，从而建立友谊，这对这种社会性动物来说非常重要。开放式隔断允许管理员从马厩内几乎任何地方都能看到马，从而改善管理。由于马可以看到其他马和马厩的活动，因此在开放式隔断的马厩中，马不容易感到无聊，也不容易养成坏习惯。而马在密闭式马厩里活动度很低，实际上是处于单独监禁的状态。有关马行为的更多信息，参见第一章。

有些马会对相邻的马造成危害。提供坚实的侧壁隔断的一个原因是减少相邻马舍的马之间的碰撞。一种选择是在整个马舍中提供开放式的格栅工作隔板，但在格栅工作隔板上覆盖一层薄板，即胶合板或间隔板，以增加空气流动，为不相邻的马提供便利。

对于实心侧壁，档位前壁对马舍通风变得更加重要。在舍壁的实心部分（图 6-34）、全长的铁丝网舍门（图 6-35）或厩前部，为空气进入厩内提供 1～2 英寸的空隙。网状档位门或档位前部在向档位内部提供空气流动方面特别有效。

图 6-34　当在马舍之间使用实心墙时，带间隙的隔墙可改善马厩内的空气流动

对于隔离马舍和专门的建筑，如兽医诊所和一些高流量的饲养设施，马舍之间最好采用可清洗的坚固隔板。坚固的墙会限制马厩内部的空气分布。在每个马舍中提供新鲜空气通道，并提供一个气流路径，以清除陈旧的空气。可以使用带有风扇和管道空气的机械通风系统来控制空气交换，并限制空气与马厩的其他部分混合。在大多数应用中，利用自然通风原则，在每个档位和脊柱通风口开辟新风口就足够了。

图6-35 对于选择采用实心侧墙的稳定设计，在本例中采用实心前墙的设计，使新鲜空气进入每个档位的能力是有限的。在这种情况下，使用全网门、高天花板、窗户以及屋檐和屋脊入口来确保新鲜空气进入每个档位，以提供尽可能多的内部空气分布

二、无天花板

当室内没有天花板，并向屋脊顶峰（和屋脊开口）开放时，可以进行更多的空气交换和分配。如果必须在马厩中使用天花板，则应将其放置在离地面至少12英尺的位置，以使空气流通（图6-36）。马厩的天花板，尤其是特别低的天花板，会显得比开放式马厩更加狭窄和阴暗（图6-37）。

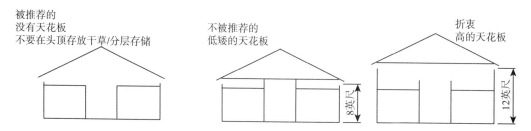

图6-36 建议在屋顶安装不带屋脊通风口的天花板。避免采用低天花板的稳定设计，因为这样会限制马厩内的气流

图6-37 低矮的天花板，从来不会被刻意设计成马厩；但对于一些旧谷仓的改造，人们会被原有的结构所限制。如果有必要的话，一定要通过马舍墙板之间的缝隙提供充足的气流。在这种情况下，马不应该长期待在圈舍内

三、无顶干草和垫料的储存

为了提高空气质量和改善分布，不要在马厩上方存放干草和垫料。如果干草和垫料必须架空存放，则应在工作通道上方建造储藏室，这样马舍没有天花板，空气也能很好地流通（图6-38）。在高空存放物品的高度与屋脊线之间至少要留出3英尺的空隙，以使气流能进入屋脊开口。高架干草仓库上方的屋脊开口不应允许降水或冷凝水落在草料上。

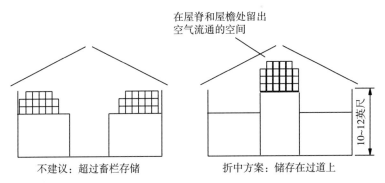

图6-38 不要在头顶上存放干草和垫料。取消高空存放干草，可以增加马厩内的空气流动并减少灰尘和火灾危险。作为一种折中办法，在过道上方提供存储空间，以最大限度地增加马舍的空气流动

架空式干草垫料储存方式现在不被采用的原因是灰尘、糠秕和霉菌会从头顶的干草库中落到马厩中。为了减少马厩内的灰尘和过敏原，新的设计理念会将干草和垫料存放在一个单独的建筑中，灰尘和过敏原将会显著降低。

当干草库和马舍完全分开，可露出完整的天花板时，马舍的灰尘和霉菌的量将降至最低。干草棚中可能会有一定程度的灰尘和霉菌，特别是在干草喂料机的活板门关闭的情况下，使用时会产生灰尘。全天花板的安置要较高，以使马厩有适当的自然通风。参阅第十三章的"干草和圈舍用品的储存"部分，了解干草存储的设计思路。

储存的干草在未妥善固化时会引发自燃火灾。固化过程中产生的热量需要足够的通风。第九章有更多关于降低火灾风险的措施。

四、改善马舍通风

畅通无阻的气流和空气质量可通过以下方式改善和提高：

1. 打开前、侧档隔板顶部的格栅。
2. 无天花板，内部开放至屋顶一半：12英尺高的天花板。
3. 没有架空的干草垫料库。折中方案：马舍上方不设库房。

第六节　通风不畅

为什么会出现通风不畅的情况？导致现代马厩建设中通风不足的主要因素有两个。一是，一些马厩设计者不熟悉马厩需要多少空气交换量，二是马主往往最喜欢照搬住宅建筑的做法。只有当精心设计的通风系统成为马厩系统的一部分时，室内住房才能为马提供更

理想的环境。

马厩建造者和设计者在正确设计马厩通风系统时可参考的信息非常有限。许多建筑师和建筑商主要在住宅和商业建筑行业工作，那里的湿度、气味和灰尘负荷比马厩低得多。即使理解了环境的差异，但由于不了解如何将新鲜空气送入每个马厩，通风效果可能会很差。

专业从事农业（即马和其他牲畜）建设和这些结构内环境设计的建筑商较少。最好找一个有经验的建筑商，他更了解马厩的设计和通风功能；但如能适当地提供设计理念，没有经验的建筑商也可以建设马厩建筑。

与其他商业性畜牧企业相比，马厩的动物密度较低（每平方英尺约 4 磅马），而且马一天中的大部分时间都在室外，因此马厩通风系统可以对不完善的设计有一定的宽容度。

好心的马主是通风问题的第二部分。大多数马都是在郊区饲养，很少有马主熟悉通风性能和好处。大多数马的饲养目的是娱乐，与其他家畜的性能下降（产奶或产肉量下降）相比，通风不良的影响通常表现为慢性而轻微的呼吸系统疾病。

马厩的设计往往具有明显的住宅风格，对马的健康未必有利。密闭的建筑是为人准备的，马需要一个更开放的环境，事实上，大部分时间在室外饲养会更健康。优秀的农业建筑商会对客户要求的适当通风妥协感到遗憾，因为客户希望建筑完全封闭，以马的体温来温暖建筑。

其他建筑商则在提供适当的通风口和当一点雪或雨吹进来时建筑主人的愤怒之间进退两难。宁愿马厩中进入一点雨水，也不要让整个谷仓的季节过于闷热。解决通风不足的方法是熟悉适当的通风属性，并在通风良好的设施中积累一定的经验，了解其好处。

第七节　通风率的测定

测量建筑物的通风率似乎很简单，但在实践中自然通风结构几乎是不可能准确测定的，如马厩。如果遵循本章介绍的马厩开口尺寸标准，自然会提供适宜的通风。对于自然通风结构来说，最具挑战性的天气是在炎热但无风的天气。

幸运的是，对于马来说，如果配备了较多的应对高温天气的排气通风口，那么马的体温积累相对小。屋脊开口会让最热的空气从建筑顶部溢出。

通过测量从通风口进入（或离开）马厩的空气速度，并将其乘以通风口的大小，就可以粗略地估计出通风率。用风速仪测量空气速度（图 6 - 39），单位是英尺/分，然后乘以开口面积（英尺^2），得到通风率（英尺^3/分）。要计算每小时的换气量，将换气率除以建筑物的空气量。稳定的容积

图 6 - 39　叶轮风速仪测量风速。用进气速度乘以通风口的面积，可以粗略地估算出通风率。该仪器还可测量相对湿度和温度，因此也可用于监测马舍及其状况

是地板面积乘以屋顶（或天花板）平均高度。

在几个通风口和大通风口的位置测量进风风速，然后取平均速度，再乘以气流的开放面积。由于风的变化，即空气进出马厩的变化，所以在测量时，每个通风口的风速（可能还有方向）会经常变化。这种变化是准确估计自然通风率的主要困难。

本章小结

通风良好的马厩是马健康的必要条件，也是良好管理的标志。

现代建设实践和"住宅"的影响，导致了许多新的马厩通风不足。有必要让其通风，其目的是让马获得新鲜空气。通风主要是由风力驱动的，所以良好的通风是通过让风把新鲜空气带入建筑内，同时把污浊的空气吸走来实现的。沿着两个屋檐的永久性开口，让空气进入每个马厩，将为每匹马提供新鲜空气。屋脊开口对于污浊、温暖和潮湿的空气的排出非常重要。图6-40显示了改善马厩新鲜空气交换和分布的特征。大多数马厩都是自然通风，允许风和热浮力空气运动将新鲜空气送入马厩，将污浊空气送出马厩。当马厩或骑马场高温时，可以使用风扇进气系统的机械通风，以获得更可控的空气交换率。

在原有的马厩规划中，最好通过以下方式设计良好的通风：

1. 在屋檐和屋脊处设置永久性的开口，以利于冬季排湿和夏季解暑。透气墙为马厩周边提供扩散性空气进入。

2. 提供足够的窗户和门，在温暖天气让微风进入马舍。

3. 促进内部空气流动，提高空气质量；采用开放式隔断，去除房顶上的干草库。

图6-40　这张图是作为一个例子提供的，使用推荐的稳定的内部属性，将具有优良的空气质量。中间通道的马厩配备较大的覆盖有金属网的屋檐入口，以及R-5屋顶隔热材料，以防止金属屋顶结构下面的适度冷凝。马厩有一个有盖的、畅通无阻的6英寸开放式屋脊通风口。每个马舍都有一个金属条防护窗，除了内墙过道门（未显示）外，还可以打开。所有木质护墙板的安装都是为了提供透气的墙面来扩散通风。开放式的前墙和侧墙挡板完成了空气流通和改善马行为的设计，因为被限制的马可以看到其他马及其活动

第七章

地面材料及排水系统

马在马厩里待的时间越长，马厩地面的重要性就越明显，因为马厩地面的类型很大程度上会决定马的腿脚是否舒适。管理风格和马主个人的喜好都会对马厩地面的选择产生影响，不过马厩地面有很多种供选择。本章主要提供并讲解一些马厩地面材料的相关资料，以及如何根据地面材料属性和取长补短进行选择，便于大家进行选择与权衡。另外，地面的施工与排水的特点都会影响地面的完整性。

第一节　两种主要的马厩地面

马厩地面的两种主要类型是多孔的和不透湿的。开始时所选择的材料类型将决定地面的结构。多孔地面是用沙子或者砾石做铺垫，以方便水能够及时向下渗透，防渗层可具有一定的斜度，这样尿液和其他多余水分可以随坡度及时排出（图 7-1）。即使采用不透水地面，有几英寸厚的沙子或细砾石做垫料也可以排出马厩多余水分。无论是哪种类型的地面，垫料通常都可以吸收多余的水分和尿液。这样除了清洗马厩，实际液体流量都会降到最低。

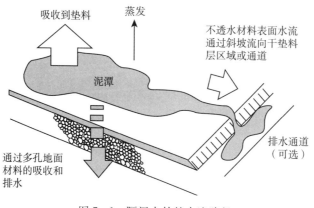

图 7-1　隔间内外的水流路径

第二节　马厩地面材料的选择

关于哪一种马厩地面材料最好，马厩主人们意见不一。但都认为好的地面对马的健康十分重要。没有一种材料能够满足理想地面的所有属性，地面材料的选择标准主要是考虑如何避开或弥补材料的缺点。例如混凝土可以满足绝大多数马厩的地面要求，但往往为了保护马腿，会选择更软的垫料或使用橡胶实心垫子。

表7-1总结了常见地面材料的特性，并将进行更详细的描述。

表7-1 仅基于材料本身、无基座或排水沟的马厩地面地板材料特性

地板类型	腿部舒适度	吸湿性	无异味	防滑性	耐久性（保持水平）	易于清洁和消毒	低维护性	12英尺×12英尺马厩的成本
表层土	√	√	?	√	β	β	β	极低
黏土	√	?	?	√	β	β	?	极低
沙	√	√	√		β	β	β	低
混凝土	β	β	√	?	√	√	√	中
沥青	β	β	√	?	√	√	√	中
道路基垫	?	√	√		√		?	低
固体橡胶垫	√	β	?	√	√	√	?	中等偏上
网格垫	√	√	√	√	√	?	√	高
木材	√	?	β	β	√	√	√	中
床垫	√	β	√	?	√	√	√	高

注：√表示好至极好，"?"表示高度依赖其他因素，β表示极差。

理想的地面特性：按照重要条件、马的福利和马主利益排序如下：

1. 对马腿肌肉伤害较小，不可损伤马肌腱。

2. 干燥。

3. 无气味残留。

4. 有足够的摩擦力，防滑，易于马平躺。

5. 耐用，使用周期长，保持水平，防马蹄划损。

6. 易于保养和维护。

7. 易于清洗。

8. 价格适中。

地面材料的选择要考虑粪便和尿液等因素。一匹马平均每天每磅体重会产生0.5盎司①粪便和0.3盎司尿液。因此一匹1 000磅的马每天能产生31磅粪便和2.4加仑尿液。当尿液下渗入地面后会残留气味，选择优质地面时，尿液会透过地面被垫料吸收，所以气味不大，而不透水的地面则只能依靠排水层排水或靠垫料吸收尿液。

坚固耐用的马厩地面在马整体健康保持中发挥着重要作用。地面材料的选择与马腿的健康和疲劳程度有很大关系，通常在宽广的地方首选硬地面。如果想要马躺下后能够轻松地站起来而不受伤，那么地面就必须要有良好的摩擦力。

因为马大部分时间都低着头，所以地面上残留过多异味会使马的呼吸系统受损，高浓度的氨还会损害马的喉咙和肺，但是优良的地面不仅会避免这些现象，还可以抑制地面中寄生虫的生长。

马的运动会导致地面潮湿，而湿的多孔材料，如土壤或黏土，是不能承受过重的重物

---

① 盎司为非法定计量单位，1盎司=28.349 59克。

的。且潮湿的垫料会被马蹄踢到四周，形成凹坑或者小丘。除此之外，当马无聊、急躁或习惯性扒栏位与食槽周围的垫料时，也会形成新的凹坑。如果给予足够的空间，大多数马的行为是很有规律的。比如母马通常会在远离休息和进食的区域便溺；阉马则通常会在有限的区域，以某处为中心在其周围大小便。

第三节　多孔地面材料

一、表层土

图 7-2 所示为多孔地面横截面。

表层土是最基础的部分，它类似于牧场的基础工程。土壤类型决定了排水性能和耐用程度，一些类型的土壤会阻碍排水并导致泥浆或水坑；而另一些类型又会变得很干燥，从而尘土飞扬；若是使用沙质土壤，又会造成基质凹凸不均。所以在马厩中通常使用混凝土或者沥青铺边，这样可以有效防止马匹扒地。

优点：

1. 吸水性强。

2. 防滑。

3. 易于保护关节。

4. 廉价。

5. 排水性能不同。

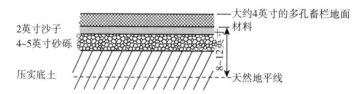

图 7-2　多孔地面横截面（包括表层土、黏土、砂土、路基结构和网格垫）。多孔层
　　　　以底层沙子、砾石或碎石为地基，以便尿液和多余水分通过马厩地面排走

缺点：

1. 孔隙会潮湿，有异味残留。

2. 需要经常更换。

3. 很难将粪便从地面清除。

4. 可能会冻结。

5. 消毒较困难。

二、黏土

这是传统型马主非常喜欢的地面类型，黏土类型会因各地土壤条件而有所不同。纯黏土容易黏合变得不透水，变湿后还会非常光滑，所以建议将黏土与其他土壤混合使用。通常将 1 份细石与 2 份黏土的混合物铺在砾石层上，这样会有助于排水。马便溺频繁的地方可能会下沉或形成尿洞，这是因为尿液会软化黏土，降低其承载强度，所以当马在这些区域行走时，黏土会被挤压推向较干燥的区域，而形成一个坑或洞。因此尽量克服困难设计

一个每 5 英尺 1 英寸的斜坡，以促进排水。如果马总是扒拉门附近的地面，可以砌一个混凝土或者沥青的围边来预防这种情况。

优点：

1. 最接近天然地面。

2. 对马腿部有较好的保护作用。

3. 噪声小。

4. 无灰尘。

5. 保持马蹄润滑光滑。

6. 吸水性强。

7. 相对温暖。

8. 在干燥或压实时可防止损耗。

9. 提供坚实地基避免潮湿。

10. 廉价。

缺点：

1. 很难保持清洁。

2. 需要每年平整维护。

3. 每隔几年就需要更换，因为马蹄趴地会造成许多坑洼。

4. 长期潮湿。

5. 会残留气味。

三、沙

沙子是一种兼容性很强的材料，对于保护马腿以及排出水分都有良好的效果。但是地面全部使用沙子不易压实，很容易移位，反复使用时会不平整，需要每天耙平。如果沙子变成混合料（特别是与木屑和刨花混合），清洁起来就很困难，需要经常更换。

如果使用沙子作为垫料，还需要监测马是否有肠梗阻和肠绞痛的迹象，因为马驹或成年马采食地上的饲草时可能会误食沙子。沙子还能使马蹄干燥，进而使马蹄产生裂纹和细缝。

优点：

1. 吸水性强。

2. 表面柔软。

3. 噪声小。

4. 排水性良好。

5. 防滑。

缺点：

1. 不易压实。

2. 在寒冷气候时显得潮湿。

3. 会使马蹄干燥。

4. 易夹杂其他材料物质，变得更难清理。

5. 必须经常更换新沙或清洗。

6. 当马无意或习惯性吃到沙子，会产生肠绞痛。

四、混合地面料

根据国家地区的不同，这种混合地面料有很多名字。如石灰石粉、细沙、废石料、石粉等。这些混合物通常由粉碎的花岗岩、少量黏土和其他材料混合而成，优质且压实的混合地面料一般可用于筑路。确切地说，其成分取决于该地区主要岩石类型和其他主体材料。混合材料根据颗粒大小的不同有着不同的规格，建议使用颗粒最少和最小的路面混合料铺路。因为这种材料很容易板结，所以如果压得过实，就会像混凝土一样对马腿造成损伤，但如果地面没有按照正确方法压实，就很容易与垫料混在一起被马踢散。这种材料容易保持水平且易于排水，因此经常被用来作为橡胶垫地面的底层材料。在这种地面基层结构中，上面 4～5 英寸处应是混合物铺设的地面，下面 6～8 英寸则应为沙子或细小的沙砾，助其吸水和排水。

优点：

1. 易于压实。

2. 排水性能良好。

3. 易形成平面。

缺点：

1. 小石头铺面是不可取的，但压实后可以清除掉。

2. 如果没有足够压实，会和垫料混在一起。

五、木材

在马车运输时代，木材曾经是一种常见的地面材料，但由于硬木板的初始成本较高，加上混凝土和沥青材质的大量使用，使得在现代马场设施中木材使用的频率较低。虽然木材维护成本低，且易于清理，但是木板至少要使用 2 英寸厚的硬木（通常为橡树）并做好防腐处理，木板与地面的间隙还应该用沙子、混合材料或黏土填充以便于尿液排出（图 7 - 3）。木板应该放置在 6～8 英寸厚的沙子或小卵石的水平面上，或者同等厚度的沥青或混凝土的水平面上，这样有助于排水。

木地面可以防止马直接接触冰冷的地面，从而有效缓解马肌肉僵硬、关节损伤。它提供了一个比混凝土和沥青更软一些的基础，但潮湿时可能会变得光滑，并且由于木材的多孔性而难以消毒。木板间隙中可能会有剩谷粒，这可能会招引昆虫与老鼠，所以需要正确的铺设与适当的垫料才可以最大限度地减少啮齿动物啃食和潮湿的问题。

优点：

1. 保护腿部。

2. 马躺卧时感觉温暖。

3. 粗木有较大的摩擦系数。

4. 维护成本低。

5. 耐用。

缺点：

1. 多孔，难以清洗和消毒。

2. 会残留异味。

3. 潮湿时会变光滑。

4. 必须经常检查磨损的情况。

5. 如果铺设结构不佳，易发生虫害鼠害。

6. 初始费用较高。

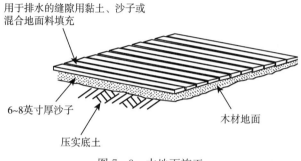

图7-3 木地面施工

第四节 网格垫

这种开放网格材料可用于支持其他类型的地面（图7-4和图7-5）的开放网格。网格垫一般由橡胶或者塑料（聚乙烯）制成。网格垫和其他地面材料一起放置在压紧的水平面上，如黏土、普通土或者道路基混合物。其网格式空间有助于排水，矩阵式设计可以防止马滑倒而造成损伤。网格垫的马厩地面材料已经接近一流材料的特征，其网格设计可以使材料不易因潮湿或马蹄的动作而产生位移。

网格垫的另一种材料是使用经过压力处理的2×4木材，固定在跨越马厩隔间宽度的边缘上。木板之间需要留出1.5～3英寸的间隙，以便用多孔的马厩地面材料（黏土、土壤、路基混合物）填充并覆盖木材网格。这样的网格垫具有和自制设计的网格垫产品相似的特性。但总的来说，木材网格的寿命比橡胶或塑料的寿命短。

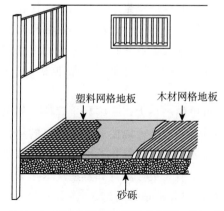

图7-4 两个网格地面设计的例子：第一种使用塑料材质，第二种使用木材

图7-5 黏土材料填充了兽医设施地面上的网格空间

优点：

1. 耐用。

2. 易于保护马的腿部。

3. 易保持水平。

4. 与混凝土相比，使用的垫料更少。

5. 维护成本低。

缺点：价格高。

第五节　不透水地面板材

图 7-6 所示为不透水地面的横截面。

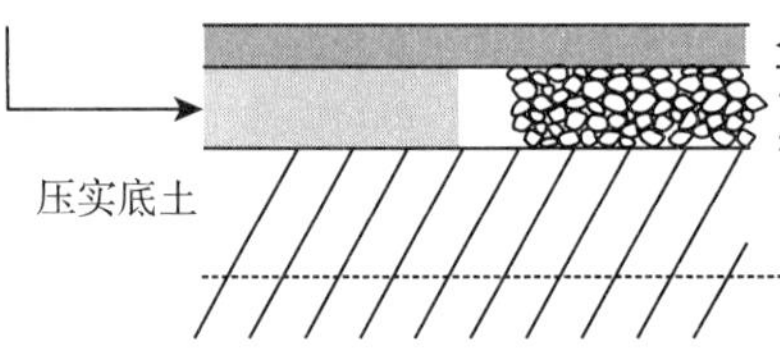

图 7-6　不透水地面截面（包括混凝土、沥青、实心橡胶垫、砖或瓷砖地面）。
不是所有防渗漏马厩地面都须向排水沟和渠道倾斜，可以用厚垫料代
替来提供良好的排水。砂砾或细砾石可提供结构支撑和地下排水，固
体橡胶垫通常铺设在混凝土或良好的填充路基上

一、混凝土

此类型地面由于其耐用性与较低的维护成本而备受欢迎，而且相较于其他大多数材料，清理混凝土地面更容易。修整混凝土的方案各不相同，可以用钢铲将细作料和水泥铲到顶部，形成光滑的表面，但是这样马一般不愿意躺下或起身。正是这个原因，相比在马厩使用，我们建议在饲喂室使用效果会更好，更易于清洁。用木浮子处理过的表面具有更好的摩擦系数，但是，经过磨损后又会变得光滑。而横纹混凝土，其脊似扫帚横扫出来的形状，马在没有铺设深层垫料的情况下躺卧会有些粗糙，其经过粗加工后，抓地性和耐久性会更加适合铺设走道。

混凝土非常耐用，但是马很难在混凝土地面的马厩里站一整天，一些马主建议：如果马饲养在混凝土地面的马厩，应该让马每天出去 4 小时遛遛，还可以使用一层厚厚的垫料或固体橡胶最大限度地弥补一些不足。在马厩中的混凝土板最少要有 4 英寸厚，并要限制车辆，若是马厩或小巷中有车辆通行，那么混凝土至少要有 5 英寸厚（如重型皮卡车和撒肥机）。可以选择在混凝土下铺设砂石地基以帮助排水，但并不是必需的。

优点：

1. 耐用，使用寿命长。

2. 易于清洁。

3. 可消毒。

4. 防鼠害。

5. 不易被马损坏。

6. 维护成本低。

缺点：

1. 造成马的腿部僵硬，不能弯曲。

2. 可能会妨碍马正常行为（躺下等）。

3. 气候寒冷时显得冰冷潮湿。

4. 需要更多的垫料或者实心橡胶垫。

5. 相对昂贵。

二、沥青

作为混凝土代替物，沥青对马腿部和蹄部的压力较小，且易于清洗，寿命较长。沥青路面是碎石子、沙子和焦油化合物调和在一起的混合物。当铺设在一个坚实、水平的马厩中时，沥青需要足够厚实才能防止龟裂和破碎。对于要过车的走廊，建议应按照车道标准建设，铺设 3～4 英寸厚；厚度应根据现实情况而增加，在过度使用的情况下，沥青可能会在几年内需要更换。

沥青可以在稍微多孔或者几乎不渗透的地面材料上铺设。与混凝土相比，未密封的沥青具有较多孔隙。孔隙度的大小可以通过增加沥青中的最小骨料和小颗粒量来改变。新的沥青地面相对不平整，所以能够提供足够的摩擦力，然而，若是马在地面上经常走动，沥青地面仍然会变得光滑。表面经过碾压的沥青会更有摩擦力，还可以通过在沥青中添加较大尺寸的骨料来增加摩擦力。

优点：

1. 比铺混凝土地面成本更低。

2. 易于清洁。

3. 比混凝土柔软。

4. 可长期使用，但没有混凝土耐用。

5. 提供足够的摩擦力。

缺点：

1. 冷、硬，但不同于混凝土。

2. 表面不规则可能会残留尿液，带来卫生问题。

3. 如果铺设较薄，可能会开裂。

4. 相对昂贵。

三、实心橡胶垫

橡胶垫通常与另一种材料一起搭配使用可以相互弥补，如硬度或光滑程度等方面。尽管它们价格不低，但也正在日益普及。橡胶垫可以提供垫料的缓冲作用或者纹理模型，有时甚至可以单独使用，这就是它在成本上的优势。橡胶垫铺在均匀、致密的表面上，如 4

～5 英寸厚的混合物地基或混凝土。如果橡胶垫不能覆盖马厩的整个区域，那么垫子之间应该相互连锁固定在地面上。因为橡胶垫表面光滑，它们之间若没有安全连接的话，那么就很难保持多个马厩垫子布局不变，没有适当保护的区域就可能被马踢起来。橡胶垫重（4 英尺×6 英尺的垫子重约 100 磅）且打理烦琐，常常需要几个人来移动，但它们非常耐用、不易受损。但是使用中需要注意马是否打了马蹄铁，因为马蹄铁的螺栓可能会损坏垫子表面。

一般垫子的厚度为 1/2～3/4 英寸。垫子表面应适当增添褶皱，以增加摩擦力；如有需要，可在垫子的底部开孔，便于顶面尿液的疏导。当环境潮湿时，无网纹的垫子会变得非常滑。粗糙的表面可以使马厩变得容易清洁，但是维护时需要注意叉子等锐利物品，以防止刮划表面。有许多商家都有良好的品质保证，订购时可以货比三家、仔细留意成本。

优点：

1. 提供良好的养殖栏、产驹栏和产后恢复栏。

2. 使用寿命长，多家大公司可保证 10 年质保。

3. 易于清洁。

4. 易于马腿健康。

5. 低维护。

缺点：

1. 与传统垫料相比不舒适。

2. 会移动，除非固定或者连锁。

3. 会残留异味。

4. 贵。

四、床垫

床垫地面是一个两件式系统，在多格床垫上有一个安全顶盖。这项技术是在强调奶牛舒适性的乳品行业发展起来的，床垫系统也兼具了坚固的设计特点。它是一个高度缓冲装置，声称比 3/4 英寸厚的橡胶垫或 6 英寸厚的木屑层具有更多的减震性。这种多层床垫看起来像充气床垫或水筏，但通常由含有均匀大小的橡胶屑和耐用织物制成。窄格比早期的床垫设计更耐用，只有一个大格或几个宽格。在已安装的床垫顶部添加额外的橡胶碎屑，可以均匀填充相邻单元的间隙，形成水平表面。顶盖是硫化橡胶浸渍土工布，床垫上必须有一个坚硬的顶盖，以减少马蹄铁的伤害。这个系统是不渗透的，所以它不吸收水和尿液，顶盖应牢固且连续地固定在隔间的壁上，便于放置，并且可以防止垫料和隔间垃圾进入下方。

优点：

1. 易于清洁。

2. 减少垫料，因为尿沾染后不会变柔软。

3. 较耐用。

4. 利于腿部健康。

5. 维护成本较低。

缺点：

1. 昂贵。

2. 马蹄铁可能对其造成损伤。

第六节　圈舍周围的地面

走道的地面可以与马厩内的相似，但是这里的用途变化多样，要根据不同需求来设置不同地面。一般来说，马不应在走道地面上逗留，但是这个区域的使用频率跟马厩地面一样多，参阅表7-2。

走道地面应该具有以下特征：

1. 耐用。

2. 易于清洁打扫。

3. 防滑。

4. 防火。

表7-2　走道地面材料的特点完全基于材料本身，没有底座或排水沟

地面材料	防潮能力	低维护性	易于清洁和消毒	防滑性	耐火性	在大量使用下，耐磨性保持良好
表层土	β	?	β	√	√	?
黏土	?	?	β	?	√	?
沙	√	β	β	√	√	?
混凝土	√	√	√	?	√	√
沥青	√	√	√	?	√	√
道路基垫	√	?	√	√	√	√
固体橡胶垫	√	√	√	√	√	√
网格垫	√	√	√	√	√	√
砖块	√	√	?	?	√	?
合成砖	√	√	√	√	√	√

注：√表示好至极好，"?"表示高度依赖其他因素，β表示极差。

常见的走道地面材料应该与马厩地面一样。对比列出的地面材料特性，并充分考虑走道地面的需求。宽阔的走道是用来锻炼马匹，应该采用马术场地面或者其他更合适的材料。

黏土材料对于走道来说，不是很耐用且磨损不均匀。相比之下，混凝土和沥青较耐用，但是磨损之后不仅噪声大，而且会变得非常光滑。如果使用混凝土的话，只能使用糙面处理的混凝土。合成材料表面有弹性，且具有优良性质，但是比较昂贵。地面还需要考虑好铺垫土壤的类型，否则它们会冻结、沾灰或变得泥泞。泥土地可能适用于规模较小的私人马厩，因为那里的走道交通有限。

不同于马厩地面，走道地面的排水应该是将水导向别处而不是吸水。如果走道的排水设施是排水管，走道地面可向两侧倾斜或者朝向排水沟。根据建议，应该在排水设施附近提供排水管道，尤其是消防栓下面或附近（图7-7）。避免排水沟被马频繁踩踏或者被干草、污垢或者垫料弄堵塞，可以使用筛子或者排水井盖减少堵塞，但须定期清洗。

一些老旧或精细的圈舍会采用砖瓦来铺设过道地面，这类地面对于马是非常有吸引力的，但是由于安装费时费力且安装成本高，不常使用。质地上，砖与瓦是没有太大区别的，潮湿时，纹理越光滑，表面越光滑。砖块为多孔质地，易藏纳污垢，使得消毒工作变得十分困难。在过去几年中，橡胶越来越多地被用于仿制传统砖头，这在一定程度上解决了砖块多孔的缺点（图 7 - 8）。一个合适的地基对于地面寿命是有益的，不紧实或安装不当的地基可能会使地面凹凸不平，不易于马行走，更多细节参见图 7 - 6。

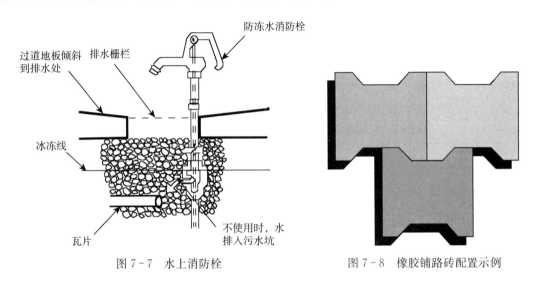

图 7 - 7 水上消防栓   图 7 - 8 橡胶铺路砖配置示例

一、饲喂室

马在饲喂室的时间较长，这里的地面设计应该利于清理溢出的谷物和污垢，否则容易招引老鼠。饲喂室中不应出现粗糙的地面纹路，4 英寸厚的混凝土与钢抹子封面或密封沥青材料是理想的长效防鼠地面，而且易于打扫与清洗。

二、马具室

如果马具室是一个单独的房间而不是一个区域，那么地面通常采用防渗材料，并可以在室内室外铺设地毯作为休息室。铺设混凝土与沥青材料可以易于清洁，防鼠患。

三、清洗区

在清洗区，防水且防滑的地面是首选，但地漏筛子与地漏盖也是非常重要的。非常粗糙或带纹路的混凝土、铺垫有褶皱的橡胶垫、密封有大骨料的沥青，这些材料都会使地面更具弹性。地面应该向位于洗涤区侧面或后面的排水沟倾斜，而不是在马密集的区域，虽然马不愿意站在排水沟中，但排水管仍是一个不能忽视的安全隐患。设计排水沟时，应该考虑堵塞时的情况与清淤方案，安装地漏盖不失为一个保持排水沟畅通的好方式。

第七节　马厩地面的排水施工

每个马厩都需要一些处理废水或尿液的方式，大多数情况下，圈舍内采用垫料吸收废水或尿液，当没有足够的垫料时，废水或尿液必须通过其他途径排干，通过排水道使废水或尿液排出马厩是有效的途径，通常将它安装在地面之上或之下。在地面设置排水道并不常见，因为排水道内常常会被垫料或其他马厩废料堵塞。许多马厩的排水道运作良好，但排除废水或尿液的效率却远远不及垫料。当排水道的要求不限于排尿时，无论是地面倾向排水沟还是多孔地面都应具有大排量。在清洗消毒圈舍时，附加大量排水功能的排水道对比只有排尿功能的排水道就有很大的优势了。

良好马厩地面的建设原则：马厩地面都是自下而上铺设的，为了防止马厩地面开裂或发生沉降，需要整理地面下的植被、树根、石头和表层土壤，夯实地基。施工中，允许地基在施工前几个月下沉来代替压实，因为中低量的黏土土壤足以在此期间被压实。坡面应以5%的斜度远离马厩，并能使地表、地下水远离马厩（图7-9）。

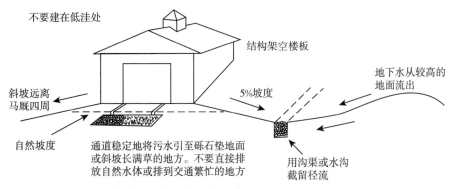

图7-9　合理的地面设计要从建筑排水方面考虑，不要建立在低洼处

无论使用何种类型的地面，都要确保所使用的地面能够保证一定的排水量。相比圈舍外的平面，马厩地面高度应该提高12英寸以上。通常情况下，压实的地基上都会覆盖着4~5英寸厚的碎石和2英寸厚的沙子或小砾石来促进排水，然后在这之上再铺设4英寸以上的马厩地面材料。地面可以利用一定的坡度排出尿液或利用垫料吸收外溢的水。一个1.5%~2%斜度的坡就可以在不影响马正常活动的情况下排出多余水。就排水沟而言，浅层、安全的明渠比复杂的地下排水系统要好，详情参阅本章第八节"马厩排水系统设计"。马厩排水是在马厩地基上进行的，在马厩地基上延伸的岩石层会有助于排水。如果存在由于地下水位过高而导致地面潮湿的情况，可以通过次级排水系统来解决，方法是在铺设普通地基之前填充一层岩石。如果高水位问题严重，则需要借助其他手段，例如额外的填充物、排水管、无孔地面等。参见本章第八节。

第八节　马厩排水系统设计

当马厩排水需求急需提高时，建议采用一个安全的开放式通道来转移表面的湿度与水分，马厩的地面应该斜向这个通道，但是由于垫料会堵住排水道地漏而造成堵塞，所以不建议使用地漏。按理来说，如果是暗渠排水，入口处应当有金属地漏板覆盖（用于支撑马匹和小型车辆通行），但其构建成本较高，而且容易被马厩废弃物堵塞，因此不常被采用。相比之下，明渠也存在易堆积废弃物和易产生异味的缺点。

不过若是有着合理的卫生管理，就可以最大限度地减少这些问题。可以在坡度逐渐增加的情况下建造明渠。为防止人或马踏进渠内，也可以使用大量碎石填充渠道。同时，在马和车辆通行区域（如门口），可以在通道上方放置一个厚重开放的架子或者结实的隔栏。在寒冷冰冻条件下，次级排水系统的效果并不理想，所以不建议在此情况下使用。

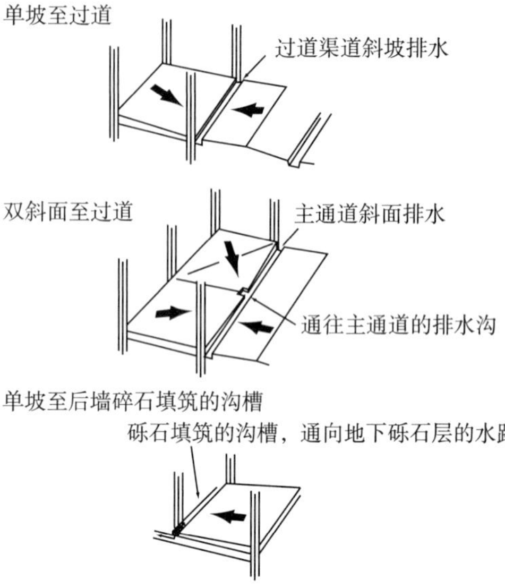

图 7 - 10　三种可选择的地面斜率
（坡度）和排水方案

倾斜的地面有排水优势，尤其是在马厩冲洗后。每 5 英尺约有 1 英寸的斜率是有效的，在这样的斜率下既避免了地面的明显倾斜，又可以使马站到不同的方位，活动筋骨。有一定斜率的地面很容易清洗，图 7 - 10 提供了三种可选择的地面斜率（坡度）和排水方案。

在工作通道的前部，马厩地面可以倾斜到外面。这种单面坡的地面更容易建造些，规定供应水的通道应该从畜栏底部沿着通道流向围墙，其中要保持间隙不超过 2 英寸，以最大限度防止马蹄踏入其中。

马厩地面可以朝向一个角落，允许在墙上开口使液体进入水渠或管道。一个排水渠是可以服务于两个马厩的。双坡地面虽然是在单坡地面的基础上进行改进的，但要比单坡地面复杂得多，这种设计的优点在于可以收集马厩和地下排水系统的污水。

地下水

细颗粒土壤，比如泥土，由于颗粒间毛细管作用会从地下汲水，会导致建筑物地下土壤水饱和，地下水位过高的起因亦是如此。水饱和的土壤承重强度是低于干燥土壤的。地下水冻结导致的土壤冻结会造成地面隆起或使建筑物地基沉降，因此要防止霜冻灾害，应该采取如下措施：铺设排水良好的地基与贴了瓷砖的排水渠，都可以降低地下水位。

用松散颗粒填充土壤，可以使毛细管传导率降低，以阻止地下水向上传导，从大砾石与碎岩石中筛选出的精细颗粒也可以达到目的。在最坏的情况下，需要将地下霜冻层挖出并用砾石填充代替。

提高建筑高度是一个规避地下水位的方法，任何建筑的地面都应该高于附近平面 12 英寸以上，但如果地下水的影响比预期的要大的话，就应设置得更高。

本章小结

　　有许多材料都可以用于铺设马厩地面，通常选择时要考虑符合马厩所在地的地理特征以及当地可用材料这两个方面。当马站立时，地面的表面张力要超过地面顶部；因为马大多数时间都停留在马厩里，所以马厩地面是非常重要的，其一定要对马的腿部、蹄部起到保护作用。一个合理的地面材料结构应完整，排水要良好，还要为马提供合适的支撑，并有助于圈舍清洁与粪便处理。

第八章

粪肥管理

虽然马主人更乐意骑马而不乐意清扫马厩，但马厩清洁是日常管理中不可或缺的一部分。马厩的清洁保障可以体现一个马厩管理的效率，高效地处理马的粪便可以将更多的时间花费在马本身上。重要的是，要意识到马会迅速产生和并积累粪便，每年每个马厩可以清理出大约 12 吨粪便和废弃垫料（每个马厩应有一个专职人员）。应注意考虑有效地进行粪便管理，并合理地进行储运，把粪便从马厩中清理出去只是一个开始。一个完整的粪便管理体系包括收集、储存（临时和长期）以及处理或利用几个环节。本章讲述内容为管理者根据马粪的特点选择其运输和储存方式，以及衍生的有关问题，如控制气味，防止蚊蝇滋生，对环境的影响等。

在马厩设施中，需要格外留心粪便的管理方法。因为大多数马饲养在郊区或者农村等环境中，所以马主人想要更好地受益就有必要让马融入环境之中。一般来说，郊区马场受限于面积，没有更多的耕地来处理粪便及废弃垫料。常见的粪便处理方法有填埋法、高温堆粪或储存等待日后处理等。一些马场为了优化粪便与废弃垫料的处理，还开拓了销售市场。无论是在郊区还是乡村，马厩粪便管理方法都是基于消除对环境的污染（如气味和蚊蝇等）的原则来设计的。

第一节　马厩垃圾特点及其产生

根据物态划分，粪便属固液混合物，由约 60% 的固体与约 40% 的液体（尿）组成。平均来说，一匹马每磅体重每天会产生 0.5 盎司粪便及 0.3 盎司尿液。一个 1 000 磅重的马平均每天产生 30~36 磅的粪便和 1.9~2.4 加仑的尿液，共计产生 50 磅未经处理的原始废料（图 8-1 和表 8-1）。

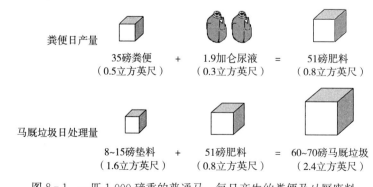

图 8-1　一匹 1 000 磅重的普通马，每日产生的粪便及马厩废料

表 8-1 典型马粪（尿液和粪便的总和）重量和体积的估计

活动水平	总肥料		粪便 (磅/日)	总固体 (磅/日)
	（英尺³/日）	（磅/日）		
久卧不动	51	0.82	35	7.6
轻运动	46	0.74	30	6.9
适度运动	48	0.77	32	7.2
剧烈运动	52	0.83	36	7.8

注：这些数值仅供规划时参考。具体实施要根据牧场具体情况、饲料方案、饲料营养成分、动物生长及遗传变异等因素综合考虑。

1. 1 000 磅重的马，在所有活动水平下，尿液为 16 磅/日，含水量约为 85%，密度为 62 磅/英尺³。

2. 数值适用于 18 个月以上，且不含受孕及哺乳期的马。生产值曲线可以粗略估计 850～1 350 磅重的马的生产价值。"久卧不动"活动水平适用于不能接受加强训练的马；"轻运动"活动水平包括每周几小时的低强度训练，如休闲骑；"适度运动"活动水平适用于常规马，可以结合偏低水平的训练和一些牧场工作；"剧烈运动"活动水平的马，将参加包括比赛训练、马球等竞技项目的培训。

在每日垃圾清除中，废弃垫料与粪便就达到 8～15 磅，除去体积因素，废弃垫料的容积相当于粪便的两倍，但这会因为管理方法的不同而有很大的差异（图 8-2）。因此，对于每个马厩来说，每天有 60～70 磅废料排出，合计下来，一个 1 000 磅重的马每年产生的 12 吨废料中约有 9 吨是粪便（图 8-3）。

图 8-2 目前仍有许多马舍的圈舍清理工作是人工完成的，但也可以使用自动化设备将大量废料从马舍转移到储存点

图 8-3 赛马场和大型马厩需要专用的肥料储存区。图中显示的是一堆从跑道设施处理完的堆肥

马粪的密度约为 62 磅/英尺³，由此推算，51 磅粪便约占 0.82 英尺³。废弃垫料的体积大约是马粪的 2 倍，由此我们可以估算出 1 000 磅重的马每日产生废料的总量约为 2.4 英尺³。总体来看，每年每匹马产生的马厩废料会填满一个 12 英尺长、12 英尺宽、6 英尺深的马厩（假设无沉降发生）。所以要及时处理好这些废料。

为了防止粪便和废弃垫料源源不断地堆积，圈舍的日常工作就是对其进行清理。几种常见的垫料都有着各自不同的处理特点，但都可以用于田间堆肥和出售。在垫料选择上，垫料可用性与成本将会对其产生较大影响（见表 8-2 和表 8-3）。

表 8－2 干燥垫料近似吸水量

材料	每磅垫料吸水量（磅）
麦草	2.2
碎干草	3.0
鞣皮	4.0
精细树皮	2.5
松片	3.0
松木屑	2.5
松木刨花	2.0
硬木刨花	1.5
刨花、锯末	1.5
碎玉米秸秆	2.5
碎玉米穗轴	2.1

资料来源：《畜禽废料处理手册》（MWPS－18）。

注：1. 不建议用于马厩垫料的材料有亚麻秆、燕麦秸秆、黑樱桃和胡桃木制品。马可能会吃燕麦秸秆。

2. 核桃刨花容易破裂，因此通常要避免使用所有硬木刨花作为马厩垫料，因为有可能混入一些核桃刨花。

表 8－3 干草或垫料密度

形态	材料	密度（磅/英尺^3）
松散	苜蓿	4
	非豆科干草	4
	稻草	2～3
	刨花	9
	木屑	7～12
	沙	105
打包	苜蓿	8
	非豆科干草	7
	稻草	5
	木刨花	20
切碎	苜蓿	6
	非豆科干草	6
	稻草	7

资料来源：禽畜废物设施手册，MWPS－18。

天然放牧马和圈养马对粪便管理的要求不同。粪便对于天然牧场来说是有益的，因为其可以沉积成为天然肥料。在马厩中，如不及时清理，在马厩门、饮水器、阴凉地、投料机和马棚附近都会出现大量粪便，对这些地方每周应当进行一次清理工作，在方便牧场管理的同时进行有效的寄生虫与蚊蝇控制等工作。从围场和牧场收集的粪便可以倒入马厩废料堆中。

　　马粪一直被视为一种宝贵的资源，而非普通的"废料"。一匹 1 000 磅重的马每年产生约 8.5 吨的粪便，其中约有 102 磅氮元素、43 磅五氧化二磷（五氧化二磷［含磷量］＝43.7%）和 77 磅氧化钾（钾含量约为 83%）。换言之，马粪的养分含量还可以表示为：氮元素 12 磅/吨、五氧化二磷 5 磅/吨和氧化钾 9 磅/吨（营养成分根据粪便不同而异，以上数据仅供参考）。硝酸盐中的氮游离在土壤中，马粪中大多数氮素存在于尿液中，因此最容易污染环境。

　　这些值是马粪（尿液和粪便）的平均值。由于大量马厩废料是垫料与粪便的混合物，其作为肥料的营养价值会有所浮动。现已知的营养价值总结在表 8-5 中。

第二节　影响因素

一、滋扰最小化

　　对于在郊区建马厩而言，马厩的污染和对附近居民的影响是一个潜在亟待解决的问题。相比起对马的喜爱，他们更关心马粪异味与蚊蝇滋生等问题。由于大量马在有限的区域经营，所以稍不注意便会产生扰民问题。在美国东北部，每匹马仅占 2～3 亩[①]便可很好地达到夏季饲养目标，在牧草生长缓慢情况下可适当放宽至每匹马占 5 亩地。如果每亩牧场中马的数量有所增加，可以通过常规补饲手段达标。在集约化经营的马场中只要精心管理，注重细节便能克服一些潜在问题。

　　苍蝇和小型啮齿类动物危害畜牧业生产，常见的有大鼠和小鼠。苍蝇与异味是饲养管理中被投诉最多的问题，但只要将粪便进行合理管理，就可消除虫害及异味产生的影响。后面的图 8-4 展示了一些场地规划功能，这些功能很常见也尤为重要，其可以最大限度地减少粪便管理中产生的滋扰。

1. 虫害

　　防止苍蝇繁殖比控制成年苍蝇更容易、更有效。消除幼虫孵化和生长所需的栖息地可大大减少蚊蝇数量。苍蝇总是将卵产在潮湿粪便的顶部几英寸处，因此最大限度地减少潮湿粪便不失为一个削减蚊蝇数量的良策。在最佳温度和湿度条件下，虫卵可以在 7 天内孵化。蚊蝇的繁殖季节从春季气温达到 65°F 时开始，在同年秋季结束。在理想的繁殖条件下，一只苍蝇可以在 60 天内产生 3 亿个后代。如果不把粪便清出圈舍或在 7 天之内无法消除滋生的环境，那么少数苍蝇会进行二次繁殖。

　　尽可能地保持粪便干燥，使其水分低于 50%，这样粪便就无法为蚊蝇的卵提供有利发育条件。在现实应用中，应当将粪便摊成薄层，或清出沉淀在屋顶、垃圾箱、临时储粪点的粪便，将其转移至长期保存区。对蚊蝇进行控制就需要清理腐烂的垃圾，如散落的饲料、马厩粪便、草屑、粪堆等，只要有任何腐烂物质存在就会招来蚊蝇产卵。可以用一个有紧实盖子的容器来临时存放粪便。要经常清理溢出的粮草，这样不仅可以减少蚊蝇的繁殖，还可以减少鼠类的食物来源。

　　[①]　亩为非法定计量单位，1 亩＝666.7 米^2。

2. 鼠害

清理出的垃圾、杂物、旧木材、粪便和成堆的垃圾，都是大鼠和小鼠隐匿之处。可以通过修剪圈舍周围杂草，来减少鼠类藏身之地。平常堆叠的饲料袋也会给啮齿类动物创造绝佳的隐匿与滋生空间，还会为其提供食物来源。最好可以将饲料存放在金属材质或衬以金属丝网的饲料防鼠箱中。这样一个容积为 30 加仑的桶能装 100 磅的饲料，可以清理或防止泄露，不用像袋子一样必须打开。饲料室、马厩及水桶都是啮齿动物眼中优良的觅食之地，可以通过在门窗上安装金属防护罩，或者地面采用混凝土质地面、地基等来阻止鼠类的入侵。需要注意的是，幼小鼠可以挤过 1/4 英寸大小的缺口，而若是用宠物猫来防治，会因其食量过大而不适合防治鼠害，相比之下圈舍猫的效果更佳。在马厩中施放毒饵会对儿童或宠物产生安全隐患，可以用安全诱饵盒作为一个有效替代品。

3. 异味

一般而言，一匹马自身的异味是很小的。粪便会产生令人讨厌的气味，因为粪便在没有足够氧气的情况下分解，进行的是厌氧（没有氧）发酵，通常会伴随臭味。而有氧（含氧气）分解（例如堆肥）不会产生这种气味，因为分解废物的微生物会利用营养物质，产生无味的化合物（如水蒸气和二氧化碳）作为副产品。气味会随着粪便的增加而增加，可以将圈舍转移到居民区的下风区，来解决异味的问题。图 8 - 4 展示农场减少粪便滋扰的管理与计划。

如果冬季和夏季盛行的风向不同，则夏季风是最主要的问题。马厩附近的居民在暖季的抱怨就会增多，因为暖季他们需要更加频繁的开窗通风。

4. 美观

大量粪堆造成的视觉冲击是废物管理中的另一个问题。粪堆的储存位置应当选择偏远地区，最好围有植被或围栏。一个设计合理、管理有序的马厩废物处理地点可以很好地管理，不会造成视觉上的冲击。在筛选存储站点上花时间是很值得的，因为如果对存储能进行良好的管理，那么就可以做到"眼不见，心不烦"。

二、防止水污染

1. 粪堆浸水流出

任何形式储存粪便都应保证无渗液渗入地下或者造成地表水的污染。渗液是从固体堆内容物中"浸出"并从废料堆底部排出的褐色液体。实际上只要采取合理的方式，并不是所有的废料都会产生渗液。当水或粪从围场或者运动场清出时，可能会形成一些渗液。有盖的储存区域产生的渗液远远低于完全暴露的区域产生的渗液，并且应当防止渗液污染地下水及附近水道。

一个具有侧壁的混凝土板对于控制无覆盖的堆渗液非常有必要。渗液的排水处理系统中，如用草坪渗透区域（见本章第四节中"植被过滤面积"），对于防止渗液透入地下或流入敏感区域是非常有必要的。水污染的另一个潜在因素是施用农家肥，这是受地表径流或沉积的影响，从而污染到附近水域。应当遵守马厩粪便径流最小化原则。

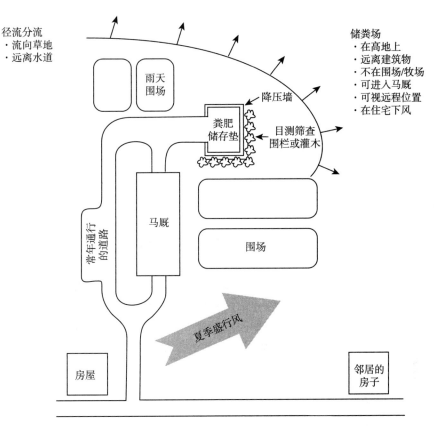

图 8-4　农场减少粪便滋扰的管理与计划

2. 马厩地面

马厩地面的类型会决定马厩是否会污染到地下水。混凝土和大多数沥青以及良好的黏土层是公认的不透水材质。地面材料上会铺盖许多垫料，吸收粪便中的尿液或其他液体。因而，马厩的地面相较其他牲畜圈舍而言，与尿液接触较少。在本章之后，一般默认没有必要在地面上做排水沟，除特殊情况下我们会另附说明。

在清洗马厩时，会发现采用混凝土、沥青等防渗且耐用材质的地面更好，同时排水渠应将废水导向指定的排水区域（见本章第四节中"植被滤过面积"）。一些重点栏位，如产驹栏或治疗栏应当经常清洗与消毒。当使用大量水清洗时，不透水的地面与排水渠的重要性就显现出来了。

马舍内的排水沟应配备可移动的盖子，并位于马舍一侧，以防止马躺在马舍中央时感到不适。马厩地面应略带坡度（每5英尺1英寸的斜率即可）且朝向排水渠，或者在位于马厩靠墙前方的斜坡地上构建窄沟（约1英寸深、4～12英寸宽），这个窄沟会沿着走道，引入总沟。在第七章介绍了更多与排水相关的信息。

开放式马舍中的地面通常由建筑工地上的天然材料组成。如果没有食物或栅栏引导，放牧马不会总是在马舍中，因此粪便很少会沉积在马舍，地下水污染小。如果马被喂养或限制在该设施中，则可能需要更耐用的地面以及收集和处理积聚粪便的计划。填充的石灰石筛网可提供良好的排水性并易于清洁，因此在露天棚子中应用效果很好。

3. 雨天围场

许多农场都建有雨天围场，那是没有草地的锻炼场地，在恶劣天气下，马在草场上运动会将草皮弄得泥泞不堪，而雨天围场则可用于放风。无草围场可以适当圈养有限的马，或者在牧场重新播种、施肥，也可以作为轮牧计划的一部分。一些经理使用户外骑行竞技场来作为围场，会在地势较高的地方设置运动围场，以便清理粪便和减少径流（图 8-4）。雨天围场应铺设生长良好的草皮，以便收集和分流邻近建筑和牧场的径流。在溪流和天然水道周围敏感区域设置栅栏，以减轻进一步的水污染。

第三节　高效处理有机肥

处理大量大体积物料时，通过大门直线运输是最有效的方法。为防止污染，马厩设计中应该避免与粪堆或其道路紧挨。人工清洗是最常见的马厩清洗方式，为了提高工人的清洗效率，应该为其提供充足的马厩照明，尽量减少搬抬，并使马厩所有区域的粪便都能方便地到达临时粪便堆放区（图 8-5 和图 8-6）。

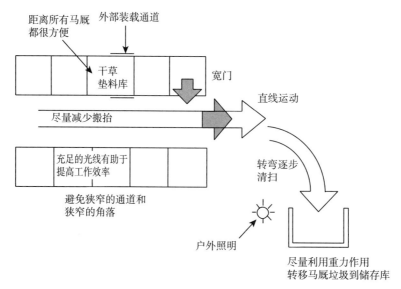

图 8-5　高效处理大量大体积物料，包括通过大门直线运输转运到一个方便的储存区

多数马厩天天打扫，清出的粪便暂时储存在圈舍附近的一片区域。为了避免重复劳作，工人会先将粪便装在粪便收集车或粪便手推车上。一旦马厩清粪工作完成或者临时储存点被堆满，这些粪便将被运送或转移至长期储存点。使用率高的放牧场和骑马场产生的粪便会增加储粪量，所以在设计之初就应当考虑这些地方之间的路线，以方便转移。第四章介绍了长期与短期储存粪肥的所需考虑到的因素。

图 8-6 合理使用重力可以更容易地转移、储存马厩废料

机械化

机械化可以代替部分人工清洗马厩的工作，常见的是车辆拉着货斗通过工作通道来进行清洁。在通风条件欠佳的情况下，发动机产生的尾气将会危害马的健康。载具可以有效地将物料运送到远离马厩的区域，在有些情况下，拖拉机或者撒肥机同样可以用来清除、转移、运输和处置马厩废料和粪便。在大型清洁作业中，可以将秸秆扔进过道，以秸秆作为载体吸附废料，再用压捆机将秸秆压捆成堆后移动或储存（图 8-7）。

图 8-7 压捆机收拾起由稻草做载体的马厩废料，扔进中心走道后，废料将一直以草捆形式存放，直到异地处理堆肥

可以代替马厩清洁的机械化方案是使用圈舍清扫器，该机器会自动将废料从马厩转移到临时堆放点。圈舍自动清洁器的构造是在一个狭窄的排水沟（约 16 英寸宽）中安装紧密的传动链刮板，并在链传动装置上安装紧密间隔的刮板（图 8-8 和图 8-9）。这类机器适用于废料固体比例较高的马厩。清扫器可以安装在马厩后方的地板下或沿马厩过道铺设（图 8-10）。

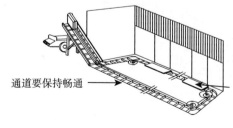

通道要保持畅通 →

选项包括：
· 每扇门都有可拆卸的盖子
· 每扇门上都有可拆卸的面板，以便马厩的清洁

图 8-8 圈舍自动清洁器构造

机械化的主要优点是能最大限度地减少人工作业，无须车辆、载具，无须在临时储存

点中转，可以直接将马厩废料带入传送链。其缺点是初始成本过高，维护及安装过程复杂；当马进入马厩时，排污道传动链上必须附加盖子，以防止马踏入而造成伤害；过道的水槽，即使不遮盖，马也会习惯在它们周围走动，但是如果排污道没有加盖子，马的安全可能会成为问题。

图8-9 一些传统的马厩可以改造为由圈舍自动清洁器运输废料

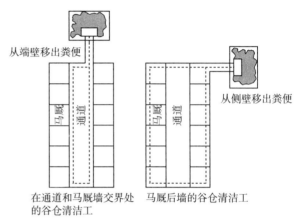

从端壁移出粪便

从侧壁移出粪便

马厩 通道

马厩 通道

在通道和马厩墙交界处的谷仓清洁工

马厩后墙的谷仓清洁工

图8-10 自动清洁槽和储粪位置的选择

第四节 粪便储存

马厩粪便必须暂时或长期储存在某一地点。在温暖的月份，将储存的粪便保存在密闭的地方，或者设法防止苍蝇繁殖以及防止降水和地表径流。构造良好的存储垫或容器有助于废物处理，并最大限度地减少了堆放物污染的可能性。这个垫子可以是简易的，可以是木材或者砖石（图8-11、图8-12、图8-13），也可以是不透水地板加覆盖式的结构。如果地形允许，地下储存设施是个不错的选择，其占地面积较小，可以直接观察和加盖，还可以很容易地利用重力将废物填塞进去（图8-14）。

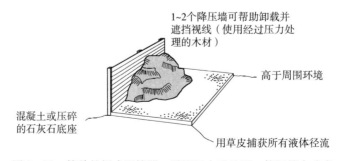

1~2个降压墙可帮助卸载并遮挡视线（使用经过压力处理的木材）

高于周围环境

混凝土或压碎的石灰石底座

用草皮捕获所有液体径流

图8-11 简单的板式阻挡器，适用于小型马厩。使用篷布或者其他覆盖物可以减少渗液的产生

一侧的设计应该可以在地面进行排空。长期粪料便储存结构往往需要比短期粪便储存结构更坚固。大量粪便储存则需要一（多）个宽门、高屋顶、坚实的构造，并允许动力设备进行清理，其结构特征见图 8-15。更多大量粪便储存器的详细信息见畜禽废料设施手册。用于商业收集的肥料可以储存在一个容器或垃圾箱中。对于任何粪肥储存，都建议用防水布或其他覆盖物来最大限度地减少由于降水而产生的渗液。

一、粪便储存设施

在寒冷的气候下，可以对存储设施尺寸进行调整，以使其能够长期存储（约 180 天），让这些冬储废料，可以供农田春耕之前或夏季作物还未长出之时施用。据统计，每匹马每天能产生 2.4 英尺^{3}废料，每匹圈养马 180 天则需要 432 英尺^{3}的储存空间。根据上述推算数据，可以合理管理与建设储粪设施。在实际建设中，因为有粪便垫或其他结构，可能实际空间比既定数据要大一些。无论是构造简单的粪便垫还是更正规的存储结构，这些常规做法都将最大限度地减少人工并简化滋扰控制。

斜坡入口处，应以 10:1 的斜率向上设计（图 8-12），以防止地表水流入。如果要使用商用农机进行加载和卸载作业，那么装载斜面至少要保证 40 英尺宽，且表面粗糙。如果装载斜面仅 20 英尺宽，则仅适合于小型农场与园艺拖拉机，且要在卸载过程中留下足够的空间供拖拉机操作。角槽可以借助斜面将雨水排出，但是需要安装 4 英寸厚的混凝土地板，并在 6 英寸的粗砾石或碎石上倾斜（最大骨料尺寸为 1.5 英寸）。如果土壤是压实的，2 英寸厚的沙子可以替代碎石填充混凝土，在规模较小或者私人马厩，用袋装的石粉填充即可。逆止墙（逆止器）的安装建议根据图 8-13 所示选择。

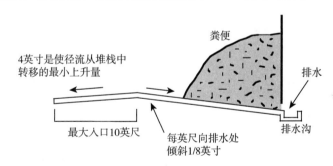

图 8-12 粪便斜坡及排水。在所有情况下均建议使用排水沟和沟渠，特别是在如果无法
　　　　保护肥料堆免受雨淋时。渗液（流出物）必须被引导至储存箱或其他更合适的
　　　　地点。转自《畜禽废物设施手册》，MWPS-18

如果要储存未吸收的尿液、雪水或雨水等，则可以将地面朝封闭的一端倾斜。地面是可以向一侧或两侧倾斜的，然后在低端开槽或设置地漏（图 8-16）。此时，未被吸收的渗液可能会被转移到一个充当植被过滤带的倾斜草地（图 8-17）。更好的解决方案或许是利用好屋顶与垫料分离来处理渗液。一个大的露天储存点（一条道服务多个马厩）地面排水渠可能需要直径 9 英寸耐腐蚀管道连接到地下，来排除表面渗液。这就需要提供一个可拆卸、可清洗的网架，或者 6 英寸左右厚的吸收材料，如木材、树皮碎片等可以吸收一些渗液，利于排水。

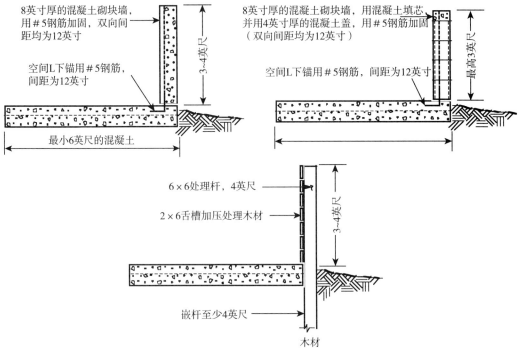

8英寸厚的混凝土砌块墙，用＃5钢筋加固，双向间距均为12英寸

空间L下锚用＃5钢筋，间距为12英寸

最小6英尺的混凝土

3~4英尺

8英寸厚的混凝土砌块墙，用混凝土填芯并用4英寸厚的混凝土盖，用＃5钢筋加固（双向间距均为12英寸）

空间L下锚用＃5钢筋，间距为12英寸

最高3英尺

6×6处理杆，4英尺

2×6舌槽加压处理木材

3~4英尺

嵌杆至少4英尺

木材

图 8-13　逆止墙选项

注：这些图是简单的描述，而非施工蓝图。在所有情况下都建议使用特定地点的设计。建墙时将土壤回填物放到墙的后面会更经济。改编自《畜禽废物设施手册》，MWPS-18。

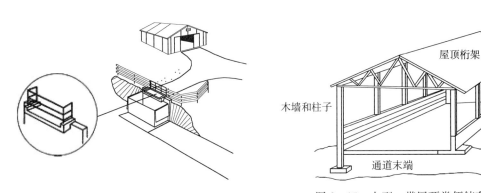

图 8-14　粪便存储容器利用地形和重力来简化垃圾处理工作。展示了两个用于保护粪便外渗的选项

屋顶桁架

木墙和柱子

混凝土墙

通道末端

图 8-15　大型、带屋顶粪便储存设施

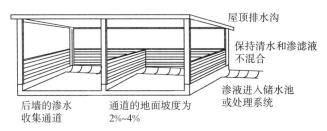

屋顶排水沟

保持清水和渗滤液不混合

渗液进入储水池或处理系统

后墙的渗水收集通道

通道的地面坡度为2%~4%

图 8-16　对于湿粪料渗液的收集、覆盖与储存

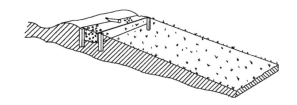

图 8-17 处理储粪池渗液的草滤区。根据渗液的产生和
场地特点，使用针对场地的植被过滤设计

二、废便储存地选址

废便储存区必须在各种天气下都能供卡车或拖拉机通行。在地下水富集的土壤上通常应该提供坚实的土壤层，为储存设施和通道提供地基。粪便的储存要保证远离建筑材料，因为粪便中的化学物质会损坏建筑材料，同样的，不要将粪便储存在径流或洪水处，营养物质会因此进入附近的水道。表 8-4 列举说明在水源或住宅附近等敏感区域应该怎样将粪便妥善分离储存。若是在马围场附近储存粪便，则会增加马感染寄生虫的概率。要确保粪便储存地处于农场与住宅区下风区。考虑到储存位置的美观性，可以从所提供的视图中筛选（图 8-4）。可以通过使用天然或人工遮蔽物，如树篱或栅栏，来提高美观性，防止异味扩散。可以说，许多问题若能够淡出人们的视线，那么带来的麻烦就可以得到一定缓解。可以为粪便处理提供便于灌装储存用的拖拉机、粪便装载机或堆叠式电动刮板，此外卸载废便也可以使用拖拉机货斗。

良好的排水性能对任何粪便储存地点都非常有必要。储粪点的分级疏导可以防止地表径流被侵蚀污染。如果排水不畅则会出现饱和状态，导致地面泥泞形成污水坑，对于附近屋顶上的地表水和径流需要转移到远离堆积区的地方。《农场堆粪手册》（NRAES-54）中详细介绍了地表水相关内容（转移与场地平整）。许多马厩和室内竞技场是没有排水槽和落水管的，因而在这些建筑中会有大量积水，排水槽和落水管可以将雨水进行分离和收集，使其远离建筑物地基并绕过储粪点。防水布或者屋顶可以防止雨水接触粪便产生渗液，如果有渗液产生，切记不要让其污染附近水道，否则在潮湿的地方就易滋生蚊蝇。

表 8-4 堆肥与粪肥处理推荐的最小间隔

敏感区域	最小间隔（英尺）
地界线	50～100
住宅或营业场所	200～500
自家用井、饮用水源	100～200
湿地或地表水（溪流、池塘、湖泊）	100～200
地下排水管、排水沟排放到天然水道	25
地下水位（最高点）	2～5
基岩	2～5

资料来源：《农场堆粪手册》（NRAES-54）。

三、粪便储存管理

通过妥善管理可以最大限度减少粪便中的蚊虫和消除气味。保持粪便干燥是威慑蚊蝇滋生的主要手段，还需要除去有机物的水分。苍蝇至少每 7 天繁殖一波，要在此期间及时清理或处理粪便。

将新产生的马厩粪便覆盖在粪堆表面，使其暴露面积减小，可以减少气味挥发与蚊蝇滋生。操作过程中不要把新新鲜粪便都堆叠在顶部，而是均匀地铺叠在上端，然后再倒下来，让其对新鲜、潮湿的有机物表面形成一层覆盖，这样便可防止异味和蚊蝇滋生，否则苍蝇会在潮湿粪便表层（2 英尺）排卵。

小型无刺黄蜂和寄生虫是天然存在的蝇类捕食者，有益于粪便的储存。切忌滥用杀幼虫剂和其他杀虫剂，因为这会误杀捕食蝇类的黄蜂和寄生虫。根据品种的不同，黄蜂有10～28 天的卵或幼虫阶段。黄蜂在苍蝇多的季节活跃（低温时有些会死亡），它们的活性依赖于粪便条件，最好是干燥的粪便，因为湿粪会降低黄蜂效力。

当清理粪便存储区时，要留下约 4 英寸的粪便给苍蝇天敌和寄生虫提供环境。粪便清除可以交错进行，每周留一部分给苍蝇捕食者和寄生虫。最好在苍蝇繁殖之前，寒冷的天气（<65℉）下清除冬天的粪便。

四、植被过滤区域

可以将草坪平缓倾斜的区域用作废水的过滤器和渗透区域（图 8 - 17）。废水通过管道运送到过滤区并均匀地分布在过滤带的顶部，当它流过土壤剖面并向下倾斜时，其生物活性和土壤基质中的吸附作用会去除废物。大多数生物活性吸附发生在表层土壤，其中好氧（使用氧气）的活动提供了无异味化处理。显然，并非所有土壤都适合，因为一些土壤会快速渗透或者不渗透，并会发生地表径流。冻土无法充当合适的过滤器。若有需要可以从自然保护机构和保护区专业人士那获得帮助，例如过滤带的大小规模及设计。

植被过滤地带是成本较低的一种废水处理系统。这一地带的作用类似化粪池系统。依据经验，植被过滤带的合理尺寸为每加仑废水 10 英寸^2。在过滤带的头部的扩频装置，是用于建立均匀流动区域的。如果允许粪便中的固体进入废水，则需要在废水排放进过滤带之前设置一个沉淀池。

用于过滤的植被带在使用之前都需要达到良好的植被覆盖条件。潮湿的土壤如果经常放牧骑马，会导致草皮被损毁，所以要尽量使动物远离过滤网带。如果将储存了好几匹马的粪便直接排到植被过滤带，那么渗液的数量和强度可能会过大。在这种情况下，渗液必须通过水箱收集，每隔三天或更多天将其排到过滤带或灌溉牧场。在任何情况下，都建议因地制宜地设计过滤计划。

第五节　粪便处理

一、直接处理

直接处理粪便可能会浪费马厩产生的废料，适当时，可以使用拖拉机或其他吊具在粪便上薄薄地覆盖一层干燥粪便（图 8 - 18）。干燥的薄层粪便不但可以阻止蚊蝇繁殖，还可以撒播养分以优化植物的使用。在夏季每周播撒一次，会干扰苍蝇的繁殖和虫卵的发育，不可以在河道附近撒播，以免污染河流。一年四季不可能做到每周都播撒，所以必须将粪料储存起来，在寒冷的气候条件下可储存 180 天。有机肥一般是在播种前或者收割后施用，但是有些地区因为大雪堆积或者土壤太湿不支持施用设备的进入。

图 8-18　收集马厩粪便现场使用机械

　　大众一直认为只可以通过撒一薄层干燥粪便使虫卵脱水，来减少寄生虫数量，但其实除了干燥，在极端寒冷或炎热的条件下也是如此。在美国东北部的潮湿气候条件下，人们对在牧场上薄层撒肥的做法提出了质疑（就寄生虫控制而言，即使其他营养素不变，但干燥的虫卵依然存在）。最近研究表明，在牧场上施用有机肥，会使放牧马暴露在更多的寄生虫范围内，因此建议把粪便堆在一起，然后放在牧场外进行处理。

　　田间施肥是根据土壤采样后，获得的农作物或牧草的肥料需求量而定的（图 8-19）。从马厩清理出来的粪便（46% 干物质）肥料近似值约为每吨 4 磅的氨氮、14 磅的总氮、4 磅的磷酸盐和 14 磅的氧化钾（钾）。粪便中无垫料且水分为 20% 时的肥料价值约为每吨 12、5、9 磅（$N-P_2O_5-K_2O$）。从公开发表的文献中马粪的营养价值见表 8-5。对于不同的情况，营养价值也有非常大的差异，如果使用这些数值作为参考，则需要结合具体情况进行分析。在施用马粪后的第一个种植季节中矿化的有机氮矿（释放到作物中）的量约为 20%。

图 8-19　拖拉机和撒播机的正确使用可在土壤上形成一层薄薄的马厩废料，从而加快粪便干燥，改善施肥效果，同时减少苍蝇的繁殖
（改编自《农场堆肥手册》NRAES-54）

有机氮必须通过矿化释放后植物才能使用，马粪中约 20% 的有机氮可以为牧草提供一年的氮量。

表 8-5　用以估计氮、磷、钾日排泄量的方程式

	氮排泄量（mg/kg BW）	
久坐的马	$N_{out}=55.4+0.586*N_{in}$	$(R^2=0.76)$
运动的马	$N_{out}=42.9+0.492*N_{in}$	$(R^2=0.94)$
久坐或运动的马	磷排泄量（mg/kg BW）	$(R^2=0.85)$
	$P_{out}=4.56+0.793*P_{in}$	
久坐或运动的马	钾排泄量（mg/kg BW）	$(R^2=0.62)$
	$K_{out}=19.4+0.673*K_{in}$	

　　注：1. 这个方程式是根据数 10 个已发表的研究得出的，这些研究记录了这 3 种营养素的每日摄入量和排泄情况。对于氮，应使用不同的方程来估计工作马和非工作马的排泄量。对于磷和钾，也可以使用相同的方程，因为久卧和运动的马之间没有显著差异。计算值适用于未怀孕和未泌乳的成年马（850～1 350 磅）的体重。

　　2. N_{in} 为氮摄入量（mg/kg BW），N_{out} 为氮排泄；P_{in} 为磷摄入量（mg/kg BW），P_{out} 为磷排泄，K_{in} 为钾摄入量（mg/kg BW），K_{out} 为钾排泄，BW 为体重。

今后，有机氮的释放通常约为第一年矿化的 50％（第二年）、25％（第三年）和 13％（第四年）。

二、合同处理

粪便处理的另一种选择是与运输商签约，由其清除马厩设施中的粪便。粪便可用于商业堆肥操作或其他用途，其中粪便的处理由运输商负责。垃圾箱在马厩中的作用是临时储存废物，当垃圾箱满时要立刻替换一个空的垃圾箱。垃圾箱在蚊蝇繁殖的季节至少每周排空一次。应将垃圾箱放置在方便的位置，并保证卡车在所有天气情况下都可以进入并清空垃圾箱（图 8-14）。混凝土缸或垫子对防止垃圾渗液外流都有良好的效果。

可以与邻居商议，是否愿意成为免费使用马厩废料园艺材料的用户，并试着签订一份非正式的"合同"，但此方案关键是要找到有机肥料的爱好者。一个小马场主人曾通过在报纸登广告和路边抛售袋装堆粪等方式，取得成功。利用空饲料袋对堆粪进行分配和包装不失为一个好方法。

三、副产品：堆肥

"处置"马粪的另一种方法是将马粪堆肥成为副产品。如果马厩粪便在有氧条件下并保持相对潮湿（水分含量超过 50％），那么粪便中会出现微生物分解有机物，从而发生堆肥（图 8-20）。事实上，商业堆肥和蘑菇种植板制备通常会寻找马厩的废弃物垫料。

堆肥相比传统肥料具有更好的销售渠道。因为成品的堆肥能够降解为更加稳定的有机物，减少了对污染的

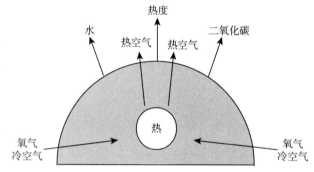

图 8-20 马厩堆肥消耗简单示意

威胁，其质地细密、有机物含量和肥料价值高，很有期望成为花园土壤改良剂。目前堆肥可以减少 40％～70％ 的废料量。

马粪和垫料是非常适合堆肥的，因为其含有适量的含氮物质与含碳物质 [马厩废料的碳氮比为（20～30）：1]。目前马厩已经成功出售了散装和袋装马堆肥，高尔夫球场、苗圃等都为堆肥的出售提供了出路。

高温堆肥会导致病菌和蚊蝇死亡。寄生虫卵会在 140℉ 的条件下 30 分钟内死亡，但是粪堆的周期性混合与搅动，会使外部的新料进入堆内部，从而使堆粪不能长时间保持在此温度下，这就影响灭菌灭虫计划的实现。将粪堆至少堆肥成 3 英寸^2×3 英尺深，因为较小的堆将无法保留足够的热量以达到合适的堆肥温度。

在堆肥设施的复杂性与生产堆肥成品的时间之间需要权衡。例如，在大多数马厩中非正式地进行静态堆肥，就是简单地将马厩废料堆放并使其"堆肥"6 个月至 2 年。相反，在更理想的条件和严格的管理下，相同的马厩废料可在约 4 周内进行堆肥。集约化管理的堆肥操作需要每天或周期性（一般是每周）地检查原料及形成的堆，并尽可能地翻动

堆肥。

微生物堆肥要在一定的温度（130～140℉）和湿度（50％～60％）下进行。同时，氧气（5％～15％）是必不可少的，因此需要增加通气量。堆肥设施对这些微生物因素的控制越仔细就越复杂。在专业管理的条件下生产成品堆肥需要2周至6个月的时间，其好处是在最小的空间和地点实现更快的生产。大型的商业堆肥设施为堆肥提供了近乎理想的条件，从而加快了生产过程并最小化了空间。大型堆肥加工设施可使用充气仓，将统一的产品研磨并装袋出售（图8－21、图8－22、图8－23和图8－24）。

图8－21 一个前斗或专门的堆肥设施，能够
使堆肥管理更加专业化
（经许可，转自《农场堆粪手册》，NRAES－54）

图8－22 堆肥设施中的仓室，强制通风
以加速静态堆肥过程。腐熟的
堆肥应该靠前方储存

图8－23 风机、温度仪表、配风管道
和生物堆肥设施

图8－24 在将堆肥后的马厩废料出售之前，通常需要
进一步处理使得其质地均匀。装袋前，破碎
与筛分是两个必要的步骤，它们还广泛应用
于散装销售

强化堆肥意识应作为马厩的一个日常工作执行，但是这种工作并不能引起所有马厩主人的兴趣。还必须考虑堆肥的出售或处理，如果需要农场外处理，重要的是培养潜在责任意识与拓展市场营销。市场有堆肥需求将使设备和时间投资更有价值，在有限的条件下，几个牧场集中合作，一起进行管理可以更加有效地发挥堆肥的优点。

第六节　其他马厩废料

废料管理不仅仅局限在大型马厩设施中。通常，应将粪便与废料分开处理，回收的废料也应该单独储存，例如医疗废料（如注射器等）通常有特殊的处理要求。废料和农药及其容器有时候会单独处理。人在卫生间产生的废物废水，需要化粪池系统或下水道系统连接到市政下水管道处理。淋浴后的废水以及水槽的废水需要排到化粪池或者下水道，用于水质要求不高的地面维护或其他用途。来自洗衣房、淋浴室、饲养室的废水也可以通过植被过滤带来处理。

人行道、建筑物屋顶、无植被的牧场和运动区的排水以及地面径流都需要进行管理，因为这对在降雨或解冻期间有粪便积累的地区来说尤其重要。渗液如果排入天然水道内会对地表造成侵蚀，同时还会造成水体富营养化，因此需要收集多余的粪便，并将其投入粪便处理系统进行集约化养殖。

第七节　法律保护

在国家和联邦机构中，有不同的规定，都旨在保护环境质量，如粪便管理等。通常，各个类别的牲畜（包括马）操作都进行了规范，尤其是涉及它们对环境造成的潜在破坏方面。如果正确设计、建造和管理马厩设施以及粪便存储设施结构，那么粪便就可以成为养分和有机物的重要来源，且对环境破坏小。并且在土地上适当地施用有机肥是不会造成水质问题的（图 8 - 25）。制定法规的目的是确保在有机肥料处理的所有方面都使用经济实用的技术。在某些州，所有的农场都需要按照水质管理规定来妥善处理粪便，但是正式的营养（肥料）管理计划一般不需要所有农场遵循。

图 8 - 25　如果有足够的耕地面积来适当施用粪肥，则马厩废料就是牧场施肥管理计划的一部分

许多州已经制定了营养管理指南，旨在解决高密度养殖场水质问题。法律定义中规范了社区经营动物生产的目标阈值或每英亩动物数量。一个动物单位是指 1 000 磅的动物，或者等量代换为一匹马或者四头猪等。尽管大多数马厩中的总动物当量单位要小于当前目标集约化养殖场（CAO），但马厩主人应当意识到监管重点要放在环境管理上。法规最初

针对的是 1 000AEU 的设施，但许多小农场也是马厩，所以现在也在监管范围内。根据营养管理指南，许多郊区的马厩都属于密度较高的养殖场，所以他们有的每亩载畜量超过近两倍。

环境信息与水质量和粪便管理都是息息相关的，通常都是由一个国家的部门来管理并实施环境保护。获得粪便管理规划与设计方面的环境保护援助，可以咨询一些地方的县级保护区和自然资源保护服务办事处。在电话簿蓝页中的县政府和美国政府（农业）项目中查找。

第八节　制订计划

建议大型马厩（10 个或更多的马匹）管理者准备一份粪便管理的书面计划。这对操作者是十分有用的，当粪便处理方法受到质疑时可以保障不会过于被动。保持计划简单明了，例如在何时何地以何种方式储存和处理粪便、解决渗液问题、粪便管理与储存选址、减少水污染等。即使是准备一个简单的手写计划，也有助于思考如何有效处理成吨的粪便和废料。

本章小结

高效与周到的粪便管理对于马主和其邻居都是有益的。花时间正确规划粪便处理，会使后期马厩清洁和粪便处理更加便捷，还会得到许多空闲时间的回馈。通过减少苍蝇和气味来保持良好的邻居关系可确保马厩与附近环境的兼容性。

第九章

消防安全

很多人都知道 1871 年 10 月 8 日的芝加哥，凯瑟琳·奥利里因为一头臭名昭著的牛踢翻了一个灯笼而引发的一场方圆 3 英里圈舍火灾的故事。虽然现如今圈舍火灾已经不能摧毁一座城市，但是对圈舍的威胁还是非常大的，仅在一眨眼的工夫，火就可以烧毁一个圈舍及圈舍里的动物，而主人却无能为力。现如今人们住宅区的防火措施已经进步了很多，但是由于马厩恶劣的居住环境和物业需求的不断增加，想要保护圈舍实属难上加难。

有一句古老的格言"一分预防胜过十分治疗"，在圈舍火灾中是再正确不过了，最有利的防火（图 9-1）措施是做好规划。本章介绍火灾的特点，以及如何通过建筑技术、火灾探测器和管理办法来最大限度地阻止火灾的发生和减少造成的损失。

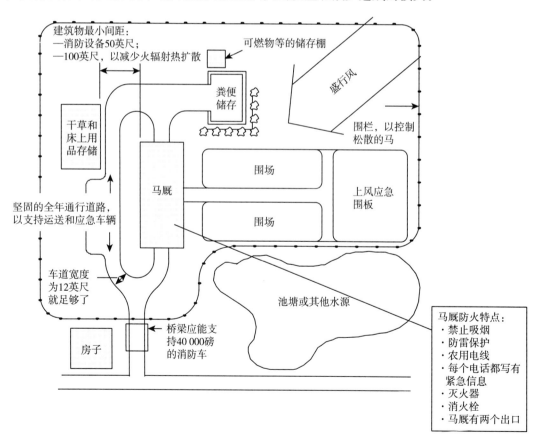

图 9-1 场地的防火、扑救功能

第一节　火灾的引发过程

易燃品与火源接触会发生火灾，其中易燃品包含木材、植物茎、塑料、纸张、布料、可燃性燃料等，与点火源（任何会导致燃料燃烧的事物，如火花、强热）接触后，燃料开始燃烧。氧气供应量、燃料类型和位置都是引燃的因素。引燃时间从几分钟到几小时不等。决定闷烧过程长短的因素有氧气的可用性、燃料的类型及位置，闷烧可以持续几分钟到几小时不等，这个阶段引发的火灾是最容易被控制的，也是造成损失最少的，但仍然非常危险。阴燃火是难以检测且不容易完全熄灭的，尤其是由干草或木刨花引发的阴燃火，它们隔离水和火源，防止水渗透并阻止灭火降温。火势的发展和蔓延所需的时间有很多因素，如燃料源、火的温度及大火燃烧的时间等。

烟会随着阴燃的持续而增加。在闷烧结束或"初始"阶段，就已经有足够多的热量来产生火焰，一旦火焰出现，火灾就变得非常危险且难以预测，它发展迅速，所产生的火焰非常剧烈，仅使用灭火器无法扑灭。火焰喷发后只需要几分钟的时间就能使天花板的温度超过1 800°F，随着天花板温度持续上升，建筑物变成了一个锅炉，"闪点"将很快达到。当火灾已达到闪点，在短短的3～5分钟内，热空气的温度将会同时点燃空间内的所有可燃物。当火灾到达了闪点，该建筑内将不太可能有生命能幸存下来，建筑物内部也将被毁坏。

烟雾产生于火灾发生的早期阶段。烟雾的颜色和密度都取决于燃料和其燃烧条件。低温火灾会产生更多可见烟雾颗粒，使其成色较暗，且浓厚；而高温火灾烟雾中的烟雾颗粒较小，使烟雾的可见度比较低，烟雾和热量是最致命的。烟雾中会含有燃料特有的有毒气体和蒸汽，燃烧（火焰）中最常见的产物是一氧化碳和二氧化碳，火焰燃烧会消耗房间里的氧气并释放一氧化碳。一氧化碳比氧气更容易与血红蛋白结合，当吸入这些一氧化碳后，会导致窒息，即使有足够的氧气也是不能避免的。体内二氧化碳和一氧化碳的增加，促使机体想要获取更多的氧气，从而加快了呼吸频率，导致吸入更多致命的气体，其结果是造成窒息。烟雾对身体的伤害会随着热量的增加而增加，当吸入这种过热的气体时，呼吸道将会被烤焦。在火焰可见之前烟雾的损害就可能已经发生。

一旦所有燃料都燃完了，火也就"燃尽"了，但不幸的是，这并不一定是大火的尽头。圈舍和农业建筑往往含有大量不透水的燃料（如干草、石油燃料和化肥）。这类燃料中的一部分通常在火灾初期不燃烧，而是继续闷烧，这些闷烧的口袋往往会被重新点燃或"重燃"，通常情况下，需要消防部门再次"拜访"。

最好的保护措施是预防

没有百分百的防火建筑，尤其是农业建筑中。建筑优化设计、合理管理与安全措施是降低火灾发生的最好方法。据估计，95％的可预防圈舍火灾的原因是粗心吸烟，还有就是电力系统故障。火灾发生是很迅速的，并不会有前兆，在大多数情况下，当你看到火焰的时候，就已经晚了。火灾造成的损失与燃烧的时间呈正指数增长，其在任何阶段都是极其危险的，因此控制火灾的工作最好留给专业人员来完成。

大多数圈舍大火发生在冬季，因为在此期间存放了很多草料和被褥，电器使用频率很高，且设备的维修和升级都使用比较传统的方法。圈舍的大部分物品都高度可燃，圈舍围栏常用木头来建造，马通常也都待在大量干燥的宽敞草垫上，吃的也是干饲料。

第二节　干草火灾

干草火灾是圈舍和农业生产中特有的灾害。打包的干草可成为燃料和点火源。大多数干草火灾发生在干草打包后的六周内，通常是由于干草包过于潮湿导致的。打包时，干草的理想湿度范围是 15％～18％。即使在草和豆类饲料已经收割完成，植物的呼吸作用也会不间断地产生热，因此要在恰当的时期收割草料，使其呼吸作用降低，最终在干燥和固化期间停止。植物呼吸产生的热是正常的，在适当的条件下是无害的。但是如果打包时水分含量过高，呼吸热将为嗜温微生物（需要适度温暖的温度）提供适合生长和繁殖的环境，随着这些微生物的生长，其呼吸和繁殖会产生大量的热。一旦干草包内部温度达到130～140℉，环境就不再适合这些微生物的生长，大多数微生物甚至会死亡。如果微生物活性下降，那么干草包内部的温度也会下降，这样反复循环，但是每次能达到的最高温度都会比上次低。多次循环后，这些干草已经失去了其作为饲料的营养价值，但是不会自发燃烧造成威胁。

但如果第一个自发热周期后，内部草捆温度未能及时控制，那捆包的干草将成为潜在的火灾隐患。当条件合适时，嗜温生物产生的热量会为嗜热微生物提供生长和繁殖的环境。当嗜热微生物开始繁殖时，它们的呼吸热可将内部草捆温度升高至170℉，然后再因过热而死亡。由于这个过程温度极高，所以如果有氧气存在，干草捆将会被点燃。干草捆中微生物的生长造成了类似于微观海绵状的环境，使捆中受损材料容易与氧气结合，在已经加热的状态下，可能会迅速自燃。干草捆首先是从内部燃烧，因此很难被发现。干草捆一旦燃烧就很难完全扑灭，因为扎紧的草料会防止水渗入核心，只有强大的水流才能穿透到干草捆内部以扑灭大火。

对干草包温度的监控已经能确保干草包温度绝不会到达临界水平。在不理想的田间打捆条件下，打捆的干草水分含量可能在推荐的 15％～18％以上，故需要工作人员每天检查两次新打捆的干草是否有热量积聚。

温度探针在大多数农场供应公司（如 Nasco、Gemplers）和商店（Agway）都可买到，价格从 12 美元到 20 美元不等。如果草包温度已经达到了150℉，就需要经常监测草包内部温度，因为温度很有可能继续上升，等到草包内温度达到175～190℉时，火灾即将发生，在200℉时，火灾可能已经爆发（表9-1）。

温度探针可以使用一根直径为 3/8～1/2 英寸的金属棒。把金属棒插入干草中，在取出前让它静置至少 15～20 分钟。如果草包内的温度低于130℉，应当能够空手握住金属棒并感觉不到任何异样，但当温度已达到160℉或更高时，金属棒的温度将不再适合空手握住。如果金属棒太热，让它冷却几分钟，同时采取另一个样品再次确认。若发现了高温的干草，立即告知消防部门，报警时，一定要告知接线员是高温的干草，可能会发生自燃，而不是说发生了干草火灾，这将有助于消防队计划如何解决当前的情况。

干草储存建议

有很多关于如何在仓库中堆放草捆的理论。用茎把草包捆好堆放在两侧是个不错的主意，这样可以使暖空气对流通风，潮湿的空气会上升离开草包。干草越不成熟就越潮湿，就越应宽松地堆叠，这样可以使草堆的冷却和固化远离霉菌形成或氧化时造成的危险。需要注意的是，松散的堆叠容易使草包滚出来。为了减少存储损失，可以在最下面放置托盘，或至少铺垫一层干稻草来减少地面的湿气。关于降低火灾隐患的强烈建议就是（同时也是在圈舍中降低防尘等级的一个措施）把存储干草和草垫的建筑与圈舍分离开。

表 9 - 1　用探针探测干草的温度

温度（℉）	解释
低于 130	没问题
130~140	暂无问题 温度会上升或下降 过几个小时再检查
150	温度可能会继续上升 加大干草包空气流动 经常检查温度
175~190	火焰即将产生或可能发生在离探头不远的地方 呼叫消防部门处理 继续检测和监测温度
200 或以上	探头处或附近着火 呼叫消防部门 移动干草前，先注水冷却着火点 移动干草时，备好水管，以控制燃烧

注：应当使用探针和温度计精准测出干草堆温度。将探针刺入堆中，用较轻的线将温度计降低到探针的尾部。如果探针水平，用较重的线将温度计放入探头中。15 分钟之后，撤回温度计并读取温度。

第三节　规划建设和注意事项

一、圈舍的消防规范

在许多州中，圈舍和农业建筑没有防火规范的强制要求。一些州（如新泽西州）已经为其农业社区制定了防火法规，由此可见，其他州也将有相同的举措。消防规范需要考虑到建筑材料，并指定基于房屋面积的防火技巧来使用。消防规范因地区不同也有所差异，所以在建筑的规划阶段需检查本地区建筑的规范。

二、消防规划

消防设施设计在防火和灭火（图 9 - 2）中都扮演着重要的角色。这是为了方便大型救援车辆能够顺利到达，确保所有的道路和桥梁能

图 9 - 2　在圈舍干草和草垫存储处以及骑竞技场发布和实施禁烟政策

让足够大的消防车进入圈舍和建筑之间的通道。车道至少要有 12 英尺宽，所有桥梁都应该要能支持 40 000 磅的消防车通过，并应根据需求注意跨度的变化，在联系当地的消防部门时，以确保车道能满足他们的车辆。

要想有效阻止火势的蔓延，建筑物至少要保证距离马厩 50～100 英尺。100 英尺的距离可以有效地减少火势在建筑物之间的蔓延，但如果建筑之间仅有 50 英尺的距离则需要使用消防设备。周围所有建筑物的地基都应压实且坚固，以能够承受重型设备，例如在喷水条件下的消防车。当周围建筑和车辆达到饱和时，消防水管可以传输 250 加仑/分的水。使得消防部门会选择一个有效安全的方式灭火，而不是用他们的生命或设备在火灾现场冒险。

三、建筑材料

建筑材料的三大评定标准是展焰性、发烟量和防火等级。每个评级系统都会对比火灾中材料出现的问题，从而形成一个统一的标准。现有的标准材料是混凝土和木头，但通常是红橡木。展焰性等级揭示了材料在火焰传播过程中的特点，等级越低火焰蔓延时间越长，混凝土的等级最低，木头等级最高。

发烟量的等级揭示了产品燃烧时的烟雾程度。少量烟雾可以提高能见度，降低有害气体的量，并通过烟雾颗粒和气体阻止火势蔓延。防火等级就是告诉我们材料在火灾中会燃烧多长时间，时间越长阻燃性就越好，对于火灾救援就会有更多的机会，灭火工作也会取得成功。各防火等级在控制火灾中有差异，例如，金属墙板在圈舍中展焰等级很好，可以防止火焰蔓延，但由于金属是良好的热导体，会积聚较大热量点燃它背后的材料，所以其防火等级很低。

尽可能使用额定的阻燃或耐火产品，如砖石、重木材或经过阻燃处理的木材。砖石建筑不会燃烧，但由于砖石建材紧张，安装成本会很高，而且容易阻碍围绕圈舍内部的气流。重木材表面积小、总体积小，较小的表面积可防止木材快速燃烧。在重型木材结构中，火会将木材烧焦至大约 1 英寸的深度，其烧焦的表面可防止火焰进入木材中心，从而保持其结构完整性。

经过阻燃剂处理过的木材可使火焰蔓延降低 75%（处理过的木材的火焰蔓延等级为 25，未处理的为 100），并且如果适当地进行处理，其有效期至少为 30 年。木材或胶合板经过阻燃处理后释放出的易燃气体和水蒸气会低于正常着火点，通常为 300～400℃或 572～752℉。当木材暴露于火焰中，木材的表面会形成硬炭层，以防止更深层次的燃烧，这种绝缘（炭化）的重木材和经过阻燃处理的木材在火灾中的结构完整性要比未保护的好。

经过处理的木制品要比未经处理的更能承受恶劣、潮湿的马厩环境，但这主要取决于材料所含的成分。从制造商那里获得有关木材强度和推荐紧固件的信息，因为在高湿度的环境下，如圈舍和室内马场等，阻燃部分的腐蚀固件需要被加固。确保任何经过阻燃处理的木材都有实验室或工厂的标志，以保证产品符合美国木材产品协会最新的阻燃标准。

在选择防火木材和胶合板时必须小心谨慎。阻燃成分中含有无机盐，如磷酸一铵、磷酸二铵、硫酸铵、氯化锌、四硼酸钠、硼酸和磷酸胍基尿素等，因为这些盐大多数是水溶性的，如果经常清洗（例如清洗马棚）却不保证排水或充足通风，就会导致其持续潮湿而使盐从木材中浸出，从而对反刍动物以及小马驹造成安全问题。在这些情况下，应选择吸湿性低的阻燃木材代替阻燃盐，将低吸湿性材料直接填充到木纤维的浸渍水不溶性氨基树脂或聚合物阻燃剂内，使这些阻燃剂直接与木材结合，就不会被洗掉。

不论何时都应配备防雷系统，其在美国称为避雷针。美国的每一个州都会发生闪电风暴，但大多数发生在中部和东部。据估计，每平方英里每年会遭受 40～80 次雷击。闪电是纯粹的能量流，有 1/2～3/4 英寸厚，周围是 4 英寸的过热空气，其热量足以沸腾并在撞击时瞬间蒸发掉树上的所有汁液。避雷针是寻找地面道路到云端阻力最小、损坏最少的路径。

正确安装并接地的防雷系统可以最大限度地降低马厩遭雷击起火的概率。金属空气终端（避雷针）是建筑物拦截闪电的最高点，它直接连接一根导电线，埋入地下将闪电进行无害消散。防雷系统的安装是非常便宜的，但要由合格的专业人员进行定期检查，以确保所有连接都完好并仍能正常工作，其只能由经过认证的安装人员进行安装，而不是由业余人员操作。安装不正确的系统，不仅会失败，而且会增加建筑遭雷击的可能性。认证安装人员可以通过联系防雷研究所（335 N. Arlingtons 高地，IL 60004，1-800-488-6864）或保险商实验室（333 Pfingston 路，北溪，IL 60062，1-847-272-8800）。

第四节　简单的解决方案，降低火灾风险

一、尽量减少燃料来源是防止火灾的最佳途径

1. 经常修剪牧草和杂草，不仅能提高美观性还消除了易被忽视的燃料源（干燥的植物材料）。

2. 在圈舍最安全的地方存储干草、垫料。

3. 将马厩里不常用的可燃物移走。妥善保管所有的可燃物，确保提供适当的容器以处理被可燃物弄脏的抹布。

4. 保持圈舍清洁，无蜘蛛网、谷壳和灰尘，因为这些都易燃，并使用安全的燃料来源。

5. 点火源包括明显的物品如香烟和加热器以及不明显的物品如机械排风系统。已知进入干草和垫料存储区的卡车会点燃与热废气和催化转化器接触的材料。空间加热器应根据制造商的指导进行使用，并且应该有人看管。

6. 宣传并执行禁烟政策（图 9-2）。圈舍和附近场所均应禁止吸烟。如果吸烟者经常在圈舍，最好能为他们提供一个远离圈舍并配有插座、香烟和火柴的吸烟区。

二、马厩的设计和管理要尽量降低火灾发生概率

圈舍周围最好有充足水量的消防栓，有助于在消防队到达之前尽早灭火。另外，要有足够长的水管延伸至圈舍的所有地方。在所有的设施中，消防栓必须无霜。如果使用电热带（但不提倡这样用），务必仔细阅读、理解并遵守所有的制造商的安全警示。不正确安装电热带往往会造成火灾隐患。

消防员利用圈舍附近的水源灭火会节省宝贵的时间（图 9-3），水源包括池塘、游泳池、蓄水池和粪便泻湖等。其主要原因是在农村社区火灾扑救时经常供水不足。任何潜在水源与消防车之间的最大高度差为 20 英尺（图 9-4）。大多数农场把消防水池改造成观景湖，农场的池塘大多是提供娱乐和观赏的功能。

图 9 - 3 挑选牧场附近的水源作为消防用水

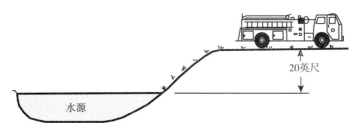

图 9 - 4 水源与消防车之间的最大高度差，NRAES - 39

不要忽视电线正确布线的重要性。陈旧、受损或不正确连接的电线会有导致火灾的危险，尤其是在多尘环境中。所以接线应装在一个专用导管中，并且具有 UF - B 的评级。在住宅中电线绝缘体使用的塑料往往会招来老鼠啃咬电线，使电线裸露，造成短路。导管也可以是金属的，但在高湿度圈舍环境，聚氯乙烯是首选。第十章介绍了马设施中电气配线和水服务的详细内容。

电路过载是另一种火因。应经常检查并清洁电器面板、电线和夹具，并使用轻型防尘电动开关和插座装置。照明装置和风扇的设计应当符合农业用途（图 9 - 5），且具有适当的防尘和防潮功能，相比住宅，圈舍内的环境要求会更加严格。使用经保险商实验室认可的产品，对所有电器进行良好维修，并在不使用时拔下电源插头，电源可以在夜间关闭。在入口附近设置主开关，便于及时用于救援和灭火工作。

确保在圈舍附近 50 英寸内便利地方安置灭火器（图 9 - 6）。最通用型灭火器是ABC 型（图 9 - 7），可灭火范围最广。水质灭火器是不通用的，使用水质灭火器可能会使易燃液体（如汽油）导致的火势蔓

图 9 - 5 专为住宅使用而设计的风扇（例如图中的"盒式"风扇）可能会导致电机过热，因为它没有完全封闭的电机，并且在灰尘堆积过多的情况下也无法保持凉爽。推荐将农业级风扇用于马厩中，无论是用于马厩中空气循环流通还是排出陈旧的空气都可以发挥作用

延，或者在电火中成为安全隐患。对于可能发生不同类型火灾的地点，建议使用 ABC 类型。

尝试设计带有两个出口的马厩，供马在逃生时使用。若提供了足够数量的出口，火灾便不会阻塞唯一的出口。所有圈舍和空间都应提供方便的出入口，可以在封闭区域开多个出入口，使马能够按线路逃脱，不会在附近道路奔跑而妨碍交通和扰乱邻居。务必使所有出口保持畅通，如果防火门被挡住，那就不是有效出口，反而会成为马逃生中的绊脚石。

摆动式隔间门应向隔间外打开。当时间紧急只够将门上的门闩取下时，马就能自己打开门逃脱，同样，马也可以推开推拉门。但要保证所有门上的插销和固件反应灵敏，以节省时间。

发布疏散计划并与所有人员和马一起进行消防演习。手机中要存好所有紧急号码、书面指示、存储的化学品清单、紧急运营商或任何其他需要的重要信息。一旦有消防或紧急医疗服务（EMS），提供设施地图可极大地提高紧急服务反应时间。此图应指明圈舍内容和可用于扑灭大火的水源以及常用化学品的位置和数量。

图 9-6 在马厩 50 英尺附近，潜在火灾点加装灭火器，如马厩、干草和垫料储存的地方，根据不同火情需要装备不同类型的灭火器

 普通可燃物	 普通可燃物	A 型灭火器可以扑灭普通可燃物，如木材、纸张。这类灭火器是用大量的水将燃烧物熄灭	水质灭火器中含有水和压缩气体，只能应对 A 类（一般可燃物）火灾
 易燃液体	 易燃液体	B 类灭火器可用于涉及易燃液体的火灾，如油脂、汽油、机油等。灭火器应当指出每平方英尺可以熄灭的液体火面积。这类灭火器并不适合不熟练的人使用	二氧化碳灭火器对于 B 类和 C 类（液体和电气）火灾非常有效。由于压缩气体会快速分散，这些灭火器的有限半径为 3~8 英尺。灭火器中的二氧化碳为压缩液体。随着气体的扩散，其周围的空气也会冷却下来
 电子设备	电子设备	C 类灭火器适用于电气火灾。这类灭火器一般没有数值等级要求。其标明的 "C" 则表示该灭火剂不导电	卤代烷灭火器中包含反应发生时产生的气体。这类灭火器通常用于保护贵重的电子设备，因为它们无残留不需清理。卤代烷灭火器的有效范围半径为 4-6 英尺，但其中的臭氧可能会致癌
	A B C	许多灭火器可以用来扑灭不同类型的火灾，将会被标记许多种指示标，如 A-B、B-C 或 A-B-C	干粉灭火器通常有多用途。它包含了一种灭火剂与压缩气体，气体则可作为推进剂

D 类灭火器被设计用于易燃金属消防，并且可以用于某些特别类型的金属。D 类灭火器没有图标指示。这些灭火器一般没有额定值，也没有给出像其他类型火灾一样的多用途的评价等级

图 9-7 灭火器类型和代码由 Hanford Fire 公司网站提供

通过实施疏散演习，可使马和人熟悉处理程序，为紧急情况做准备。引导马将它们的眼睛盖住，并使马习惯穿消防服，适应大噪声（模拟的警笛）和烟雾。如果马不愿意在演习中蒙着眼睛走路，那它们在紧急情况下会更不愿意。有些消防公司可以训练马厩工作人员和消防队员，因为大多数消防队员可能很少或几乎没有救马或处理受惊马的经验，若直接救援不仅困难、危险，而且还可能致命。

第五节　更广泛的防火措施

最好的圈舍消防系统包括建筑设计、预警机制和灭火机制。好的建筑设计能够减少圈舍中的热量和火焰蔓延的环境，并提供多种逃生路线。建筑设计应通过修改天花板高度、房间体积、建材和建设内容来延长火焰蔓延的时间。

一、马厩失火

救助马厩失火和家庭失火是不一样的。由于马厩的垫料干燥易燃，稻草在 1～5 分钟内温度会达到 300°F，其热量与速率可相比汽油，仅需 2～3 分钟，火便可燃烧直径 10 英尺的区域。与此相比，一个普通隔间是 10～12 英尺见方的大小，马厩的大火蔓延直径到达 4 英尺后，大多数马会受伤；到直径 6 英尺时，会进一步伤其肺部；到直径 8 英尺后，马将开始窒息；到直径 10 英尺时，马就已经死亡。以上所述会在 2～3 分钟之内发生。如果想要马安然无恙，就必须让马 30 秒内离开。救援速度是关键，但防火更重要。

二、区域分割

在减缓火灾蔓延中有一种不常见的做法就是将马厩划分，其是用耐火的障碍物，如墙壁、门或防火帘将马厩分割成不超过 150 英尺的"房间"。这可以防止火势在建筑内蔓延，并争取到更多的时间进行灭火。真实的防火墙必须做到当完全密封在火中时，能够提供至少 1 小时的防火保护（图 9 - 8）。墙上的任何门都必须能防火并自动关闭，任何的开口配线或配线管都需要密封。在带有框架结构屋顶的马厩中，墙本身需要延长至少 18 英寸，墙壁延伸得越高，防火的时间就越长。防火帘（图 9 - 9）或火灾阻碍物通过阁楼空间的墙壁，防止热量和烟雾的蔓延，使屋架不会成为火焰蔓延的一个天然隧道。建筑设计决定了防火帘的尺寸，防火帘越高，效果越好。

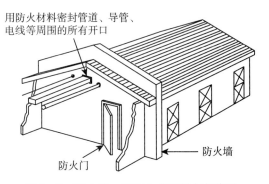

图 9 - 8　防火墙，以防止或延缓火灾蔓延
（引自《家畜圈舍防火手册》，NRAES - 39）

划分区域并不是简单地加墙，防止过热空气和火焰的交换和重定向才是防火墙或防火窗帘的工作原理，若是错误安装将破坏马厩日常空气的通风模式。更常见的一种选择是通过完全分开的结构来将马厩"分隔"，而不是将一个大型建筑硬生生地分开。这就是为什么许多赛马场有几个中型马厩，而不是一个巨大的马厩。

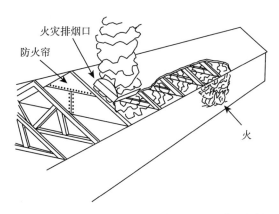

火灾排烟口

防火帘

火

图 9-9　防火帘可以延迟和限制热量，并且防止烟雾和火焰的水平蔓延
(引自《家畜圈舍防火手册》，NRAES-39)

三、灭火通风

适当通风可以将有害气体从所在区域吹散，从而提高生存率。气流和火焰传播会引导火势流动，并促进未燃的可燃气体释放。屋顶通风口是火灾时最有效的通风途径。排气孔间距和尺寸建议都依据国家消防协会规定的建筑材料类型与面积来施工。确定通风孔之间的空间，是燃烧物质快速放出热量最重要的因素。马厩火灾会产生高温，马厩应该每 100 英尺^2 留 1 英尺^2 的建筑面积空间来设置通风管道；有仓库的每30～50英尺^2 的面积需要 1 英尺^2 的通风口空间；包括沿脊线的连续烟囱、屋顶通风百叶窗或薄玻璃都会因空气过热而被推开，因此可以将通风口设计成能融化、折叠或在预设的温度下自动弹开。这些做法会在火灾发生时提高空气的流动性。通风口熔断器（一般设置在 212°F打开）一般不会开启，除非遇火势蔓延产生的浓烟和高温足够引发设备启动。这就意味着引发设备启动取决于火灾的源头和火势发展的时间。不能因为安装了通风口就认为马所处的高温现场很安全。一场火灾可以产生足够多的有毒气体，直接危害到人和动物的生命安全。

四、火灾探测设备和原理

早期预警设备是火灾探测中一个有效设备，但是很少用于畜棚。在一些情况下，其主要目的是保障火灾中的动物安全，但是在某些其他情况下，是为了极大限度地降低财产损失。我们经常可以看到很多检测预警和灭火系统，但大都是居民社区在使用。相比居民社区环境，马厩的生活环境更加脏乱、潮湿和寒冷，这就使得设备的实用性大打折扣。最好是能从消防工程师或消防专业人员那里获得一些关于在马厩这种特殊场合下的设备设计意见或建议。如果找不到消防专业人员，请联系消防部门，寻求帮助。

早期的预警装置被开发用来模拟人类的感官。有三种基本类型的火灾探测设备：烟雾探测器、热（热源）探测器和火焰探测器。烟雾探测器是模拟人的嗅觉，检测器内的空气电离检测器会携带电流，一旦有任何阻力阻碍电流都将引起报警，包括烟雾粒子和尘埃都会中断电流。电离检测器对于明火的反应比烟的反应更敏感。对于早期的烟雾探测，一般都建议使用光电式烟雾探测器，里面有一个烟雾探测器光敏电池室。烟雾颗粒和灰尘会像微型反射镜一样，散射光束并将其指向光明电池室。一旦光电管检测到的光量达到预定点，便会激活警报。

烟雾探测器是火灾预警的最佳方式（图9-10），它们可以在闷燃或火灾早期就识别火焰。但烟雾探测器在有灰尘和潮湿的马厩环境中可能会失灵（图9-11），空气中的灰尘、碎屑或湿度还可能会触发假警报。在受控程度更高的环境中，如住宅区的休息室或办公室，烟雾探测器会更适合。

热探测器发展于19世纪中叶，是世界上最古老的自动检测装置。它们安装便宜并易于维护。最常见的热探测器是固定温度探测器，其是在温度达到预定值（通常为135~165°F）时运行。另一类热探测器，称为增长率探测器，当温度异常攀升时会触发警报。固定温度探测器和热增长率探测器相比光电式探测器更加容易感知到热源。

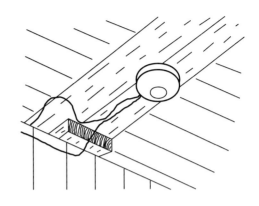

图9-10 许多火灾探测设备，如这种烟雾探测器被用于住宅，但在有灰尘、潮湿的仓库环境中使用便会大打折扣
（引自《畜舍消防手册》，NNTAES-39）

第三种热探测器，即固定温度线探测器。其不需要传感器去接近热源进行激活，有两根导线连接在探测器之间，当设计为在特定温度下降解的绝缘子损坏或降解时，报警通路激活。这种固定的温度线传感器的好处是，可以低成本覆盖更多房屋面积。不受灰尘、潮湿环境影响的热探测器是高度可靠的。然而，它们在马厩的

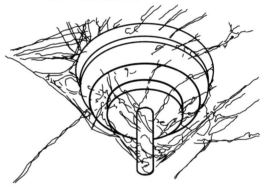

图9-11 保持所有探测器无蜘蛛网和灰尘
（引自《畜舍消防手册》，NRAES-39）

运用上有争议，因为传感器识别报警信号是在火灾发展后期了，火灾发展的时间越长，伤害就越大且越难控制，这就是通常不允许在生命安全方面将其作为唯一检测设备的原因，例如在住宅中使用。

最可靠、最昂贵的预警探测设备是火焰探测器。这些传感器模仿人类的视线，经常用于飞机设备的维修，以及炼油厂和矿山开采。与其他现场探测器一样，火焰探测器必须在火源处"寻找"火焰，火焰按每秒5~30个循环的电磁辐射短波波长、闪烁频率进行分类。当设备感知这些条件时，在报警前会做预设定并监视火源数秒，通过识别火焰的波长、周期、浓度，使火焰探测器区分发热对象与实际火灾，最大限度地减少假警报。火焰离传感器越远，传感器响应的火灾火焰就越大。火焰探测器是高度可靠的早期探测设备，尤其是对于不太可能散发烟气的热燃烧火灾，例如酒精或甲烷火灾。

如果有人可以听到早期预警系统发出的报警，那么就可以为救援争取到宝贵的时间。电话拨号器可以在发现火警时就立刻发出警报，其提供24小时监控报警，能连接到专业

的监控服务，与家庭、邻居或直接跟消防部门取得联系。它将会在第一时间以最好的方式警告附近处所的人，同时还可以防止一些虚假警报。但是，做出最佳的判断是更为重要的，如果邻居离得都太远，则联系火警操作员可能是更好的选择。火警电话拨号应该有自己的线路，以确保发生火灾时电话连接畅通。

五、自动灭火

自动喷水灭火系统是控制火灾的有效工具，但并不常见于农村马厩。当各个喷头中的感应元件感应到强烈的热量时，大多数喷水系统都会打开并向火源处喷水。喷头只会在热量最集中的地方，即与火灾的热源接触并发生反应时才会喷水，这可以最大限度地减少灭火所需的水。一个喷水灭火系统通常用至少 2 个喷头来抑制火灾，并且能够在火灾失控前进行有效控制。然而，一个喷水灭火系统想要有效，要确保随时都有充足的水供应和足够大的水压来扑灭火灾。要满足这一标准，农村的马场往往是比较困难的。平均而言，一个喷头每分钟需提供 25 加仑的水来熄灭火焰。随着越来越多的洒水器被激活，更多的水必须保持在压力线上（激活第二喷头需每分钟 47 加仑压力，第三喷头需每分钟 72 加仑压力）。如果水源是一个问题，可以安装蓄水池，但是这是一个非常昂贵的附加物，并且需要定期检查和维护。

如果设备的供水充足，可安装自动喷水灭火系统（图 9-12）。一个装水的喷水系统称为湿管系统。这些系统的安装和维护费用都很低，然而，在温度条件较低的圈舍，要防止冻结，否则湿管系统将不能正常工作。

在寒冷的环境中，应当使用干管系统。用空气或氮气对供水管线加压，使阀门保持关闭状态，以防止水进入系统，一旦发生火灾，洒水喷头被激活，压力会被释放并打开阀门。如果压力由于供应管路损坏而释放，阀门也会被释放。那么问题就来了，如果这种情况下阀门没有被释放，则可能是因为较低的温度导致了

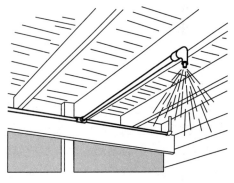

图 9-12 在圈舍中安装自动喷水灭火装置
（引自《畜舍消防手册》，NRAES-39）

冻结。干管系统在设计上受到更多限制，对压力、阀门、整体的大小和位置以及对供应线等都有严格要求。更多的组件会增加系统紧密性，但同样也会有更多失误，还会增加安装和维护成本。

预作用系统的目的主要是消除干管系统上意外释放阀门的危险。如果预作用系统使用电子阀门，就可防止水过早进入管道。使得阀门必须在监测到独立的火焰、热源或者烟雾情况下才打开，以确定是火灾或者潜在的火灾。一旦监测到火灾，阀门被释放，水就会通过洒水头喷射，这样喷头打开便是由热源控制，而非阀门监测装置触发。随着系统的日益复杂，安装和维护成本也随之增加，并会增加故障发生的可能性。

在水资源供应有限的地区，水雾系统技术是很有前景的。该系统最初设计用于控制船舶和石油钻井平台上的严重火灾，在这些情况下，过度用水可能会使船舶倾覆。目前，这些系统都用于海洋船舶，并具有海上灭火的良好记录，但其在建筑应用中也已被认可，并

在欧洲使用。高压水雾系统的压力范围为 100～1 000 磅/英寸^2，并产生直径为 50～200 微米或更细小的液滴（洒水喷头能产生 600～1 000 微米的液滴）。这些较小的液滴在冷却和消防方面确实比喷水灭火系统效率至少提高 10％～25％。但由于技术的局限性，其价格显著高于喷水灭火系统。目前，保险公司并不承认水雾系统是一种灭火系统，也不会给予费率奖励支持。该技术要想得到认可和进步就应向养马场经济效益方面考虑。

第六节　发生火灾时的应对措施

一、保持冷静

发生火灾时，最重要的就是保持冷静。虽然情况可能很危险，但恐慌只会使情况变得更糟，甚至危及生命安全。深呼吸，停下来并开始进行筹划。

二、调查现场

调查现场是最重要也是最经常被遗忘的一步。如果发生火灾时所在位置并不安全，就立刻出来。拙劣的英雄主义只会危及生命。要注意观察火源是否在附近，是一个阴燃干草堆还是冒烟的肥料袋；利用自己的技能以最有效的方式快速盘点可用的资源，并确定是否还有其他人在场。记住：马因为其行为方式是最难从燃烧的圈舍中撤离的家畜。始终让最专业、最有经验的人去做这项工作，否则与其说是帮忙不如说是累赘。不熟悉马的人与马在一起只会让马和人都陷入更大的危险之中。如果该区域已经不安全，就不要把自己和他人置于危险之中，更不能放松对潜在隐患的警惕。这种情况下，消防队员在集中精力救人之前是不会考虑营救马的。

勘测火灾现场仅需一点时间，但这是确保每个人都安全的最重要步骤。调查一个冒烟的草堆或割草是特别危险的。如果在干草中看到浓烟或闻到烟味，就不要试图将它移走或在其上面行走，因为移动干草可能使暴露的阴燃部分与氧气接触，而加快燃烧；阴燃型的草堆很容易坍塌，若是在上面站立或行走则可能会陷入其中。

三、拨打消防电话

无论明火还是阴火，是大还是小，都要打电话给消防部门。即使火在没有专业救援的情况下被扑灭了，也应立即联系消防部门并进行检查，以确保彻底扑灭大火。消防人员是经过培训、认证的，拥有丰富的消防控制经验。火灾最好在发展到大火之前就被发现，等它失控后发现就晚了。

要确保打电话能够给紧急调度接线员讲清有价值的信息。如果使用手机，还需要提供包括所在的县、州和市，火的性质（圈舍里的火、干草库棚等），火势情况（仍在闷烧、火焰爆发、结构完全被吞没），以及是否有人或动物被困等，供调度应急人员了解。

四、撤离

如果时间允许，立刻把马赶到一个安全的牧场，一旦火灾爆发，火会迅速蔓延，并造成生命危险。应将马安置在一个安全且有围栏的区域，并尽可能远离喧闹。在火灾过程中，许多情况都很窘迫，即使是最"耐抗"的马也可能遭受许多困扰。失散的马会在灯火、警报器和移动的卡车中奔跑，很可能会伤害消防员，甚至会跑回燃烧的马厩。这时若使用圈舍旁边的草场，会危及马的安全，并抑制灭火措施。

本章小结

尽管马厩火灾因为其迅速蔓延和破坏性构成了严重威胁，但在很大程度上是可以预防的，也就是可以通过采取措施减少火灾发生的可能性。幸运的是，许多防火措施都是简单的、常识性的预防措施。

1. 火灾的发生需要燃料、点火源和氧气，并会经历四个阶段：初燃阶段、阴燃阶段、火焰阶段和产热阶段。

2. 如果草垛太湿，其本身就可以作为燃料和火源。应实时监测草垛微生物呼吸引起的热积累。

3. 将干草和垫料单独储存在建筑中，与马厩分开。

4. 应尽量减少仓库内以及其附近的燃料和火源。一定要妥善储存和处理易燃物品。

5. 保持仓库干净整洁能减少火灾风险，增加火灾逃生的机会。

6. 执行禁止吸烟的政策。

7. 确保紧急车辆可以进入设施，并保证建筑物周围的地面足够坚固，可以支撑消防车通过。

8. 防止火灾蔓延的有效方法是将建筑物隔离开。

9. 建筑材料的三个防火等级系统是火焰蔓延、烟气发展和防火等级。

10. 阻燃产品有砖石、重型木材和经过阻燃处理的木材。

11. 所有屋舍都应配备防雷系统并定期检查。防雷系统只能由认证了的专业人员才能安装和检查。

12. 在仓库周围设置多个消火栓，为早期灭火提供更多选择。

13. 应了解更多的水源（如池塘）的位置。

14. 每 50 英尺至少有一个 ABC 型灭火器。

15. 确保线路及电气设备都符合农业要求，并处于工作状态，无灰尘和蜘蛛网，电线位于电缆管中。电线安全等级要达到 UF－B 评级。

16. 应为马厩设计 2 个出口，出口要通向安全的封闭区域，并确保所有旋转门都不会阻塞通道。

17. 马厩的门附近应有缰绳和牵引绳。

18. 在每个手机上都应存有应急信息。此信息应包括指示设施和一系列可燃物的保存方式。

19. 张贴撤离路线指示图。

20. 详细的圈舍防火系统包括建筑设计、早期预警装置，以及灭火机制。

21. 早期有许多快速检测和灭火系统，但大多数是为住宅使用而开发的，这严重限制了它们在马厩中的实用性。圈舍环境与人类居住的环境相比往往更潮湿，灰尘更大，温度更低，这会降低检测器使用的寿命，可能还会导致假警报。

22. 使用有足够水压的自动喷水灭火系统。在寒冷的气候条件下，安装和维护这些系统的费用可能很高，但它们在控制火灾和拯救生命方面有着良好的历史证明。

23. 向消防工程师或消防专业人员咨询在马厩中需要注意的特殊事项。

24. 熟悉所在区域的消防法规。

25. 如果发生了圈舍火灾，首先应考虑自己的行动，切记不要将自己与他人置于危险之中。

第十章

冷暖马厩

第一节　冷暖马厩

在马厩设计过程的早期，要决定在冬季给马提供寒冷的还是温暖的马厩。这个选择将影响到马厩实用的设计和设备选择。在寒冷的房子里，室内空气温度高于室外温度5～15℉，通过自然的空气流动来维持马厩内良好的空气质量。冷马厩通常是屋顶下隔热，以减少冷凝。在寒冷的天气里，室内温度会低至结冰。一个"温暖"的马厩取决于它的墙壁、屋顶（或天花板）以及外围保温材料。使用一个风扇和入口系统来制造空气对流，保持良好的空气质量和马厩中温暖的环境很重要。有些温度更多地来自动物自身，但是在当室外温度低于0℃以下时，需要补充热量来维持在0℃以上。大多数马厩都保持"冷"马厩，内部的温度非常接近室外温度，以保证良好的空气质量得以维持。考虑到舒适性，可在马厩中附加一个可以保温和加热的位置，如马具室、办公室等。参见第十二章的更多细节。

第二节　电　　力

马厩里的灯光、温暖的谷仓、机械通风设备，以及小家电（如收音机、工具）都需要电。洗衣机、电暖气和办公室的需求都需要用电。附属建筑如干草和草垫储存区、粪便储存区和牧场收容所常常需要照明用电。室内马场和室外骑行区域也需要用电。入口均采用安全灯。电热应用在第十二和第十一章总体电线布局和安全注意事项中讨论。

一、必要的功能

一个精心策划的马厩设施的布线系统必须是安全、负载足够和可扩展的。安全性是最重要的，并要遵守国家电气规程（NEC），尤其是NEC第547章适用于农业建筑布线要求部分。该章中有正确的安装步骤和材料使用指南。其他详细的资料包括来自国家食品和能源委员会的《农业布线手册》和中西部计划服务的《农场建筑布线手册》（见"额外资源"部分）。后一本书提供了很多正确安装的实用技巧。参考上述线布手册，不管马设施有没有被公众使用或由于其他原因，也要遵守电气规范。尽管许多农场建筑既不需要遵循NEC规范，也不需要获得电工证，但为保险起见，也应遵循它的指导方针。一个安全的电力系统可有效防止电气火灾、触电和跳闸危险。以下是安全系统的重要性：

1. 适当大小的电线连接，适当大小的保险丝或断路器。

2. 合适的设备，以适应灰尘和湿气较多的马设施。

3. 正确的设备接地电路——绿色的电线和圆形插头。

4. 将接地线连接到建筑金属部件和固定金属设备上。

5. 兼容的材料，没有适当的连接器，不要将铜和铝连接在一起。

6. 适当拧紧所有连接。

马厩中使用的电气线路及设备设施的稳定性必须比住宅建筑中的更坚固。在 NEC 规章中，"干"的建筑包括住宅、商铺、车库，"潮湿"的建筑物包括动物住所和任何被周期性洗涤的区域。"尘土飞扬"的设施包括干草和草垫储存区域以及动物住所。潮湿、多尘地区需要使用专业防潮和防尘装置（插座、开关、灯具等），以避免造成短路及电器装置的热量积聚和腐蚀，减少火灾发生。当安装在马可触及的范围时，接线和固定装置需要有防止被马咀嚼或其他损坏的措施。图 10 - 1 是高达 12 英尺高的安装。马能接触到线路的区域不仅包括马

图 10 - 1　坚固耐用的防马开关示例：从木头支架上咀嚼的痕迹就可以看出来，安全开关处于马能接触的地方，但电灯开关是一个可从下边缘进出灯具的杆，这种类型或类似的灯具可保护马免受电击，并防止马拨动开关

厩常规区域，还有马厩过道、室内竞技场、盥洗室，甚至任何地方，一匹疏于管理的马都可能触碰到导线。啮齿动物可咀嚼外露的布线，尤其是当导线位于该啮齿动物频繁的区域，如沿地面和在松散的保温材料中布置的电线。

二、保护接线

推荐两种方式来保护电线不受机械性损伤，并抵抗马厩中的高湿度和灰尘。一种是使用地下馈线线路。UF - B 电缆，意为"地下馈线"，适用于高湿度的应用设备（如地下线路）。UF - B 电缆包括嵌入在实芯塑料乙烯护套电线和裸铜线设备的接地线（图 10 - 2）两部分。UF - B 布线可以安装在马厩地面上，在马能接触到它的地方，或者在可能受到设备物理损伤的地方，需要有管道保护。相比住宅式电线结构UF - B 电缆系统成本较高。不要用住宅式的塑料包覆电线（NM 评级表示"非金属"）。NM 电缆由两根或三根绝缘铜线和

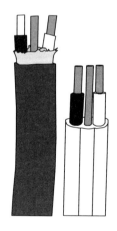

图 10 - 2　防水电缆（UF）推荐在潮湿的环境如马设施（右）中使用。需要注意的是，UF导线嵌在塑料保护罩内。典型的住宅电缆显示在左侧

一根裸地线组成。每根导线都包裹着一层塑料乙烯基，整个组件虽然有一定的防潮性，但只能在干燥的条件下（100％的时间）使用，比如在家里。

在潮湿环境中安装电线的第二种方法是用管道将其包裹起来（图10-3），适用于潮湿多尘的环境。这一选择使用较便宜的电线，仍然选择的是防潮的，并将其封闭在保护管道内。在这种情况下，该导管增加电线安装的成本，但如果多个电路多根电线可以在管道中被包裹，那么这个方案通常比运行多条线路UF-B线便宜。

在潮湿的建筑物中，直径为1/2英尺和3/4英尺的聚氯乙烯（聚氯乙烯）导管是最常用的类型，以保护电线免受机械损坏。钢导管，诸如电子金属管（EMT），在潮湿的环境中会腐蚀，其强度不会超过PVC表中的40号。附表中的80号PVC管更厚、更坚固，可以用于可能会发生严重机械损伤的地方，例如在设备附近、设备运行区域使用。塑料管道会随着温度的变化而膨胀或收缩，这可以通过在安装过程中安装适当的膨胀配件来解释（见《农场建筑物布线手册》，MWPS-28，了解更多细节）。如果不使用UF-B电缆，管道封闭电线需要按照W型分类（表示耐湿性），如THW（潜水泵电缆）、THWN、RHW、TH-HW或XHHW。对于那些倾向于在管道中使用的住宅额定线（NM型，不推荐使用）的人，一定要考虑到冷凝水和其他湿气在管道中积聚的可能性和后果，因为这些水分无法逸

图10-3 老式谷仓改造成马厩，比如这个经典的斜坡谷仓（以前饲养奶牛）的电力服务需要包裹安全的电线。这里金属导管、防潮开关和插座都远离马接触点

出，并且会浸透没有抗湿气构造的电线。使用导线管时，应在安装完成之后密封末端，以防止灰尘和昆虫进入导管和连接盒。

对冷凝的处理最终影响到电气系统的布局设计和安装。当管道从一个温暖（如马具房）的地方运行，到冷区域（如马厩），热空气中的水分会在管道内流动，并在冷管道内部凝结，从而导致水分含量高于住宅级电线可以抵抗的程度。冷凝水可能会遇到连接的电器箱。尽量避免或减少建筑物中从温暖地方到寒冷地方的管道数量。当大部分电路在建筑物的冷区时，应在冷区安装维修面板。当管道必须从一个温暖的房间穿过墙壁到冰冷的马厩中时，用腻子（管道密封剂）密封在墙上的管道。

三、配电箱

一个配电箱可以给多个电路分配电能。需要提供一种关闭电源的方式。防止分配在每根导线上的电流过多。面板大小用安培来表示它的型号。标准的范围为60~200安培。采用适当大小的保险丝或断路器保护配电箱和从配电箱延伸的每一个电路。

配电箱可能由现有配电箱与中央测量点链接而成，或由一个单独的用电的服务器组成。小型的私人马厩可以使用来自住宅的供电子面板。第一，住宅面板必须有能力支持马

厩子面板。输送适当大小的电流给子面板，以保持马厩足够的电压，再将它连接一个合适的保险丝或断路器上。第二，如果马厩远离房子，最好能有一个单独的稳定配电箱，以避免大电线的高成本，从而需要限制房子和马厩之间的电压损耗。当建筑沿着一个中心位置散布时。可以在每一个建筑物的配电箱一个中央仪表上安装一个馈线。大马厩和公共设施将需要自己的电器服务面板，要么有单独的电表，要么有中央集成表。不论马厩是否有自己的面板或者子面板，那些带有多达两支路电路的小型建筑物（牧场防护林、干草和草垫存储区）都可通过 30 安的开关和断路器供电。

一般建议是找一个农场建筑作为服务器机房，个人办公室或马具房灰尘和湿度比马厩要低。此外，建议将马厩的电子配电箱放置在外部或靠近外门的地方以便紧急关闭，但这个地方不能有动物活动（图 10-4）。入口处的外部断开开关也可以在紧急情况下使用。在多尘或潮湿环境的中，需要一个防风防雨的 NEMA-4（这是一个灰尘和防潮设计规范）指定的塑料箱配电盒。为了安全，配电盒的前部及上方应设置 3 英尺以上的清理空间，而且要保证面板上没有供水线路。

图 10-4 配电箱应位于马厩端墙上不加热的地方，便于从室外操作，还要注意配置灭火器

电力系统必须通过埋在潮湿地面的长铜棒与主面板接地（《农场建筑布线手册》，MWP-28 提供详细信息）。一个子面板需要同样的独立接地或接地通过铜地线回到主面板。马厩中的每一个导电金属设备都会通过接地导体返回接盘盒接地。电气接地系统与照明系统的接地是相对独立的。

电气系统必须可扩展。扩展规模至少比目前预计的负载高 50%，主要建筑物均使用至少 60 安、120/240 伏的三线。分支电路，15～20 安，为照明系统和插座提供电力。每个分支都受一个适当大小的保险丝或断路器保护。单个电路提供给具有较大电负荷的设备，例如大于 373 瓦的电机和超过 1 000 瓦加热器，或需要连续服务的负载，如水系统或冰箱。插座和开关的额定值必须符合或高于电路中的电流。

四、导线

合格的导线尺寸是根据需接线的长度、电流（最大预期电流安培数）和电路保护装置（断路器或熔断器）的定额值来确定的。对于一个 15 安电路保护装置电路，最小导线为 14 号；对于一个 20 安的电路保护装置，最小导体为 12 号。限制电压降低对于确定导体的尺寸很重要。为了保护设备，尤其是电机，在 120 伏的电线中电压应该限制降低 5%～6%。电压降低取决于导体的电阻，适用于 120 伏电路的 UF 线。Sc70 下降最大长度包括：♯14 线，要使电流为 15 安则需要 60 英尺长的电线；♯12 号线，要使电流为 15 安则需要 100 英尺长的电线；♯12 号线，要使电流为 20 安则需要 75 英尺长的电线。因为长度与电流成反比，当已知的负载较少时，可以用较长的电线，例如，照明电路中 12 个

100 瓦灯泡将具有 10 安的已知的电流。对于 ♯14 线要有 10 安的电流，在加上要降低 5% 的电压，则需要 90 英尺长的电线。对于 ♯12 线要有 10 安的电流，在加上要降低 5% 的电压，则需要 150 英尺长的电线。

选择 15 安或 20 安的分支电路是基于预期的负载和潜在的成本影响。对于小负载的小楼房，在最大电流下，♯14 号线 15 安的电路所用电线可达到 60 英尺的长度。当电路不会出现有 100% 的电流通过的情况时，可以使用 75 英尺长的 14 号线，特别是照明电路。对于使用长度大于 75 英尺的 12 号线应该使用 15 安或 20 安的电路保护装置。

五、布线系统

一个合理的布线系统在给整个马厩提供电力服务时，在需要的地方要有大小和类型合适的插座。并且每个主要建筑物至少要提供两个电路。电路的可扩展性是非常重要的，因为过高的设计初始系统要比在系统过载时替换或重新布线便宜得多。这是为保护导管的电线或暗线。在对建筑物布线前，要有一个详细计划，标出电灯、插座、电机、开关和接线盒的位置和类型。如果所有电线不是安装在导管中，需说明哪些部分的电线需要防止马的损坏，在详细计划中应该包含可扩充性。

对于潮湿或尘土飞扬的建筑，如马厩和室内骑竞技场，每个电线接头、开关、插座需要封闭在一个无腐蚀性、防尘和防水的模压塑料 PVC 盒中。密封所有接线盒需要垫圈盖，插座需要弹簧加载和密封垫圈盖（图 10 - 5）。用于潮湿环境中的垫圈和弹簧式插座在五金商店中很常见，也可以用在没有降水和冲洗水可以打湿的地方。一个接地故障中断（GFI 或 GFCI）断路器和插座常用于保护人和动物免遭电击，它们在检测到一个接地故障时，几乎立即切断电源（电流在电路某处导入地线）。绝缘或电线的故障通常会导致接地故障。GFIs 建议在潮湿的地方，如浴室设施、清洗区域、任何可能会打湿的地板或电线在地下铺设的地方（图 10 - 6）。GFIs 必须在 6 英尺的水槽和室外电路内。

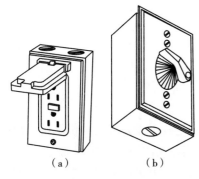

图 10 - 5 建议在潮湿和灰尘的环境如马厩设施中使用防尘和防潮开关及便利出口插座

图 10 - 6 洗涤栏和兽医护理区的顶灯应位于栏的后面和前面开口的类似位置。电线用 PVC 导管保护，灯管、接线盒和方便的插座有防潮装置。注意窗口保护杆提供了充足的自然光线和坚固的木墙结构

第二节　水

水是马厩中必需的，马厩、人、设备和马日常活动都需要用水。围场和道岔住所及其他辅助建筑可能需要一个室外水源。多余的水可在洗衣、浴室和用于骑马竞技场的除尘中使用。在较小的私人马厩，情况可能就不是这样了，但在较大的或商业马厩，建议提供人饮用水供应的同时，至少也要有一个洗涤用的水槽。消防水的供应可以是附近的一个池塘或公共水龙头。供水系统必须提供足够的水，提供适当的设备，保护供水不受污染和防止结冰。

表 10 - 1　马稳定用水估计

用途	用水量（加仑）
骑马竞技场基本防尘管理[a]	12 加仑/（天·马），0.05～0.50 加仑/英尺
	总用水（加仑/次）
浴室或洗涤盆	1～2
厕所冲水	4～7
沐浴	25～60
自动洗衣机	30～50
清洗设备（拖车、拖拉机等）	30
马洗澡[b]	25～60
软管冲地	10～20
软管冲洗地面粪便[c]	40～75

注：由于马设施的用水几乎没有记载，这里是从其他农业企业类似用水中得出的估算。

a. 根据温室作物灌溉以产生对整个土壤良好浸透的要求，估算出竞技场基础用水量，这提供了精细的估算。通过已经潮湿的地面来进行粗略估计只能建立有限的马设施数据。

b. 据估计马淋浴用的水和人淋浴用的水差不多。虽然被洗涤的身体较大，但水流是间歇性的，因此水流的时间更短。

c. 地板洗涤用水数据来自奶牛场和挤奶厅清洗水，分别为典型的软管、可清洗混凝土地板（钉钉或饲料室、工作通道），以及地面粪便（马厩或者清洗马厩）。

一、饮用水

马饲养场所必须有充足的饮用水供应。最好的来源是一个深井或公共供水设施，另外还有泉水和浅井。每匹马每天需要饮用水约 12 加仑。实际用水量将视情况而定。

由于活动水平和饮食习惯，在温暖的天气，马消耗的水更多，活动水平高，会增加干物质消耗。其他用水需求可由表 10 - 1 估计，但实际用水和浪费的水之间差别也很大。最小水流量为一个小型到中型的马农庄用水即 8 加仑/分（GPM），但 10 加仑/分较为理想。大型商业设施将不得不进行更仔细的估算，以确定所需要的更大流量。当供给流量低时，储存罐可以作为补充用水。

马设施内的水分配有很大的变化。一些管理人员会在每个马厩和每个户外围场为马提供饮用水，而其他管理人员则用有限的资源来管理马，会经常让马在集体饮水池饮水。将水供应到每个马厩和围场外都是靠自动饮水器或随身携带桶（利弊更多的讨论在第五章）。即使只有一两匹马，手里拎着水桶走很长的距离也是比较劳累的。北方的冬天用花园水管里的水会冻结，所以很难随时用水管和手提水桶给马提供足够的水。水桶可与附近的防冻水龙头一起使用（图10-7和图10-8）。使用具有整体防虹吸保护功能的防冻消防栓。不要在水龙头软管围圈上安装防虹吸管，否则会妨碍水龙头正常排水。提供一个有排水沟的可以随时随意泼水的地方，在那里可以用水桶为马冲洗、擦洗，并装满清水。使用水桶的半自动化系统，在每个水桶上安装有手动激活阀门的架空水管，根据需要将水输送到每个隔间。在寒冷天气，增加管道绝缘层，并用热胶带包裹（图10-9）。

图10-7　防冻，自动排水水龙头安装在没有暖气的马厩附近墙边并设置溢流排水区

图10-8　自排水龙头嵌入马厩过道墙上，防止马的撞击

图10-9　水通过架空管道输送，带有拉绳，用于将水分配到每个隔间的单个桶中。拉绳从工作通道进入。在寒冷的天气，水管被电热胶带包裹，外覆泡沫保温管。注意，电线用PVC导管保护，接线盒密封；马厩白炽灯安装在每个马舍的前部，采用密封保护装置；过道灯是荧光灯

栏位及室外的自动饮水装置，由于使用耐用且易于清洗的材料，已获得相当多的认可，并且一些安装用水监测设备。要选择一个非常容易清洗的用水装置，因为这将是一个频繁的苦差事，尤其在恶劣的天气。为了防止供应水的污染，本设计需要安装一个反虹吸装置，或者进水口与最高水位之间有气隙，以防止反虹吸。部件被固定在隔间墙上。户外围场自动饮水器往往固定在小直径混凝土垫层上，周围全天候无遮蔽物（参见本节中的"外用水需求"）。每个户外饮水源都应该有供水切断阀。

不论安装在室内还是室外，自动饮水器具有防止冻结功能，安装柱位于当地结霜线或加热的槽和供水管下方（图10-10）。一个大直径管道延伸到当地霜冻线以下18～24英寸，以保护供水管线。在寒冷地区使用直径更大的管（直径12英寸或更大），而在温暖的地区（6英寸直径就足够了）可以为水管提供更多的空气保温。如果每4～6小时至少消耗一箱水，自动水箱一般可以保持无冰（小水箱会迅速冻结）。在非常寒冷的气候条件下或当水流过于缓慢，为防止水冷冻结，需要在地面为水管保温。对于不常用的水箱，需要通过电加热提供额外的防冻保护，并且电线要接地，连接到有保险丝的开关。

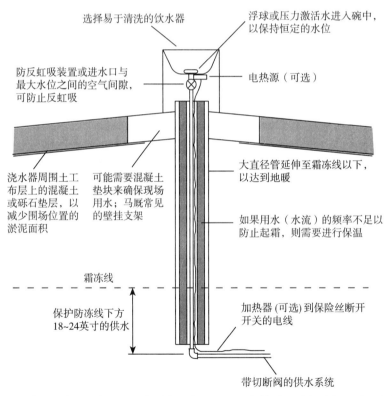

图10-10 自动注水器，保温柱和加热槽的剖面，显示与管道防冻相关的设计和安装特点

二、外用水需求

在室外需要为马冲洗。至少需要一个防虹吸装置。防冻水龙头应安装在能够满足牧场服务用水需求和任何清洁杂务的地方。自动户外饮水器可以更靠近牧场中心，而不是围栏线附近，由于它仍然需要每天检查用水量和清洁度，所以把它放在一个方便、无泥浆的位

置（图 10-11）。这些地方提供地热，或补充热量，以防止水结冰（参见本节"饮用水"部分）。在经常给马冲洗的位置，要放置一个耐用的垫或立足点，尽量缩小泥和坑洼的区域。

　　牲畜水箱外面，应尽量避免冻结问题和减少周围的泥浆。将水箱放置在直径 10～20 英尺（或同等）的混凝土或坚硬的细石垫上，以减少浇水周围的泥浆和冰冻淤泥。斜坡面远离储水器，方便人工在这个高流量区域的清洁。阳光直射会减少水箱冻结，也会保护一个地方免受冬季寒风侵袭。一个牧场围栏中，当靠近人工入口门（不一定是马入口门）时，可以方便检查和维护。附近的防冻水龙头可方便加注水箱（图 10-12）。使用一根长度足够，并固定到刚好够到水箱边缘的软管，以便加水。当消防栓关闭时，水位线以下软管的水可以通过虹吸作用从水箱中抽回。

图 10-11　牧场户外自动供水系统

三、供水

　　需要一根地下管道将水从水源输送到管道。一根直径 1 英寸、长 1 000 英寸的管道可以为 10 匹马供水（饮用水和其他用水）。为了方便户外水箱或水龙头供水，还需要在霜冻线以下铺设水管。在沟槽里放一根电线和塑料管，可以更容易找到管子。在沟槽中管上约 2 英尺的上面放置一个塑料袋来提示挖管区域。

图 10-12　户外饮水槽，附近有防冻水龙头，方便全年灌装

　　水管里的水结冰取决于几个因素。没有雪覆盖的地方，土壤冻结深度比有雪覆盖的地方更深。供给自来水的水管比采用地下水的水管更容易结冰。即使是寒冷地区的地下水也比周边的冻土温度要高。户外和在没有暖气的马厩将管道安装在霜冻线（霜深度）以下是避免管被冻结（图 10-13）的最佳方式。在需要除雪的地方（如道路），把水管埋得更深一些。

　　冰冻天气的另一个难题是冻胀导致岩石、地基和栅栏柱被抬高。冻胀取决于土壤是饱和的和周期性的冻融循环。地基和竞技场底部排水系统会抑制冻胀。加热建筑物的地基的外墙外保温会增加室内的温度和地基周边土壤的温度。

四、洗马间

　　在许多马厩内马洗涤时要利用水，特别是饲养表演马和竞技马。最常见的是一个专用洗浴隔间，使用一个普通的区域并配备出水和排水系统为马匹洗澡。水的使用和排放的洗位相当于一间浴室。而排放水中会有很多的毛和粪肥，这些可能仍然被认为是简单的"灰

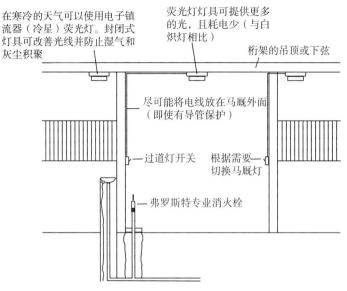

在寒冷的天气可以使用电子镇流器（冷星）荧光灯。封闭式灯具可改善光线并防止湿气和灰尘积聚

荧光灯灯具可提供更多的光，且耗电少（与白炽灯相比）

桁架的吊顶或下弦

尽可能将电线放在马厩外面（即使有导管保护）

过道灯开关

根据需要切换马厩灯

弗罗斯特专业消火栓

图 10-13　中央过道马厩横截面，显示走道内的失速自动供水系统和无霜水龙头。还显示了水管的电线及过道与隔间的电灯开关

水"。排水系统必须能够处理毛和粪便。毛和粪便进入管道之前，需要被清理出去。为排水管提供清洁设施，以便清除阻塞物。在有相关要求的地方，将排水管连接到经过适当设计和批准的处理系统上。

在洗涤栏里，要能供给热水和冷水。带有软管龙头的混合龙头将为软管提供用于清洗的温水。还可以使用带有 Y 形软管接头的冷热分开的水龙头。除非清洗栏在有暖气的房间里，否则就要有防冻装置（图 10-14）。在冰冻天气，务必在使用后清除软管内的水，让水龙头正常排水，否则将冻结。一个小热水器在有暖气的房间里可以替代长长的热水管或当洗涤室是唯一使用热水的地方时可以不用排水。在马盥洗室里，要么把水龙头凹下来与墙壁齐平，要么用坚固的栏杆护住它们，如果它们突出来要设法保护马不受伤害和水管不被马破坏（在第十一和第十二章分别介绍了清洗栏位的照明和加热选项）。

图 10-14　马清洗区的用水包括冷热水供应和清洗用水排水系统，以及可能的少量粪肥废物。该区域往往兼作饮水、水桶清洗和其他马厩清洁事务

五、室内竞场用水

需要用大量的水冲洗骑竞场表面器材的灰尘。并非所有的业主会这样做，但大都采用水清洗室外和室内竞技场灰尘。在一年的某些时候，比如在天气变暖的时候，水分被完全

蒸发。浇水需要浸透地面，像浇灌种植作物的土壤。大多数时候，频繁使用竞技场意味着只是最上层被润湿而底层仅保持潮湿。不耐水的场地基础材料，如沙子，将需要更多的水和频繁的浇水以保持场地的抓地力，而含更多有机材料的基础材料，如木制品，可以保持水分。

表10-1列出了不同的条件下水的使用范围。第十七章提供了有关竞技场的基础材料的详细信息，包括它们对水和粉尘抑制需求。

六、清洗水

马厩的清洁工作要求在马厩的过道里有水源。大多数谷仓过道水源采用防虹吸、防冻水龙头（图10-7和图10-13）。马厩中需要进行清洗和消毒的部分设施，也要定期清理过道、马具室、饲料室和其他领域的地板。

需要热水和冷水来清洗设备上的黏合剂和混合饲料。水桶需要定期擦洗。除非这些清洗活动是在别处进行（例如在相邻的马厩），否则马厩中至少提供一个热水水龙头进行清洗之类的琐事（图10-14）。

七、厕所和洗衣设施

公共马场和更大的马厩需要为员工和游客提供浴室等。浴室中的设施可以只有马桶和蹲便器这样简单，沐浴设施可以没有。还可以提供收缩便携式厕所。便携式厕所可以进行许多公共活动，因为大多数马厩没有足够的厕所，也没有足够的供水能力或化粪池来处理由众多参观者产生的附加污染负荷。

洗衣机和烘干机可以安装在马厩中，专门用于马的护理物的清洗，如披肩、轻毛毯和鞍垫。旁边的洗涤槽用来清洗非常脏的护理物，然后再放入洗衣机洗涤。

在寒冷天气，厕所和洗衣房需要提供暖气，以防止供水冻结。应该考虑使用耐用的建筑材料，这些材料能够经受住马厩中潮湿和多尘的环境。在未加热的马厩环境中，冬季湿度大时，板岩会发霉，与木材和玻璃钢复合硬纸板相比，板岩较容易损坏。

显然，增加一个厕所就需要增加污水处理的相应设施（公共下水道连接装置或化粪池系统）。非污染的废水，被称为"灰水"，可以不使用化粪池处理系统来处理。灰水包括来自水槽、淋浴和洗衣的各种洗涤水，它们的有机物和污染物含量比厕所污水要低。冲洗水可以直接进入植物过滤器（当地法规允许情况下）或进入水箱，用于周围农田或牧场的喷灌。这些洗涤水处置方案需要进行设计，以处理预期的水负荷，并保持有效的配水。从长远来看，安装一个化粪池系统，哪怕只是灰水的处理，可能是除了小的马场之外所有马场中最好的选择。

第三节　煤气和固体燃料

一、天然气和丙烷气

燃气是单元加热器、热水箱的有效热源。天然气可通过分布在附近的输送天然气的地下管道获得。在城市、郊区或农村，如果周围恰好靠近燃气管道，天然气可通过附近的地下管道获得，此时燃气单元加热器是热水箱经济有效的热源。在其他地方，丙烷可以替代天然气，对气体燃烧器进行适当修改，可适用于大多数加热器具。可以与本地丙烷气公用事业公司签订合约，提供储气罐安装及气体供应服务。在任一种情况，公用事业公司将会进行安装或建议安装适当的设备和连接。

二、木材和煤炭燃料

根据加热需求，木材和煤是可选择能源。因为其他牲畜和住宅相比，马厩供热需求与住宅相比较低，因此是一个合适的能源。

三、电话与其他通路

在私人马厩里使用电话是为了方便厂区工作人员。马厩电话线往往是住宅电话线的延伸，所以主要分布在家庭和谷仓。电话通常位于饲料室或马具室。在马舍区域增加一个额外的响铃，当你在马舍时，可以听到电话铃声。当距离很近时，室内无线电话可以提供足够的覆盖范围进行通话。

商业或公共设施服务电话在马厩中是必需的，并且通常会使用自己的专用号码。办公室或休息室是电话服务和商务交易的主要地方。也可以考虑在马厩和室内骑马场的骑马区使用电话，这样就不用在打电话时把动物丢在一边了。移动电话和无线电话的大量使用减少了有线电话的需求。公共设施可能需要一个公用电话（或其他专用电话），以方便客户和游客，也为了保护商务电话的使用。

可能需要额外的电话线用于专门的传真和拨号互联网接入，以提供上网的马厩业务相关服务。有线网络可以接入电视或高速专用互联网。

第十一章

采 光

一个高质量的工作环境需要提供适当的照明，以提高工人的工作效率、安全性和舒适性。马厩良好的照明能提高工人舒适性，减少人力成本。良好的光线质量能减少眩光，并控制阴影。光线质量也要考虑光的"颜色"。光照可以控制马的繁殖活动，使马可以在夜晚或黑暗的条件下睡觉。

不同的照明水平可以满足不同的生产目的或任务。照明水平从低到高不等，最低的光照可以保障人和马安全通过，在高等级的光照下可以详细观察马和环境，并有舒适的感觉。每种生产需求需要适当的照明等级。如干草储存区这样的地方，一般较低的光线水平就足够了。办公室这样的区域需要中等光照水平才能有效地完成工作。但在兽医诊疗区，需要高等级的光照以进行细致的观察。为节省安装和运营成本，我们一般大范围地提供中等光照等级，在关键区域集中提供高等级光照。而在室内骑乘场地、梳洗和清洗栏位，我们在设计照明系统时要考虑消除阴影。

衡量输出光的单位是英尺烛光。英国照明系统使用英尺烛光（fc）每平方英尺，公制照明系统使用 Lumen（LM）每平方米，或勒克斯（1 英尺烛光＝10.76 勒克斯）。在干草和设施储存区，一般需要 3 英尺烛光，办公室或马具室一般需要 50 英尺烛光。办公室、兽医护理区或车间工作台这种精确工作场所，需要多达 100 英尺烛光。

照明系统的性能对建筑的性能至关重要。自然采光和人工照明都可以被用来照亮马厩和骑马竞技场的活动。设计任何一个系统，都要满足特定空间的照明需求。对于自然采光，设计要点是考虑开口大小、位置及开口的保护。对于电灯，设计要点包括光线均匀性、灯泡类型、能源效率、光色，灯泡固定装置和反射罩，安装高度、灯泡间距和开关位置。

第一节　自 然 光

自然采光系统允许阳光通过有玻璃或无玻璃的窗口进入马厩或竞技场。该设计包括窗口数量、尺寸和位置，每个窗口还要考虑入射角度及对马的保护。窗口的覆盖物可以使用玻璃、塑料半透明面板或半透明的窗帘材料。

一般来说，每个栏位都应该有一扇窗。相应的栏位应该有相应的窗户，如饲料室、办公室和休息室。在温暖的天气，马厩的门、隔间外门和可移动的窗户面板都可用来通风换气和采光。设计自然采光系统时，在寒冷的天气，当厚实的大门和面板都关闭时，需要给马厩内提供一个最低限度的光照水平。浅色的表面比深色更能反射光线。请记住，如果没有透光的窗户，建筑内在夜晚会比外面（有星星和月光）更黑。固定式窗户和滑动式窗户均匀分布在墙壁中间，而半透明窗户一般安装在房屋顶部位置（图 11 - 1）。墙壁中间的窗户即使在关闭时，光线也可以从顶部窗户进入。

阳光直接照射的区域亮度较高，但也有缺点，比如容易产生眩光，且光照水平和热量一天内变化较大。反射的阳光因漫反射而减少了眩光。悬挑和其他遮阳装置可以阻止阳光通过窗户和挡板直射（图 11 - 2 和图 11 - 3）。在温暖和炎热的天气，要注意阳光直晒后会使室温升高。可以设计一个悬挑来遮挡窗户

图 11 - 1　HID 灯具释放的灯光与通过窗户和半透明的墙面板进入马厩的自然光结合在一起

免受夏季阳光直射，同时冬季阳光以较低的角度斜着照射进入建筑（图 11 - 4）。坐东朝西的建筑要比南北走向的建筑的自然采光（和自然通风）效果更好。当窗户安装在侧壁顶部时，半透明的面板提供均匀的漫射光。它们可以防止阳光直射进入。

图 11 - 2　悬挑遮蔽了隔间门开口，以抵御夏天的阳光和热。改编自《结构与环境手册》（MWPS - 1）

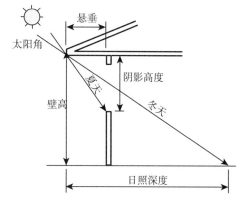

图 11 - 3　进入建筑的自然光可以通过适当设计的檐板进行控制。檐板与季节性的太阳照射角度相配合，在冬天允许光线进入以取暖，在炎热的天气则遮住阳光以防止马厩内温度过高。改编自《结构与环境手册》（MWPS - 1）

为了获得充足的自然光，每 30 英尺^2 面积的谷仓，至少需要 1 英尺^2 的窗户。一个 2 英尺×3 英尺大小的窗户可以为一个 12 英尺×12 英尺且带有 10 英尺小巷的马舍提供足够的光线。最好安装可开启的窗户，这样可以起到通风的作用。玻璃要用坚固的栅栏或钢丝网保护，以免被马破坏，类似于马厩的隔墙。窗口高度各不相同，但窗台至少要离栏位地面 5 英尺（多达 7 英尺）。这样的高度可以减少窗户被踢到的危险，同时又能让马可以看到外面。室内骑马场地也会受益于自然光通过半透明或可移动的面板进入场地（图 11 - 5）。

图 11-4　在温暖和炎热的天气，马厩的窗户可以避免眩光以及过多的阳光进入马厩

图 11-5　半透明面板使阳光进入竞技场。这个竞技场两边都是马厩，因此与独立的竞技场相比，自然光线照射区域有限。一个好的解决方案是沿墙壁增加额外的半透明面板。这些面板滑开时，可以让新鲜空气进入

屋顶透光板

屋顶上的半透明面板存在漏水和发热问题，因此不推荐使用。此外，在竞技场中从屋顶半透明板投射到地板上的光会形成各种图案，遍布竞技场内部，影响马的运动。马可能会避开较大的、较暗的阴影区域，跳过地板上明亮的光斑。同时半透明面板与其周围屋顶材料的温度膨胀和收缩特性不同，不同的物料在热胀冷缩时会产生间隙，从而造成漏水，也无法阻止阳光通过半透明的屋顶直射进来，造成室内温度过高。

但半透明屋顶面板依然是较好的自然采光选择，阳光可以较好地通过半透明面板进入马厩。例如，只在寒冷的天气使用半透明屋顶板，那么对于漏水问题可以忽略不计（图 11-6）。对北方的马厩和室内竞技场而言，半透明屋顶面板可以受益于额外的自然光，而不必担心夏天过热的问题。特别是竞技场，选择半透明面板来漫射光线，以缓冲自然光进入竞技场而造成的光影和阴影区域的反差。可以参考住宅的天窗设计，既提供了可通过屋顶区域的光线，又能密封防水。天窗可以安装在建筑屋顶瓦或瓦片上。也可以使用一些农业用的脊形通风组件提供的半透明材料。

图 11-6　虽然一般不推荐使用半透明面板，因为它要抗住施工无漏缝以及不可控的太阳能对建筑升温的挑战，但是屋顶半透明面板可以为这四栏宽的马厩提供自然明亮的室内照明

第二节　电　照　明

一个良好的电气照明系统设计涉及许多因素，包括光照水平、光的颜色、可接受的光的变化、灯具类型、能源使用、安装高度、光的反射和环境温度。一个小马厩可能只需要一种防尘防潮的白炽灯泡。在设计一个大的复杂的马厩的光照系统时，应该为每个特定的区域提供一个更好、更经济的照明。

照明应用广范，从通常用于寒冷环境的马厩灯到骑马竞技场灯，到需要较高照明水平马具室和办公室，低天花板可能使环境温度较高。表 11-1 给出了具体任务的推荐照明水平。为了清晰起见，关于照明的讨论，"灯"和"灯泡"只用来表示灯泡，而"光源"和"照明设备"表示镇流器、镇流器房、反射灯和灯的组合。

表 11-1　在马厩开展各种任务的照明水平建议

任务	光照时间（分钟）
备料	10～20
阅读图表和记录	30
干草堆	3～9
梯子和楼梯	20
喂养、检查、清洗	20
兽医和马蹄铁检查区域	50～100
一般车间照明，机械维修	30～100
骑马区域	20～30
马厩	7～10
马在马舍或工作通道的管理	20
办公室、记账	50～70
厕所	30

在一些为了满足简单检查或快速通过的区域，可以为白炽灯安装一个延时声控装置，以实现快速开关控制照明。

一、白炽灯

白炽灯泡采用电加热灯泡内的金属钨灯丝，使其"白炽化"释放可见光。白炽灯泡初始购买成本很低，但它较其他产生相同水平光的灯所消耗的电能多。白炽灯在我们讨论的灯中，是迄今为止使用寿命最短、能效最低的灯。一只 100 瓦的白炽灯泡释放的光能只相当于它消耗电能的 10%，超过 70% 的电能以红外光的形式释放热量。光输出效率降低到初始值的 80%～90% 时达到额定寿命。白炽灯的颜色通常是淡黄色的，但也有其他不同颜色的灯光可供使用。

白炽灯泡适合用在灯开关频繁或需要调光的场所，在大多数温度条件下都能正常工作。它们可用于天花板较低的房间，在一些需要较低光照度的房间里用它照明比较方便。

在马活动区域需要对白炽灯进行保护，以免它受到物理损伤及环境中高水分和灰尘的损害（图11-7）。白炽灯泡产热量大，当灯泡功率为100瓦或更大时应配置瓷插座。

石英卤素灯泡是一种白炽灯泡，在卤素气体密封的灯泡中有钨金属丝（图11-8）。卤素灯泡比白炽灯泡更节能，寿命更长。一个很明显的优势是，石英卤素灯泡比白炽灯释放的光更白，这在需要颜色识别的地方很有用。在灯运行期间，卤素气体与钨分子结合，使灯丝蒸发掉了。钨是沉积在灯丝上而不是石英灯泡内，所以就不会像白炽灯泡一样随着使用时间的增加灯泡变暗。这种再生过程需要高温，也产生更亮、色泽更好、温度更高的光。石英灯泡的泡壁必须抵御住这种高温，但接触过多的人体皮肤油和污垢，会导致灯泡过早失效。

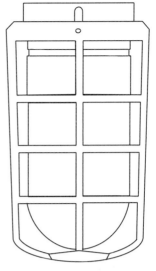

图11-7 马厩中用坚固的玻璃外壳和笼子保护白炽灯

虽然灯的温度都会随着功率的增加而升高，但所有的石英卤素灯，即使是低功率的，都在高温下运行，所以不要在高粉尘地区、干草或卧床使用卤素灯。所有石英卤素灯在运行时内部压力都很高，这可能会导致灯泡意外破碎，使滚烫的玻璃或金属飞溅。选择灯泡时要注意灯泡完全密封，能防尘防湿，类似汽车前照灯的灯泡。密封的灯泡会包住灯泡碎片，最大限度地减少破碎风险，并减少紫外线的释放。卤素灯是推荐使用在马厩里人占据的地方，在执行需要高光或显色性好的任务时使用。它们也适用于户外安全灯。它们在强调照明、显示照明或需要在全领域调光的情况下是非常有效的。

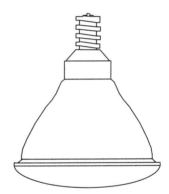

图11-8 石英卤素灯泡是白炽灯的一种变种，它提供更白的光，但也产生更多的热量，这种灯不适合在附近有易燃材料（干草和草垫存储室）或在尘土飞扬的地区使用（饲养室）。密封的泛光照明型灯在需要高质量的光照度地方使用会很好

二、荧光灯

荧光灯泡通过电能激发涂覆在里面的荧光粉而释放光。在操作过程中，为了控制电流，需要一个适当的启动器和荧光灯镇流器。镇流器在灯上施加一个电压，直到"电弧"形成，电流开始在线圈之间流动。一旦运行，镇流器就会控制线圈和调节灯的电流和功率。

荧光灯具和灯泡的成本超过白炽灯，但相同的电消耗的情况下可释放 3～4 倍甚至更高的光量。荧光灯产生的红外线和热量小。作为更传统的管状形式，荧光灯由于其较低的表面亮度和更均匀的光分布，提供相对无眩光的光。因为荧光灯是线性光源而不是像白炽灯或石英卤素灯一样的点光源。荧光灯的光照水平随使用时间的增加而下降，但这些灯泡可持续工作 12 000 小时或更长时间。荧光灯的寿命与每次启动次数有关，持续的工作可以延长灯的寿命。这个问题已经被新的电子快速瞬时启动镇流器提供的约 16 000 次的通断周期解决。例如，从第 16 000 次开始，每隔 15 分钟转化为 4 000 小时的灯泡寿命，也就是说 3 小时的使用区间提供 15 000 小时的灯泡寿命。

标准荧光灯泡是常用的 4 英尺或 8 英尺的长度。它被安置在一个包含镇流器的与灯长度相同的装置（图 11-9）。紧凑型荧光灯更小，是线形或球形设计，有一个内置镇流器的"灯泡"，适用于典型的白炽灯装置。

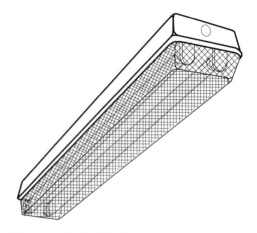

图 11-9　荧光灯具与灯泡完全密封，且有密封外壳以防潮和防尘。电启动镇流器为未加热的马厩和竞技场提供冷启动能力（在 50℉）

荧光灯具已经成功地应用在天花板安装高度较低（7～12 英尺）的室内。在寒冷的气候条件下，荧光灯照明设备在马厩过道或者栏位的使用可以起到节能的作用（图 11-10），在通道一侧和马厩前面放置灯具，以尽量减少阴影对通道工作和马的影响。照明设备被错列排布在通道和马厩前部可以给各个位置提供均衡的光照。当安装高度超过 10 英尺时，颜色相比于高压气体放电灯，日光灯的照明效率大大降低。虽然标准的白色荧光灯单位能量消耗能产生更亮的光，但对于颜色匹配任务来说它不是最好的。高级的白色荧光灯的能效比标准灯泡低 25% 左右，但它们产生的光最接近日光。灯所产生的颜色接近于白炽灯。32 瓦 T8 型荧光灯设计和制造比旧式标准的 40 瓦 T12 型荧光灯效率高 40%。T8 和 T12 型是指管子直径以 1/8 英寸为单位递增。T8 灯管直径是 1 英寸，T12 灯管直径为 1.5 英寸。

图 11-10　在马厩过道及栏位使用的荧光灯具，以在寒冷的气候下提供节能照明。在通道的一侧和马厩前面放置灯具，以尽量减少对通道工作和马匹中的阴影。灯具位置在通道和摊位错开，以提供更均匀的光线

室内使用荧光灯的主要原因之一是它们对低温和高湿度很敏感（图 11-10）。在较低的温度下，内部的汞气压较低，因此，只要更少的汞就可启动灯。有电感镇流器的标准室内荧光灯具可在 50℉ 和中等相对湿度（RH）下很好地运行。当相对湿度超过 65% 时，标准室内荧光灯变得难以启动，因为高湿度改变了荧光管的外部的静电电荷。幸运的是，电感镇流器的设计变化大大改善了荧光灯在冷环境中的应用。

把电子镇流器应用到马厩设施的荧光装置中，让具有"快速启动"或"冷启动"的镇

流器应用在荧光装置上，可以使它们在－20℉的冷环境中启动。由于汞不能发射出最佳的紫外线光，致使荧光粉转换可见光的效率降低，所以可见光输出效率较低。灯的环境温度决定了光输出效率。在寒冷的环境中，在封闭式马厩中使用（图 11 - 9），可提供一个超过环境温度 18℉的灯温。这意味着，在冷冻温度下（32℉），一个开放的马厩的相对光输出效率是 50%（在 77℉，相对开放马厩的光输出效率为 100%），相比之下封闭马厩内（灯温在 50℉）的灯将提供 80%的光输出效率。

三、高压气体放电灯

高压气体放电灯（HID）的外观和白炽灯一样，但使用电子放电原理，更像荧光灯。所有的 HID 都能产生大量的光，寿命长，能源效率高。HID 的工作压力很高，所以电子放电产生的辐射是从紫外线到可见光转化而来，从而大大提高了光输出效率。高压气体放电灯内管含有汞、卤化物、钠，这部分表征了灯的发光特性。含有金属卤化物和高压钠（HPS）的 HID 实际上已经取代了最初的 HID 技术之一的汞蒸气，应用于马设施。它们有更长的寿命，并能在灯的整个使用寿命里均保持较高的光输出效率。低压钠是一种非常高效的能源，最适合作为户外照明的灯具。低压力的钠灯可发出一个非常黄的光，室内使用效果不好。

HID 灯具由灯泡和限流镇流器构成，这是 HID 有别于其他灯泡的特性〔尽管一些灯具被设计为在 HPS（高压钠）或金属卤化物间切换〕。在启动时，镇流器会阻止因灯温增加和电阻下降导致电流增加对灯造成的损害。当镇流器老化或者第一次打开时，灯会发出一个明显的嗡嗡声。

为保证光线的均匀分布，HID 灯具最好安装在 12 英尺的高度。HID 灯具本身就是一个大装置，其拥有高槽灯具（约 30 英寸的灯具高度）和低槽灯具（小到 20 英寸的灯具高度）（图 11 - 11 和图 11 - 12），以及墙壁包模具。高低槽灯具的主要区别是功率。低槽灯具是典型的低功率，35～150 瓦（一些型号达到 400 瓦），安装高度 10～16 英尺，而高槽灯具通常高于 400 瓦，安装高度至少 16 英尺。功率越高的灯，相应地拥有更高的照明，高槽灯具需要被安装得高一点，以便实现灯光的广泛均匀分布和强光模式。墙壁包的设计是为了把灯具安装在墙上。

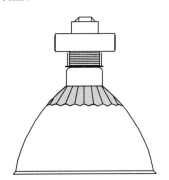

图 11 - 11　高槽型 HID 灯具。所有高槽型的HID 都是高效能，并且光照面广。它们被安装在较高的地方，以发挥它们光输出效率高以及灯泡寿命长的优点

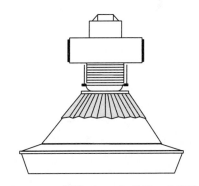

图 11 - 12　低槽型HID灯具是一个简单、低功率、短形灯具，它可以安装在比高槽型低的高度

HID灯具周围的反射罩是灯具设计的一个重要组成部分。反射罩的形状将决定能否有更多的圆形或正方形的反光生成，以及这些反光图案的宽度（直径）有多大。由电脑精心设计的 HID 灯具将有各种灯光模式，例如现场可调反射镜支架，可以让光均匀地分布在各个角落，或让光集中照射在一个区域。制造商提供的光度计可以显示灯具下方和从装置而来的不同角度的光输出这一信息在设计特定照明级别的统一照明模式时非常有用。在马厩里，要安装使用 HID 灯具，并使用密封的反射罩，用以防止潮湿空气和灰尘进入（图 11-13）。

图 11-13 室内马术馆除了从墙顶周围的半透明遮光板采自然光外，还配备了四排密封的 HID

应该选择节能灯具，因为，从长远来看，省下来的电力成本将远远超过原来的灯具价格。例如，每年使用 3 000 小时（大约每天 8 小时）和 $0.05 的电价，每个 400 瓦的 HID 灯具（带镇流器的总功率是 455 瓦）运行每年的成本约为 68 美元。超过 10 年的使用期，将使 HID 灯具的电运营成本远远超过原来灯具的购买价格。

HID 灯具在寒冷的环境下（金属卤化物可以在气温下降到 -20°F 工作，高压钠可以在气温下降到 -40°F 工作）都可以很好地工作，所以说 HID 可以满足在温暖以及寒冷的建筑以及户外工作的要求。HID 需要几分钟的时间来启动并达到高光输出效率水平，这个时间 3~15 分钟不等。由于启动延迟与通断周期短会造成灯泡寿命的减少，它们是不适合用于通断周期不到 3 小时的情况。在许多应用中，一些白炽灯被安装在带有 HID 的地方。在短时间的采光情况下，例如在一个区域到另一个区域的快速常规检查空间的情况下使用白炽灯较好。HID 一般应用在长时间照明情况下。金属卤化物灯的光色是接近日光的，当颜色显得较重要时应该使用这种灯。高压钠灯有轻微的黄色，但它比金属卤化物灯的能源效率至少提高 20%，且它的灯泡寿命几乎是金属卤化物灯的 2 倍。HID 的光衰非常低，使用寿命长，减少了在不方便的地方更换和维修灯泡的次数（镇流器的更换频率往往比灯泡高）。

第三节　光的质量

不管什么样的光源，光线的质量都表现在眩光、颜色和覆盖均匀性等方面。一些地方，如办公室或车间、工作区、饲料和马具房、兽医和兽医护理区、室内竞技场可能需要高品质和亮度的光。高品质的光照一般能提高工人的舒适度，使工作变得更容易（图 11-14）。

一、眩光

需要提供防止眩光的光线。可通过屏蔽灯泡、遮阳窗，将灯放置在视线水平以上，以及使用无光泽的内部表面来减少眩光。利用反射可提高光能利用率（图 11-15）。浅色的天花板、墙壁和地板都会有助于光的反射，而暗的颜色则会吸收光线。在实际情况下，天花板能产生 80％的反光（白色油漆是常见的）。墙壁有 40％～60％的反射率，地板至少有 20％的反射率，如白色水泥产生约 50％反光。

图 11-14 这个马厩的设计从开放的棚行改造成一个封闭的包含充足阳光和明亮工作条件的工作通道。通过屋顶的有机玻璃板获得阳光，在凉爽的天气能提供舒适的环境，但在炎热的天气就会成为不利因素

图 11-15 比起黑暗的室内，被粉刷的光亮室内所产生的反光会让室内更明亮，正如图中所示的这个已经很旧但被粉刷得很明亮的马厩内一样

二、亮色

光源的颜色或亮度是通过显色指数（CRI）来定义的。普通光源的 CRI 值都包含在表 11-2 里。在有高光束质量需要的地方推荐的 CRI 值应该在 80 或更高。所有的光源都可以选择提供 CRI 值为 80 的光，低压钠灯除外，它有黄色的光芒，只适合室外通用照明应用。

表 11-2 马设施光源设计注意事项

光源	照明应用的注意事项			
	颜色呈现指数[1]（CRI）	可承受频繁开关的周期	温度敏感	典型的架空安装高度（英尺）
白炽灯	90～100	Yes	No	8～12
石英卤素灯	100	Yes	No	8～12
荧光灯	70～95（小型 80～90）	Yes 频繁开关可缩短灯管寿命	Yes 需要冷启动镇流器	8～12
金属卤化物 HID	60～80[3]	至少 3 小时内不能暂停	No	12～20
高压钠 HID[4]	20～80	至少 3 小时不能暂停	No	12～20

① CRI 定义的是光源的颜色、亮度，CRI＞80 是指那些需要高质量光照的地方。

② 马设施架空安装高度应该有一个 8 英尺的最小间隙以供马自由出入。白炽灯、石英卤素灯、日光灯的安装高度应该在没有马出入的人类住房的天花板的高度水平。HID 灯的安装较高，以便从灯获得均匀的光照和热。

③ 较高的 CRI 金属卤化物灯可能会增加成本。

④ 低压钠的 HID 灯的 CRI 值为零，不适宜用在室内照明。

灯具根据使用的灯泡类型可分为白炽灯、石英卤素灯、荧光灯和高压气体放电灯，都是常见的灯种。灯泡的类型会影响耗电量和光色。表 11-3 提供了各类灯具的效率、灯泡和标准的灯泡镇流器大小、各种光源的优缺点。要意识到一种灯具的节能效果在同一个灯泡的不同品牌中最多可以差 25%。了解各种类型灯具的优缺点，可以让我们根据马设施的功能来决定哪些类型的灯是合适的。表 11-4 提供了应用于马设施的典型光源。

表 11-3 光源的瓦数、寿命、能源效率及优缺点

光源	标准功率（瓦）	初始亮度	镇流器功率（瓦）	总功率（瓦）	平均寿命（小时）	功率①（流明/瓦）	优点	缺点
白炽光	40	400				12	常见、便宜	灯泡寿命短
	100	1 600			460~1 000	17		
	200	3 400				20		
石英卤素灯	75	1 400			2 000~6 000	15~58	可提供明亮白光	开启时灯泡温度很高，需要远离易燃物品 手指分泌的油脂和水分会缩短灯泡的寿命 与其他灯泡相比效率较低
	250	5 000						
荧光灯	32	3 200	8	48	20 000	66	高能效，明亮，白光，常见	光输出随时间急剧下降 灯泡对温度敏感，内置冷启动镇流器，适用于寒冷天气（<50 ℉）
	75	6 300	16	91	12 000	69		
金属卤化物 HID	175	13 000	40	215	10 000	60	明亮白光，接近日光；高能效；灯泡寿命长	镇流器发出轻微嗡嗡声 初始成本高，需要数分钟才能完全点亮
	250	20 000	45	295	10 000	68		
	400	40 000	55	455	15 000	88		
	1 000	110 000	80	1 080	11 000	102		
高压钠 HID	150	15 000	38	188	24 000	80	效率最高，灯泡寿命最长	所有的 HID 灯不适合频繁开关，灯光泛黄，不自然
	250	28 000	50	300	24 000	93		
	400	50 000	55	455	24 000	110		
	1 000	140 000	145	1 145	24 000	122		

注：这些实例是用来说明典型的灯具及其照明性能使用与实际生产的价值，为最终的照明系统设计提供参考。
① 包括镇流器的荧光灯和 HID 灯具的运行效率。

表 11-4 应用于马设施的典型光源

光源	一般应用于马的设施				
	马具室、饲料仓库、休息室	干草及垫料仓库	室内骑马场和高天花板的马厩过道	低天花板的马厩和马厩过道	室外方便与安全
白炽灯	可用	可用，但需在密封的固定装置内	不可用，除了用作快速通过区域的灯光	可用	可用
石英卤素灯	可用	不可用，热灯泡有火灾隐患	不可用，除了用作快速通过区域的灯光	不可用，热灯泡有火灾隐患	可用

（续）

光源	一般应用于马的设施				
	马具室、饲料仓库、休息室	干草及垫料仓库	室内骑马场和高天花板的马厩过道	低天花板的马厩和马厩过道	室外方便与安全
荧光灯	可用	可用	可用，但需要许多灯	可用	可用
金属卤化物 HID	启动较慢	有安装高度要求	使用效果极佳	不可用，顶上要有充足的高度	可用
高压钠 HID	启动较慢	有安装高度要求	使用效果极佳	不可用，顶上要有充足的高度	使用效果极佳

三、光的均匀度

照明均匀度的定义是一个工作区内光的最大值与最小值之比。对照明有严格要求的任务地点，例如办公室的工作或细致的马护理，均匀度（UR）应不大于 1.5。没有严格要求的任务，如马厩或骑马竞技场，均匀度为 5 也是适合的。光的均匀度是非常容易测算的，即相关区域的光的最大亮度值除以最小亮度值。还有一种更具描述性但更复杂的、测量光均匀性的方法是变异系数（CV）。表 11-5 提供了测量荧光灯具变异系数的范例。变异系数表示的是光的均匀度作为标准化的平均光测量。光测量，它被定义为所有测量的标准偏差除以其平均值，并表示为百分比。图 11-16 显示了一个对马开展细节工作的地方的灯具配置情况，它既需要高光水平又需要光的均匀性。

表 11-5 用变异系数表示马厩各个环节所需光的均匀性标准以及荧光灯具安装的间距与高度比（高达 10 英尺的安装高度）

操作分类	最高比例（%）	间距/安装高度（s/Hp）荧光灯
在视觉上强化（兽医、定位焊、洗刷、办公室）	25	0.85~1.0
处理马及设备（档位、通道、私人场地）	45	1~0.5
一般照明情况，低强度	55	1.7~2.0

注：Hp 是安装点与工作面之间的高度。除非另有规定，工作面高度取 2 英尺。

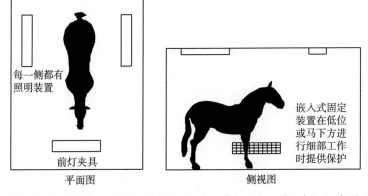

每一侧都有照明装置

前灯夹具

平面图

嵌入式固定装置在低位或马下方进行细部工作时提供保护

侧视图

图 11-16 在做对马背进行梳理、钉钉和清洗等细节工作的地方要放置灯，以实现无阴影的效果

光的均匀度决定于灯具安装的高度和间距，因为它们关系到光的输出分布。灯具安装点之间的间距以及安装点与"工作"面之间的比例被作为光均匀性设计的一个标准。这可能是最简单的方法，并表示为 s/Hp，s 表示灯具安装点之间的间距，Hp 表示灯安装高度减去工作表面高度。如果工作高度不明确，比如工作台高度为 3.5 英尺，则用 2 英尺的高度。而室内竞技场的"工作"高度，将是路面高度或建筑地面高度。

马厩和骑马场的室内 s/Hp 一般为固定值。需要提供一个较高的均匀光且 s/Hp 比接近 1.0。在那些对光的均匀性要求不高且要考虑低成本目标的情况下，安装间距与高度比为 2 或更小也是可以的。对于马厩和骑马场的 s/Hp 比例的指导值是不超过 1.8，因为这样光的均匀性高且成本合理。越需要均匀的光，所需的灯具越多，安装和使用的成本越高。图 11-17 和图 11-18 提供了使用荧光和高压气体放电灯具的一般安装高度。s/Hp 比值只是灯正确配置的部分内容。提供均匀的光还取决于其他因素，如灯的光通量和反射罩的设计，所以 s/Hp 比值仅用来指导照明灯具的最大合理间距。

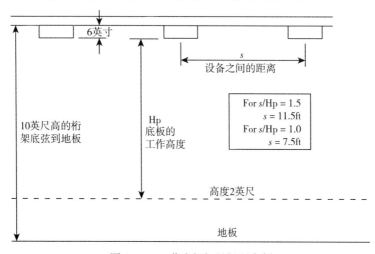

图 11-17　荧光灯灯具间距实例

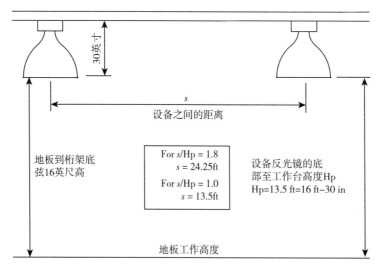

图 11-18　高强度放电灯间距实例

注：ft 为英尺，in 为英寸。

第四节 反 射 灯

相比其他类型的灯（荧光灯或高强度放电灯），反射灯对在照明空间中光的均匀性作用更大。均匀分布的光需要高强度放电灯装置上的反射灯。更现代的 HID 灯的反射灯已经使灯具之间的距离提高到了设计距离的 1.5 倍，安装高度为设计安装高度的 4.5 倍，同时还实现了光线的均匀分布。灯具制造商或供应商可以根据灯具的功率和反射镜的设计提供照明灯具的设计参数。

一、光量与效率

光通量（单位：流明）是测量灯发射出来的光量的，用来比较不同的灯。1 流明相当于实验条件下灯 1 秒的辐射量。灯的效率是拿灯输出的光通量除以灯的功率。英尺烛光（FC）是光照明单位，是 1 单位的工作面需要的照明量。一般 1 英尺烛光＝1 流明/英尺^2。对于许多节能的光源，如荧光灯和 HID 灯，镇流器的使用也必须包括在效率评价中。镇流器是用来控制电流导向的气体填充管，有助于防止灯过早烧毁。

二、安装要点

1. 马的破坏

灯具需要保护起来以免被马破坏或损伤马。这意味着灯具要安装在一个很高的马接触不到的地方，还需要一个固定电线的装置。一个厚玻璃外壳可用来包住破碎的灯泡。同样，在马能够到达（12 英尺高度）的高度范围需要把线布在封闭管道中，以防止马破坏。

2. 防尘和防潮

因为马厩和骑马场的灰尘和湿度高，所以要安装防尘和防潮装置。普通的白炽灯和荧光灯适用于住宅和商业大厦，但不适合用在马厩、竞技场和其他高粉尘和湿度大的场合。在潮湿或尘土飞扬的马场建筑里，需要更坚固耐用的防尘和防潮灯具。图 11-7 所示的是一个用于白炽灯的防尘防水装置。它是非金属的，有一个耐热的球体覆盖着灯泡，其额定功率为 150 瓦。因为在这些设备中的温度高于标准的固定装置，一定要使用制造商推荐的合适电线。同样，荧光灯将被封闭在一个防灰防水、耐磨的非金属衬垫盖内，如后面第五节的图 11-19 所示。寒冷条件下，一个封闭的荧光灯也有助于提高灯泡的工作温度。

3. 灯启动问题

荧光灯和卤素灯冷启动或慢启动特性会给其使用造成一定的麻烦。选择合适的灯具，可以很容易解决这些问题。所有灯具都需要良好的电气连接、适当的电线规格，在这些良好的条件下，才能减少麻烦。白炽灯没有启动加热期，而卤素灯则需要。

在寒冷地区，使用冷启动镇流器荧光灯具，以保证在温度低于 50℉时灯能正常启动。特殊的冷启动（电子）镇流器可以让荧光灯在－20℉情况下启动发光。这些通常比宣传的荧光装置便宜，还消除了照明不均匀的问题。在寒冷条件下，封闭的日光灯增加了灯的工作温度，使光输出效率更高。

卤素灯可以在低至−20℉的温度条件下运行，但其无论在任何温度条件下，都需要3～15分钟才能充分发光。高压钠灯启动速度比一般金属卤化物或汞蒸气灯都要快，但快速启动的高压钠的成本是普通灯的两倍。频繁地开关（不到3小时的时间间隔）会使高强度放电灯的寿命缩短。如果HID灯电源中断（即使是瞬时停电），HID灯却要至少冷却1分钟才能重新启动发光，这又需要几分钟。一个实用的解决方案是独立安装一个白炽灯在HID灯光照区，如有需要就可以立即发光。当只需在此区域停留较短时间时，不必浪费时间等待HID灯。

4. 灯的产热

所有灯具都会产生热量，但一些灯具产生的热量较多，这点在设计中应该考虑到。产生热量较多的灯在有尘埃的环境中会成为一个危险因素。HID灯光可以形成显著的热封闭环境，在寒冷的天气这是一个优点，但在炎热天气这就成了一种负担。一个250瓦的灯将每小时约产生900英热[①]的热量，而一个400瓦的灯每小时将产生约1 500英热的热量。作为比较，一个1 000磅的马在70℉环境下每小时约产生1 500英热的热量，所以每400瓦的灯在热输出功能上等同于1 000磅的马的热输出效率。荧光灯的灯泡较冷，所以其低红外线的输出效率低，因此不能为室内环境贡献显著的热量。白炽灯泡产热快，当白炽灯泡功率为100瓦或更高时应放置在瓷插座上。石英卤素灯运行起来产热非常高，应远离易燃的干草、草垫，还应避免灰尘的覆盖。

5. 接线灯

照明系统需要适当的导线和开关，这些导体和开关负载能力的大小应根据灯具和镇流器所需电流的大小而定。合适的导体会使连接在导体上的在第一个和最后一个灯具之间的电压差不超过20%。电压每下降5%，可导致灯的光输出效率降低15%。当许多HID灯被用来照亮一个室内竞技场时，要交错启动在不同的电路组上的灯，以减少峰值电力需求，而不是一次性开启所有的灯。灯的线路沿着灯的分组分别布开。室外灯应该有自己的单独线路。便利输出电点也应有单独的电路。使用三通和四通开关来照明楼梯、入口和过道，作为"前进开关"照明，让用户在到达目的地后关闭灯。

6. 照明成本

在潮湿和灰尘大的环境里布线和照明要求更加坚固耐用、耐腐蚀的材料，而这些材料的自然成本超过了在清洁环境中的成本。在畜舍包括马的卧床安装所有灯具，需按照国家电气规程来使用防潮耐腐蚀的材料和构造。幸运的是，伴随照明技术和制造业的发展通常会使灯具购买成本降低。

更节能灯具的使用使经营成本明显降低。需要平衡的是电能使用成本、购买安装成本和维护成本。系统维护主要涉及灯的安装高度、多个照明位置的灯具和镇流器的更换，这些地方的人工成本可能会超过灯具本身成本。荧光灯和HID灯比白炽灯更贵。然而，荧光灯和HID灯低耗能节约的成本和灯具的长寿命可抵消其初始成本。如果灯每天的运行

---

① 英热为非法定计量单位，1英热＝1 055.056焦。

时间为 8 小时或更长，荧光灯和 HID 灯通常会在 2 年或更短时间内把自身的灯具成本给省出来。

荧光灯和白炽灯启动时所需能量不高，因此，在不需要照明的时间把它们关掉比长时间运行更可取。由于 HID 灯的启动能量消耗大，在短时间不用的情况下为了节约成本，不必关灯。虽然频繁的通断会缩短灯泡寿命，但当它们长时间不再使用时，关闭它更节约成本。电力成本（即使在最便宜的市场）也比更换灯具的费用要高得多。

第五节　室外照明

室外照明可增强农场工人安全性，提高防盗和防破坏能力，并提高工人的生产率。在建筑入口和工作区域常用节能灯提供照明，如粪便储存和干草、草垫的储藏（表 11-6）。低压钠灯（LPS）发出的黄色灯光在农场照明中是没有用的，如 LPS 灯显色性很差，以至于血和油看起来是相同的。泛光灯（白炽灯、卤素石英或 HID 灯）分布在建筑的前面、后面和两侧，有利于保护动物。除非需要，这些灯一般不需要点亮。户外竞技场可设置夜间骑行活动的灯光（图 11-19）。

表 11-6　室外灯建议方案

活动	推荐照明（英尺烛光）	标准安装 25 英尺高的高压钠灯
安全照明	0.2	100 瓦、8 000 英尺^2
杂物区域	1.0	250 瓦、8 000 英尺^2
活动范围（建筑入口、马匹装卸区）	3.0	250 瓦、2 000 英尺^2

注：1. 改编自《农业线路手册》。
2. 灯具间距不应超过安装高度的 5 倍，金属卤化物可以被取代，功率适当、效率较低的白炽灯也可以被取代。

建议安装可以控制 2 个或多个位置的灯具的集成开关。提供一个开关在马厩内，让马厩的户外灯至少有一个开关在房子里。马厩的内部和外部灯的电路应该分别独立，以保持一个系统的故障不会干扰其他系统的照明。为保持睦邻友好，设置户外照明灯具和使用适当的反射灯时，应使光线不会刺激到附近的居民或过往车辆。

使用外部灯的一个计划是整晚还是在固定时间（比如午夜）打开，而不是只在需要的时候打开。如果需要通宵工作，可以使用光电管来打开和关闭灯。对于固定的时间操作，使用一个光电池和一个时钟在黄昏打开灯并在指定的时间关闭。把开关并联到这个装置上，就可以在需要的时

图 11-19　在骑行区户外照明是可取的，并且得到了大量使用

候把灯打开，不需要的时候关闭。

一、光周期调控

马产业中一个比较常见的做法是把 1 月 1 日出生的小马驹的生日定为标准马生日，这显然是，母马注定会在春季产下小马驹。母马有长达 11 个月的怀孕周期，母马和种马繁殖一旦没有遵循这个循环，就会产生过季产驹。母马正常卵巢周期的高峰出现在 5～6 月。

每日 14～16 小时的光照已被证明可以刺激母马发情。为延长白天，在夜晚增加光照相当于延长了黄昏，夜间光照已被证明比清晨的光能更有效刺激母马发情。但在实践中，最常用的是在凌晨和晚上增加光照。这可以通过安装一个定时器，在早晨和晚上自动打开灯提供照明。在自然光线下，灯内置的一个光检测器会自动将灯关上。在期望的育种时间之前 8～10 周开始增加日长。例如，2 月中旬是母马的繁殖季节，那就在 12 月中旬开始延长光照时间。光照时间的延长要有一个过渡期，从 12 月 1 日开始每周增加 30 分钟光照时间，直到一天的光照时间达到 14～16 小时。

刺激发情周期所需的最低光量是 2～10 英尺烛光（研究发现）。推荐每个栏位有 10 英尺烛光（在离地 2 英尺的地方）。这个要求的灯可以通过一个定时器来开关。注意，这光是在马眼所需的水平，与大多数研究推荐的 10 英尺烛光亮度一致。光照长度也影响种马精子的生成，冬季产精量只相当于夏季繁殖季节一半的水平。种马的繁殖也可以用光照控制母马发情周期同样的方法进行改进。同样，被关在牧场马舍内的母马和马，也可以进行类似的照明。

二、测量光

测量光的仪器有各种不同的样式，都重视对光的波长的度量（图 11－20）。各种波长的特色辐射在各个应用程序的探测范围之内，如可见光、紫外线或红外线。

最常见的是使用光度计测量可见光，被称为光度测定法。其传感器对 380～770 纳米波长的光敏感。这些仪表可以测量人眼能看到的光照辐射。测量单位是英尺烛光（美国计量单位）或勒克斯（SI 单位，1 英尺烛光＝10.76勒克斯）。许多可见光可提供英尺烛光和勒克斯光读数显示。适用于马厩使用的光度计可以在硬件和农产品供应单上找到，模拟型的为 35 美元，数字模拟型的 120 美元。目前更先进的传感器提供了更多的可测指标，在光源的基础上可以显示光的强度，如阳光、白炽灯、荧光灯、HID 灯以及高压钠和金属卤化物灯的光强度。

图 11－20　可用于测量不同位置的光，以确定光的均匀性和整体性水平

将传感器放置于要测量的光线下。避免阴影遮蔽传感器,并保持水平。超过 $10°$ 的倾斜传感器在测量由水平面截获的光时,可以产生 5% 的误差。远离传感器是很重要的,因为一个人的身体不但投射阴影在传感器上,还造成了一个黑暗的表面,干扰了光的反射。放置传感器在"工作面"附近,以确定光的水平。如果没有其他指定高度的话(桌面高度),工作面都被假定为 2 英尺。

一个良好的照明设计是很重要的。因为灯具一旦安装,移动固定装置和电线的代价是很高的。为了评估安装设计的潜在改进,可以在照明空间周围进行测量。注意空间的哪一部分是最重要的,要有充足的光线,并有均匀的光照度。在每个灯具或自然光源的正下方和附近,光级会更充足。用网格设计法,尽可能多地进行实际测量,多次测定光照水平较高的地方(在灯具正下方)和较暗的地方(在角落)的位置,计算平均值。可以更新设备,更新更高或更低功率的灯泡(灯具和线路要能安全地支持更高功率的替换),或通过改变灯具的类型来改进光线分布。例如,在使用相同的布线时,将白炽灯换为荧光灯,可以获得更好的光线强度。自然光照作为人工光源的补充。

三、灯具安装位置的测算方法

1. 简化设计方法

表 11 - 7 给出了一个估计每平方英尺提供 10 或 20 英尺烛光(照度单位)的照明装置的数量和位置的简化测算方法。表中的值是由灯制造商提供的数据和农业环境中照明系统的实际性能得出来的。白炽灯和荧光灯是用在 $8\sim12$ 英尺的天花板高度的区域,如马具房、马栏或马厩的过道。HID 灯被用于更高的安装高度,如在室内竞技场。灯具的间距表示为安装高度与间隔距离的比值(s/Hp)。这种设计方法使用最大的 s/Hp 比 1.8,以提供相对均匀的光。比值小于此值将提供更均匀的照明,当 s/Hp 比为 1.0 时,可以提供很好的均匀性,同时最大限度地减少阴影率。每个灯具之间以及每一行或一排灯之间都需要分别满足间隔标准。

表 11 - 7 室内照明设计的价值在于灯的适当摆放,可为单位工作表面提供 10 或 20 英尺烛光的光量

灯的类型	灯具尺寸功率(瓦)	每台设备占地面积			
		每平方英尺 10 英尺烛光		每平方英尺 20 英尺烛光	
		照明面积 A_L(英尺²)	照圆的等效直径 D_L(英尺)	照明面积 A_L(英尺²)	照圆的等效直径 D_L(英尺)
白炽灯[①]	100	52	8	26	6
4 英尺长荧光灯[①]	1 个 32 瓦	87	11	44	7
	2 个 32 瓦	174	15	87	11
8 英尺长荧光灯[①]	4 个 32 瓦	348	21	174	15
高压钠 HID(反射+折射)	150[②]	656	29	328	20
	250[②]	1 128	38	564	27
	400[③]	2 050	51	1 025	36

（续）

灯的类型	灯具尺寸功率（瓦）	每台设备占地面积			
		每平方英尺 10 英尺烛光		每平方英尺 20 英尺烛光	
		照明面积 A_L（英尺^2）	照圆的等效直径 D_L（英尺）	照明面积 A_L（英尺^2）	照圆的等效直径 D_L（英尺）
高压钠 HID（仅折射）	150②	512	26	356	21
	250②	880	33	440	24
	400③	1 600	45	800	32
金属卤化物 HID（反射＋折射）	100②	250	18	125	13
	250②	828	32	414	23
	400③	1 350	41	675	29
金属卤化物 HID（仅折射）	100②	201	16	101	11
	250②	667	29	333	21
	400③	1 088	37	544	26

注：1. 改编自《提高牛奶产量的补充光照》。
2. HID 为高强度放电。
① 安装高度为距地面 8 英尺。
② 安装高度为 10～15 英尺。
③ 如果安装高度超过 15 英尺，只使用 400 瓦的灯。

确定一个区域所需的固定装置的数量，按表 11 - 7 所列的照明面积划分出区域。表 11 - 7 还表示光照面积相当于一个等效圆形面积。了解到一些灯、荧光灯和 HID 灯的矩形反射，形成一个矩形光带在地板上。圆形光被假定为简单的设计方法。将上述面积计算得出的间距与所提供灯具的等效直径进行核对。一些灯具提供的光照面积有限，例如一个直径当量为 10 英尺的圆的光照面积，这一距离是由灯具的位置决定的。下一节提供了一套使用两到四排 HID 灯为骑行区提供至少 20 英尺烛光的计算方法。当实际生产商提供的灯模式数据可用时，应使用这些数据。这种简化的方法用于屏幕照明系统设计的潜在适用性。

2. 室内照明布置实例设计条件

（1）长、宽分别为 120 英尺、60 英尺的竞技场，有 7 200 英尺^2 面积的跑马场。

（2）在侧壁高度为 16 英尺的桁架底弦上安装灯。

（3）如果灯被安装在 16 英尺高的桁架而工作面高度约 2 英尺，那么安装高度是 14 英尺。

（4）提供至少 20 英尺烛光的光；30 英尺烛光用于明亮的室内（表 11 - 1），以减少阴影，减少光和暗斑间隙。需要 s/Hp 值不超过 1.8 的均匀光，当 s/Hp 值达到设计的理想值 1.0 时可使阴影最小化。

（5）这个较小的宽 60 英尺的标准场馆可以考虑在建筑长侧墙壁上安装两排或三排平

行灯光。在更宽敞的竞技场，在评估后也可以考虑 4 排灯。

3. 选择各种照明选项来评价

对四种类型 HID 灯具特点的评估见表 11-7（有和没有反射装置的高压钠灯和金属卤化物灯），看看哪一种应用效果更好。

尝试在三个高压钠灯具上均安装反射和折射装置：由于光输出少，只有一个折射，所以尝试用两个较大功率的灯。

尝试使用大功率金属卤化物灯，因为低功率的灯照亮的面积很小。

在表 11-8 中提供选项、计算和结果。每个选项都分配了一个字母号（A1 至 I3），以便在示例讨论期间进行标识。

计算所需的灯具数量和间距，确定所需设备总数。

按照每个类型灯具的照明面积（根据表 11-17 确定每种灯具的照明范围）把整个竞技场（7 200 英尺²）划分开。灯具不足会导致光的均匀性不足。

如果竞技场有两个或三个固定装置，计算出每一行的灯具数。如果竞技场上设置有 2 排、3 排或 4 排灯，那就拿灯具总数除以行数。

确定排灯之间的间距（表 11-8a 中的 D2），将行数除以马场的宽度（在这种情况下是 60 英尺）。

确定每一行中的灯具间隔（表 11-8a 中的 D2）。用每行的灯具数量除以行长（在本例中为 120 英尺）。

计算灯具的行内和行间距的 s/Hp。用灯具间隔除以 Hp（14 英尺）。

4. 检查灯具间距是否满足均匀照明

比较列内和列间的灯间距（D1 和 D2）照明区域的等效直径（表 11-8a 中的 D_L）。间距大于等效直径将在地板上留下不可接受的大面积弱光区域。

检查设计的间距是否满足 s/Hp 值低于 1.8，以便提供相对均匀的光。

为了进一步考虑，设计必须经过所有的间距检查。

5. 结果和讨论

四照明设计方案（A2、D2、F2、H2）提供合适的光均匀性，如表 11-8a 和表 11-8b 所示。这四种配置提供的照明和间距，满足灯行内部和灯行之间的 s/Hp 值及光的均匀性标准，灯和灯之间的距离等于或小于光的照明直径。

所有适当的设计都有三排灯，每排 5~7 个灯具，第一排设计使用 150 瓦灯泡，另外三排设计使用 250 瓦灯泡。合适的设计代表这四类 HID 灯都是被评估过的，这表明，这几个合适的设计均能为室内骑马竞技场环境提供适当的照明。

两行的灯具设计都不满足灯与灯之间和行与行之间的尺寸均匀性光的间距标准。

三种设计的灯放置说明见图 11-21（a）（b）（c），用圆圈代表每个灯照明区域。圆圈之间的空间将有光，但小于 20 英尺烛光的标准。

表 11-8a 采用高压钠灯照明的一个室内马术竞技场实例拓展表可提供 20 英尺烛光均匀照明

	高压钠装置														
	反射和折射									只有折射					
	A1	A2	A3	B1	B2	B3	C1	C2	C3	D1	D2	D3	E1	E2	E3
照明设计方案															
灯功率（瓦）	150			250			400			250			400		
地板覆盖面积 A_L（英尺²）（表 11-7）	328			564			1 025			440			800		
所需灯具数量	22			13			7			16			9		
两排灯（2×…）；固定装置每排	11.0			6.4			3.5			8.2			4.5		
三排灯（3×…）	7.3			4.3			2.3			5.5			3.0		
四排灯（4×…）	5.5			3.2			1.8			4.1			2.3		
确定空间															
照明面积直径 D_L（表 11-7）	20			27			36			24			32		
排灯内的距离 D_1（英尺）	11	16	22	19	28	38	34	51	68	15	22	29	27	40	53
行间距离 D_2（英尺）	30	20	15	30	20	15	30	20	15	30	20	15	30	20	15
s/Hp 行内	0.8	1.2	1.6	1.3	2.0	2.7	2.4	3.7	4.9	1.0	1.6	2.1	1.9	2.9	3.8
s/Hp 行间	2.1	1.4	1.1	2.1	1.4	1.1	2.1	1.4	1.1	2.1	1.4	1.1	2.1	1.4	1.1
（1＝是；0＝否）间距适用性															
是否满足行内光距（$D_1 < D_L$）？	1	1	0	1	0	0	1	0	0	1	1	0	1	0	0
是否满足行间光距（$D_2 < D_L$）？	0	1	1	0	1	1	1	1	1	0	1	1	1	1	1
是否满足行内的 s/Hp 均匀度（s/Hp<1.8）？	1	1	1	1	0	0	0	0	0	1	1	0	0	0	0
是否满足行间的 s/Hp 一致性（s/Hp<1.8）？	0	1	1	0	1	1	0	1	1	0	1	1	0	1	1
设计是否有用？	0	1	0	0	0	0	0	0	0	1	0	0	0	0	0

注：长×宽为 120 英尺、60 英尺、檐口高度为 16 英尺的竞技场。

表 11-8b 以提供 20 英尺烛光均匀照明来评价采用高压钠灯照明设计的一个室内马术竞技场实例拓展表

	金属卤素灯											
	折射与反射								只有折射			
	F1	F2	F3	G1	G2	G3	H1	H2	H3	I1	I2	I3
照明设计方案												
灯功率（瓦）	250			400			250			400		
地板覆盖面积 A_L（英尺）（表 11-7）	414			675			333			544		

（续）

	金属卤素灯											
	折射与反射								只有折射			
	F1	F2	F3	G1	G2	G3	H1	H2	H3	I1	I2	I3
所需灯具数量	17			11			22			13		
两排灯（2×…）；固定装置每排	8.7			5.3			10.8			6.6		
三排灯（3×…）		5.8			3.6			7.2			4.4	
四排灯（4×…）			4.3			2.7			5.4			3.3
确定空间												
照明面积直径 D_L，（表11-7）	23			29			21			26		
排灯内的距离（英尺）（D_1）	14	21	28	23	34	45	11	17	22	18	27	36
行间距离（英尺）（D_2）	30	20	15	30	20	15	30	20	15	30	20	15
s/Hp 行内	1.0	1.5	2.0	1.6	2.4	3.2	0.8	1.2	1.6	1.3	1.9	2.6
s/Hp 行间	2.1	1.4	1.1	2.1	1.4	1.1	2.1	1.4	1.1	2.1	1.4	1.1
（1＝是；0＝否）间距适用性												
是否满足行内光距（$D_1<D_L$）?	1	1	0	1	0	0	1	1	1	1	0	0
是否满足行间光距（$D_2<D_L$）?	0	0	1	1	1	1	0	1	1	0	1	1
是否满足行内的 s/Hp 均匀度（s/Hp<1.8）?	1	1	0	1	0	0	1	1	1	1	0	0
是否满足行间的 s/Hp 一致性（s/Hp<1.8）?	0	1	1	0	1	1	0	1	1	0	1	1
设计是否有用?	0	1	0	0	0	0	0	1	0	0	0	0

注：长×宽为120英尺×60英尺、檐口高度为16英尺的竞技场。

所有四个合适的设计都有效地覆盖了室内骑马竞技场的地板。通过让灯光圈"接触"角落，让灯光照射到舞台的各个角落。这会在竞技场的角落里重叠一些光线（反射墙表面在这里会有所帮助）。参照图11-21（c）（d）。

图11-21（c）所示为沿墙侧壁安装灯的方法。沿墙较低部位的一排灯可以为整个侧壁提供20英尺烛光的照明。最上面的灯光和侧壁的灯光会有部分重合。但部分地方光照度不足20英尺烛光。可以考虑在较低的侧壁上重复安装更多的灯，为骑马竞技场提供更均匀的光照。

如果灯具之间的间隔太大，会导致整个场子的s/Hp值都小于1或接近1.8的，应该可进一步考虑采用（G1，H3，I2）。设计H3如图11.21（d）所示，该方法提供了较好的光照条件。因为其设计均为四排而不是三排灯，所以光被密集地打在竞技场上。

这个例子表明，适合于骑竞技场照明的方案不止一种。三排灯具可为60英尺宽的竞技场的整个场地提供20英尺烛光的均匀照明。还需要为竞技场的边缘提供更多的光，以便为沿着墙壁的骑行者提供足够的光照。放置灯的效果取决于灯光光源的选择和灯光布置的间距。照明制造商和顾问可以提供更复杂、更专业的照明设计方案。应在规划阶段对照明因素进行认真分析，因为灯具一旦安装，要想重新布置是困难和昂贵的。

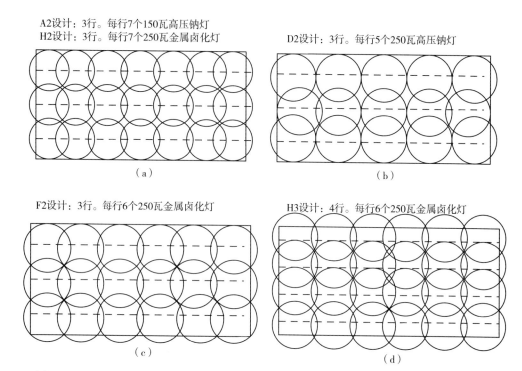

A2设计：3行。每行7个150瓦高压钠灯
H2设计：3行。每行7个250瓦金属卤化灯

D2设计：3行。每行5个250瓦高压钠灯

（a）

（b）

F2设计：3行。每行6个250瓦金属卤化灯

H3设计：4行。每行6个250瓦金属卤化灯

（c）

（d）

图11-21　基于简化方法计算为室内骑马竞技场提供20英尺烛光均匀照明的灯具间距实例

本章小结

　　为马厩和室内骑马场提供良好的照明，可以提高马场设施的舒适性和实用性。户外照明提高了夜间活动的安全性和方便性。自然照明当然可以，但在大多数情况下，都需要电力照明来补充。有许多常用的照明设计，以满足各种马厩的要求。一个好的设计通常使用不同的灯具和装置，以配合不同领域的光照要求。应为马提供至少一个高质量和高亮度的区域，以便进行与马护理有关的详细工作。必须使用比家用住宅更坚固和更密封的灯具，以适应马厩和竞技场高水分和灰尘的环境。

第十二章

供　暖

一些马厩管理者希望马厩在冬天能保持温暖，使马厩的室内温度保持在 40℉左右。在北方的气候中，保持马厩的温度为 50℉，这种情况并不少见。马常年保持短毛，只要马厩的空气质量保持新鲜，温暖的环境就对新生马驹的成长有益。重要的是，要抵制住用马的身体热量来加热马厩的诱惑，不要把马厩关得太紧，因为这会导致潮湿、气味难闻的情况。本章介绍可用于维持温度的措施和维持马厩良好空气质量的加热系统。

供暖包括为建筑提供热量，并试图使很大一部分热量不仅保存在建筑内，而且为居住者提供舒适的环境。传热的三种形式是传导、对流、辐射。传导是通过一个固体到另一种固体的热运动，例如，座位在一个寒冷的金属看台上通过接触加热。对流是通过流体（气体或液体）运动，热空气上升加热建筑物的天花板，而冷空气聚集在地板附近。辐射是物体之间一种强大的热传导形式，可以"看到"彼此，越靠近柴炉，面对柴炉的那一侧身体接收的热量就越多。

第一节　舒适的温度

马的适应温度范围很广，在人类感觉不舒服的寒冷天气下马仍能适应（图 12-1）。与马的最适温度（55℉）相比，人的最适温度大约是 70℉。马是热中性的，舒适温度范围为 32～85℉。图 12-1 显示了马在保持恒定体温（恒温区）的情况下所能忍受的大范围温度。如果有好的营养条件和驯化条件马可承受的温度可以低于 0℉。

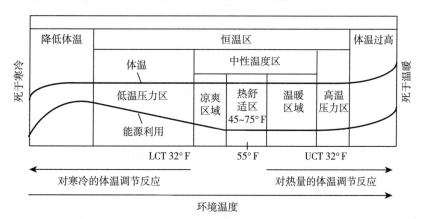

图 12-1　马的环境温度范围相对于正常舒适的大气压而言，马比人类适应温度的范围更广。
LCT 为最低临界温度，UCT 为最高临界温度

一个让马和人都舒适的马厩解决方案是在谷仓里提供一个加热区，人们可以在那里取暖或带马去工作。这可以使得栏位区域通风良好，并在适当的温度下，同时给管理者提供一个单独的舒适空间。加热器经常在不同的房间里使用，如马具房间和休息室。在寒冷的天气，隔出一个清洗专用区域，配有洗衣房、马具室和修饰站，并配备补充热源，这是保持整个马厩温暖并为人类提供舒适环境的良好选择，并可以为人类提供舒适。

一、加热系统

主要有两种方法来提高室内温度。一种是通过增加整个房间的热量使整个室内空气被加热到所需的温度。热量由一个加热器（S）或中央锅炉提供。另一种方法是通过辐射传递热能，达到温暖马厩环境、提高目标温度的目的。用辐射可以使个别马在特定区域会感觉更温暖，但马厩的空气温度依旧保持较低的状态。辐射供热可采用两种形式，一种是在头顶提供辐射能的高温装置，通常是在一个较小的区域。第二种是在地板提供低温辐射热。这两种类型的辐射热在长时间间隔使用时也将整个空间加热。这是因为靠近暖气表面的空气通过传导加热，然后通过对流分布，使整个房间温暖。下面各节将对这些加热系统进行解释，并在图 12-2 中进行描述。本章的讨论集中在永久安装的供暖系统。便携式住宅或露天的"空间"加热器不建议用于马厩，因为无人看守会有火灾隐患。

空间热量通过强制通风管道　　　　在楼板辐射热　　　　辐射加热器的开销

图 12-2　三种适用于马厩环境的加热系统

马厩的环境加热，需要考虑的不仅仅是加热单元（多个）本身。热单元是一个系统的一部分，该系统还包括燃料或电力传输、检测和保持所需温度的控制，以及在整个空间分配热量的方法。加热的房间的是隔热的，以减少热量通过墙而损失。要保持室内墙壁温度接近室内空气温度。加热后的马厩需要进行室外空气交换，以清除马厩中陈腐、潮湿的空气，更换新鲜的空气。

一个马厩可以采用多种加热系统。一般可以通过地板空间进行加热（图 12-3），如果马营养良好，它可以适应寒冷的天气，即使在温度低于 0°F 时也会感觉舒适。高空高温辐射加热法可以在马具间、饲喂间和清洗间使用。中央锅炉可以为马厩工作通道的地板辐射供暖系统提供热水，也可以为其他地方的地板或架空单元加热器提供热水。在

图 12-3　马适应寒冷的条件是要有良好的营养，马才会在温度低于 0°F 时感觉舒适

大多数加热应用中，区域加热和控制是比较容易的，因此只在需要的地方和适当的时间提

供热量。

二、新鲜的空气质量

有采暖设施的建筑物通常采用机械通风方式进行新鲜空气交换。机械通风系统由一个（或多个）风扇、空气出入口和控制装置组成。为保障马厩的温度不发生太大变化，在供暖季节通常使用加热和机械通风装置，而在一年中其余时间使用自然通风。寒冷天气需要减少通风量，夏天要增加通风量，还要用恒温控制风扇的通风量，以适应寒冷和温和的环境。（如果马厩在夏季不是自然通风，在炎热的环境下需要增加风扇和进气口容量。）

在寒冷的天气，通风对于温暖的马舍保持良好的空气质量很重要。低通风率换气，既能保持空气质量，又可以维持空气温度。一匹马每天正常呼吸作用会向空气中释放约 2 加仑的水蒸气。如果该水分积在马厩中，会增加建筑物上冷凝水和结霜的风险，并且给人一种潮湿、难闻的感觉，如果通风去除湿气，也将同时除去马厩空气中聚集的异味、氨气和病原体。

冬季外部冷新鲜空气被加热后输入马厩，单位体积的空气将保有更多的水分（空气的自然湿性），就像用海绵吸收环境中的湿气（图 12-4）。这种温暖而潮湿的空气必须从马厩中排出，换上新鲜干燥的空气。通风换气是马舍热损失的主要途径，特别是在温度较低的时候，但为了在寒冷的天气里保持马舍内良好的空气质量，也要建议控制通风率。参见第六章关于通风系统设计的内容。

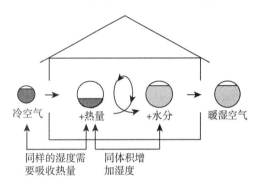

图 12-4 外部相对湿度高的冷空气被加热以降低相对湿度，然后用来吸收马厩内的水分。最终，这些温暖、潮湿、有气味的空气被更多的新鲜空气替换

第二节 马厩中作业区域的加热

上节集中介绍马厩中加温装置的应用，这些装置主要用于辅助设施，如养殖圈舍或室内骑竞技场。但马厩的办公室、休息室、留观室和马具室往往采用住宅建筑标准，通过借鉴住宅的加热系统（踢脚线加热、强制空气系统、地板辐射等）提供热量。要知道，马厩中工人作业区域的灰尘和湿气会比普通家庭房屋中的更大，所以对设备耐腐蚀性和加热器过滤器的防灰尘堵塞比家庭中的要求更高。下面的内容就介绍围绕马厩所处的恶劣环境，怎么建立一个高质量、温暖的空间。

一、空气能加热

马厩的全部或部分区域，都可以通过加热空气达到所需的温度，如图 12-4 所示，外部的冷空气具有较高的相对湿度，加热后相对湿度变低，使得马厩整体湿度下降。最终，舍内高湿度和异味的温暖空气被流入马厩的新鲜空气中和。由于灰尘和马厩的潮湿空气对设备有损害，用于农业用途的单个单元的加热器（图 12-5）相对便宜，并且耐湿（不是家庭、办公室或野营环境中使用的便携式空间加热器）。为了节省能源成本（相对于电），常采用燃气作为热源来加热空气。燃气加热器需要新鲜的空气帮助燃烧，在户外安置时新鲜的空气不需要用专门的管道提供，但在室内使用时，需要管道为燃气加热器提供新鲜空气来助燃，有时还需要为燃烧产物提供一个通向外部的通风口。这是因为丙烷和天然气燃烧产物包括水蒸气、二氧化碳和一氧化碳。最后一种化合物对人和动物是致命的，但当加热器内有足够的氧气供完全燃烧（这是供应新鲜通风空气的另一个原因）时，排出的一氧化碳量会很少。在通风良好的空间，空间加热器不需要单独的排气孔来排放燃烧产物。每 1 000 英制热单位（Btu）至少提供每分钟 2.5 英尺³ 额外的

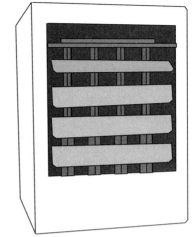

图 12-5 空间的热量可通过农业质量部门单元加热器供应，与商业和住宅环境的热量应用相比，该单元加热器设计成能承受较高的湿度和灰尘的水平

通风能力，以清除燃烧产物。在寒冷天气，马厩中每增加一匹马（每匹马约 25 英尺³），通风率要增加约 10%。

整个加热系统中，通过循环热水系统来传递热量，还有房间里的暖气管、散热器和前文所述的加热器。锅炉或燃烧器的燃料可以是天然气、油、木材或煤。通常将燃烧器置于马厩的外部，以方便排出燃烧废弃物。

空气能供暖系统的主要问题是天花板或房脊附近的热空气会分层。只有通过通风系统或使用吊扇，使马厩上层的热空气进行上下循环，否则热空气会停留在上层空间，而马厩地板和下层空间空气一直保持较低的温度。可以使用小循环风扇（直径 8～12 英寸）强制使空气进行对流，以改变空气分层情况。但吊装在天花板的风扇不应该将风直接吹在马身上，因为流动的空气会直接带走马体表的热量。有一些吊顶风扇电机可以反向旋转，将空气向上抽吸，将天花板上的热空气循环到低空区域，且不会产生向下的直吹气流。吊扇可以安装在中间通道上方，以减少马厩整体的空气流动。

二、热的传导和对流

如果没有一个好的热传导和分配机制，热空气将一直停留在加热器附近。加热器一般配有一个排气风扇，可以把加热的空气吹到 10 英尺（约合 3 米）或者更远的地方，但这依然不足以让马厩的热量均匀分布。为了使热量分布更加均匀，可以使用一长条带有排气孔的风管，连接在加热器排气处或附近（图 12-6）。管道可以由柔性塑料制成，通常采用为"聚乙烯管"材料，或者使用采用胶合板、硬质塑料大口径管道，或金属材料制作的硬质管道。通风管无论是软管还是硬管都可以有效地工作。

要根据马厩设计特点合理安排热空气输送管道。该管道应足够长，以能将热空气输送到需要它的地方，但通常不超过 100 英尺，以保持合理的空气流动性，减少输送阻力。如

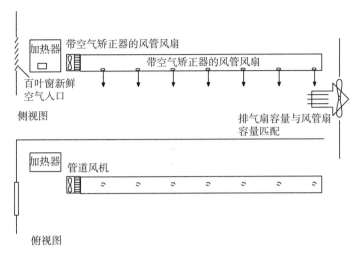

图 12-6 单元加热器的俯视图和侧视图。将加热器加热的空气
输送到空气分配管道的进气口

果需要加热的空间比较大，可以根据需
要分为几个区域进行供热。管道内的最
大空气速度通常限制在 600 英尺/分。
根据将要分配的空气体积来确定横截面
的面积：面积（英尺^2）＝体积流量
（英尺^3/分）/空气速度（英尺/分）。一
般最小通风是 25 英尺^3/马。这样新鲜
空气可以加热后输送到整个马厩。通过
增加马厩空气（再循环空气）通风量和
加强通风级别可以提供额外的空气容
量。让马厩的温热空气与新鲜、寒冷的
进风一起循环，可以调节风道空气温
度，以避免潮湿的马厩空气在风道表面

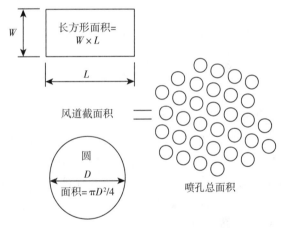

图 12-7 风道截面积应近似等于所有孔面积之和

凝结。通风管开孔的数量和尺寸的设计原则一般是使孔的总面积近似等于管道的截面积
（图 12-7）。表 12-1 列出了对各种风管尺寸的风道气流能力以及排放孔数量和大小的
选择。

表 12-1 提供选定通风率的管道尺寸和孔数

管道横截面尺寸					不同直径的孔的数量					
通风率 （英尺^3/分）	管道面积 （英寸^2）	接近正方形 （英寸）	长方形 （英寸）	圆形（直径） （英寸）	1英寸	$1\frac{1}{4}$英寸	$1\frac{1}{2}$英寸	2英寸	$2\frac{1}{2}$英寸	3英寸
100	24	4×6	3×8	6	31	20	14	8	5	
150	36	6×6	3×12	8		29	20	11	7	5
200	48	7×7	3×16	8		39	27	15	10	7
250	60	8×8	5×12	10			34	19	12	8

（续）

管道横截面尺寸					不同直径的孔的数量					
通风率（英尺³/分）	管道面积（英寸²）	接近正方形（英寸）	长方形（英寸）	圆形（直径）（英寸）	1英寸	$1\frac{1}{4}$英寸	$1\frac{1}{2}$英寸	2英寸	$2\frac{1}{2}$英寸	3英寸
300	72	8×9	6×12	10			41	23	15	10
350	84	9×10	7×12	12				27	17	12
400	96	10×10	6×16	12				31	20	14
500	120	10×12	8×16	12					24	17
600	144	12×12	8×18	14					29	20
700	168	12×14	8×20	16						24
1 000	240	16×16	10×24	18						34

注：管空速大约600 FPM。

　　柔性聚乙烯管道的优点是建设成本低，更换费用也较低。然而，如果安装位置低而导致马被触碰（高度低于12英尺），管道就容易被破坏。一般使用线缆穿行于聚管内来悬挂支撑，以保持它处于适当高度。除非在加热循环中连续循环未加热的马厩空气，否则聚热管在连续加热过程中需要放气以释放压力。当为聚乙烯管充气时，随着加热空气的注入，聚乙烯管会从松散的悬挂位置迅速膨胀发出较大的声音。这种噪声可能会让人和一些马感到不安，但若长期使用，人和马会逐渐习惯。灰尘和污垢堆积在透明的聚乙烯管中，很容易被发现，可以更换新的管道。

　　当采用不连续加热供气时，首选硬质管道进行输送。板材和轻型建筑结构的管道不能承受马踢和磨蹭。随着时间的推移，马厩中暴露在潮湿、灰尘中或有物理损伤的金属管道可能会生锈或腐蚀。不坚固的管道材料至少保持8英尺高，以避开马接触到。PVC管是非常好的材料，因为它有一定的柔韧性，能抵抗大多数马的踩踏，并且能耐受马厩中的水汽和灰尘，因此比较常用。不要使用住宅式玻璃纤维风管板，因为它会积聚灰尘和吸收水分。图12-8所示是一个马厩加热系统，它使用一个加热器（位于马厩外的另一个房间）和PVC管来分配热空气。虽然无法看到硬质管道内部的灰尘和污物的积累情况，但应定期检查，保持管道内部清洁。

图12-8　加热马厩的架空刚性管，用于对整个马厩的内部提供温暖的空气。加热器位于附近一个单独的杂物间

　　管道上开孔位置争议较大。马厩内的大多数送暖通道所在的位置都高于马活动区域。这样从孔中排出的空气应具有较高的速度，以到达马活动区域，但这些热气流只能到达5～8英尺远的地方。孔的位置一般开在3点和9点钟的位置（在圆的导管上），或在

4 点和 8 点钟的位置，形成一个略微向下的角度。图 12-9 所示是各种空气输送管和开孔的位置。其目的主要是提供热空气、新鲜冷空气，或者与循环的马厩空气相结合。让马厩外部的空气进来，内部的空气排出去，使其与马厩中暖空气混合。这种混合不仅会加热进入的冷空气，还有助于把最温暖的热空气带回到马活动区域。

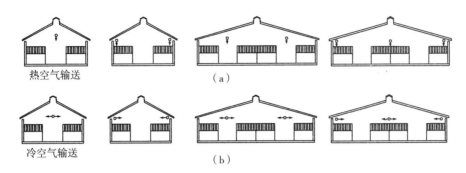

图 12-9 输送加热空气和新鲜空气的管道位置和孔位置
(a) 向下输送加热的空气使其进入马活动区域 (b) 在风管中冷空气水平输送，与马厩的空气混合后进入马活动区域

举例计算：空气输送管道。

下面给出了向一个有 8 个马厩的马厩区域输送空气的计算方法（图 12-10）。推荐的最小新鲜空气通风量为 25 英尺³/马，你可以按照两倍的空气交换量再次进行计算。新鲜空气交换量最少需要 25 英尺³/马×8 马＝200 英尺³。这些空气可以被加热后以新鲜的热空气形式分布在马厩中。如按照两倍空气需要量即 400 立方英尺计算，在最冷的天气中使用新鲜空气与原有的半新鲜半循环空气相结合，既能保障空气的温度，又能提供新鲜空气。当输送加热后的空气通过管道时，将管道底部的孔打开，将热量向下引导到马居住区域。如果管道中输送冷空气，则需要将孔关闭。

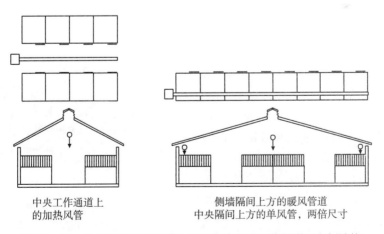

中央工作通道上的加热风管   侧墙隔间上方的暖风管道 中央隔间上方的单风管，两倍尺寸

图 12-10 为"空气分配风管"加热风管应该摆放的位置实例计算

案例 1 两边四匹马组成中央通道。管道长度为 48 英尺，位于中央通道的上方，在管道的每一边，有孔向下（热空气）或水平交替引导新鲜空气进入马厩。参考表 12-1，

200 英尺³/分的输送管道，其直径应为 8 英寸，需要开 15 个直径为 2 英寸的孔，每个孔间隔 3 英尺。为了给每匹马提供两倍最小空气流速（总共 400 英尺³），使用一个直径为 12 英寸的 PVC 管，开 30 个 2 英寸直径的孔（平均间隔每 1.5 英尺）或 20 个直径为 21 英寸的孔（孔间距为 2.5 英尺）。

案例 2 8 个马的单排通道。管道长度为 96 英尺，位于墙上一侧，孔的位置要么直接竖直向下（加热空气），要么水平地开在管道的一侧（对着对面的墙）。为了能提供 200 英尺³ 的最小通风率，使用直径为 8 英寸的圆管，开 27 个直径为 1.5 英寸的孔或 15 个直径为 2 英寸的孔。每个孔保持 6 英尺的距离，使每个马床有 2 个新鲜的空气配送孔。为了提供 400 英尺³ 即两倍的通风量，可以使用一个直径为 12 英寸的管，开 20 个 2.5 英寸的孔。

三、辐射热

辐射热可用于加热热源可见范围内的物体。辐射热通过射线传播，所以头顶上的辐射式加热器将直接加热它下面的物体，但不会显著加热周围的空气（至少在短期内使用时是这样）。其效果与在阳光直射的地方感到温暖的太阳辐射能量是一样的，但是当人们进入阴凉处并离开直接辐射的射线时，辐射热效应就会消失。

辐射热比传统的空间加热节省能源。其一是辐射热直接传递到所在空间的居住者身上，但不会整体加热该空间的空气。回想一下，你在阳光直射下和在阴凉处的感觉。尽管在相同的气温下，但在直接辐射能的照射下，人们会感到更温暖。第二种方式是在地板和使用区域应用辐射热，而不是在建筑物的高处，将大部分热量释放在需要的地方。地板辐射热会直接加热地板。安装在头顶上的辐射式加热器将加热直接照射到的地方，靠近加热地板的空气会被加热，所以温度上升会比较慢。辐射加热器不使用风扇或管道分配系统，噪声较小，也不会产生扬尘，但它们需要被放置在需要加热的地方。

四、架空高温辐射加热器

架空辐射加热器一般应用在马舍中面积较小但重要的区域。它们由电力驱动，或者使用天然气或丙烷以降低成本。辐射加热器在热辐射元件周围安装一个反射罩，能够耐高温，并保护加热器背面附近的结构免受辐射或燃烧（图 12 - 11）。为了获得更高的热效率，辐射加热器通常设置在清洗区或梳理区上方（图 12 - 12）。辐射式加热器应用于室内场馆内，观众体验效果很好。它是节能的，因为它能直接加热受体和更有效地提供温暖。当马场有比赛等活动时，可以短时间内在马厩的顶部进行辐射加热。但当需要长时间连续加热供暖时，空气加热（强制空气）系统更经济、更常见。

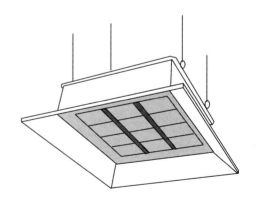

图 12 - 11 顶部高温辐射加热器。通过与加热器"视线"内的物体进行能量交换来加热马厩的部分空间

辐射加热器可以为辐射到的任何对象加热，因此要特别注意安全，易燃材料如干草和

草垫应远离高温辐射热源。使用说明提供了离加热器辐射屏蔽层以上的建筑材料（天花板）的最小距离，以及与可燃表面之间的安全距离。

图 12-12 架空电辐射加热器用于马的梳理区
（由 Kalglo Electronics 提供）

五、常见辐射加热器

适合于马厩的常见辐射热设备有三种。第一种也是最简单的是发热灯泡，一般用于为新生马驹临时保暖。发热灯泡很容易安装布线，但有潜在的火灾危险，因为它悬挂高度较低。发热灯泡应当配有金属防护罩，防止任何东西与其接触到，并将其悬挂起来，插电时不能接触到地面（和易燃的垫层），以保障使用安全（图 12-13）。用钩子将灯悬挂在离马床不超过3英尺的地方。安装时要使电源线比地板到挂钩的距离至少短 1 英尺，这样，如果链条从挂钩上掉了下来，灯不会掉到地板上而被摔坏。使用一个 S 形的钩子夹紧灯泡，以增加保护，防止灯被撞倒。发热灯泡装置较便宜，但操作相对不安全，因此它不用于一般的马舍辐射热需求。

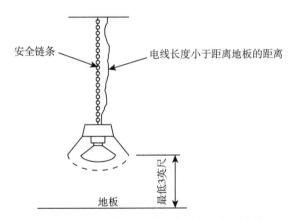

安全链条 → ← 电线长度小于距离地板的距离

地板 — 最低3英尺

图 12-13 为减少可燃材料引燃的机会，应悬挂热灯泡，
使其在链条支座脱落时自动断开

第二种辐射式加热器是一种用电加热的装置，将热量提供给较小的区域（图 12-11 和图 12-12）。一个区域可能需要安装不止一个加热装置。它安装简单，只需安装一个接地系统和电路过载保护系统，能够保障加热器用电安全。如果使用者需要同时接触水和插座，则需要安装接地故障中断插座。建议将加热器放在一个单独的电路上，并在使用区域就近安装开关。电辐射加热器单位输出热量的成本通常比燃气加热器高。但在较低的天花板安装燃烧加热器不太方便实现。一般来说，将电辐射加热器放置在马（马背）上方3~4英尺的地方，或地板上方8~9英尺的地方。大型燃气辐射加热器要求安装高度大。但这些只作为规划的参考，应优先遵循制造商的安装规格。

第三种辐射加热器是一种气体燃料加热装置。这种加热器适用于加热小场地、相对紧凑的区域、室内骑行场、马厩或座位看台或整个工作通道（图12-14）。在大型公共马表演场地的观众座位附近可以看到长辐射管式加热器（图12-15）。燃气辐射加热使用成本比电辐射加热器低，因此常用于略大面积或长时间的加热。

在有足够的空气交换的前提下，小型燃气辐射加热器可以不需要排气装置，但需要遵循至少第六章所述的最小通风准则。长管辐射加热器通常有20~60英尺长，有一个完整的进气和燃烧排气通道。燃气辐射加热器需要较高的安装高度，至少安装在离地板12英尺的上方，为较小的地区供暖。也可以安装在6~14英尺的高度，在一个较低的高度为马提供热量。

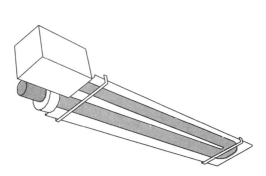

图12-14　辐射热可以由一根长的辐射
管大范围地提供热量

图12-15　长辐射管放置在顶置灯附近，
不仅由加热炉管向空间提供
热量，还为观众区提供热量

当辐射式加热器连续使用时，在其辐射范围的表面都会被加热。混凝土地板能够很好地吸收辐射热，然后再散发出热量。这为站在地板上的人或马提供了一个温暖的表面，并通过对流的方式加热附近的空气。辐射加热器辐射到的任何表面会都有此现象。辐射式加热器的Btu容量比强制空气炉系统的Btu容量少15%，能耗也相应地减少（这个数字是用于住宅供暖，没有现成的关于马设施的数据）。

第三节　控　　制

电辐射加热器的控制单元要安装在马厩上方马够不着的位置。可以选择安装较为方便控制的类型。选配一个带自动关闭的定时器开关，可以减少能量消耗。辐射加热器开关位置要相对高一点，以避免与灯的开关弄混，并安装在儿童接触不到的地方。

加热器可以选用一个简单的开关或定时器来控制。电气控制开关设置范围为从最大功率100%到约20%热力输出。洗涤位或器具室可以选择简单开关或范围控制器。在加热器连续运行时，最好采用自动恒温控制的辐射加热系统。恒温器会自动调节功率输出，以达到所需的设定点温度。辐射换热器的温度设定值要比传统的空气加热系统设定的温度低一些，因为辐射加热物体升温快，不依赖于周围的空气温度来取暖。自动调温器的感应系统要远离辐射加热器的直接辐射范围，否则，由于恒温器传感器受到了辐射热，它测得的温度将比实际环境温度读数高。

　　小型燃气锅炉可以通过火花点火开关和恒温器进行控制。管式热水器通常通过自动调温器控制，但在间歇使用管式加热器的区域（周末使用的室内竞技骑赛场）可以使用定时器或开关。当高温辐射是建筑热的主要来源时，就需要一个更有效的设计。由于辐射管需要几分钟的预热才能达到最大加热效果，所以需要持续使用。一些长管辐射加热器有两挡功率，所以在较低的功率时使用较少的燃料，用较大的二次加热模式提供更高的加热需求。

一、地板辐射采暖

　　通过加热地板可以为马厩提供均匀的热量，舒适度较高。它的优点是较为节能，当地板附近的空气被加热时，它就会上升并充满整个建筑，这种加热方式在大空间时具有优势。人和动物主要活动在建筑的下部空间，不需要管道加热那样在上部提供热量。地板供暖方式使得整个区域的热量较为均匀，没有空气流动和加热器或管道强制空气供暖系统运行时的声音。地板内的热被认为是"辐射热"，因为它使用一个大的加热单元——地板，以储存和释放热量（图 12 - 16）。

图 12 - 16　地板辐射热可用于马厩过道，为工作人员供暖。循环热水的管道埋在混凝土地板内

　　加热后的地板材料通过三种热传递方式传递热量给站在上面的人和动物。站在温暖的地板上的人感到温暖，是因为热传导到他们的脚，也包括周围的温暖地面的辐射热效应。此外，还有地板附近的热空气上升，建筑空间内空气的对流传热。在寒冷的天气，地暖在最冷的日子里通常不能提供足够的热量来温暖室内，但它可以减少寒冷。在马厩的马活动区域，每小时的换气次数要比人类工作区域多很多，如果要保持马厩温度远高于室外，在寒冷的天气，地板需要补充额外的热源。另外，地板加热方式比同等大小的强制空气加热方式更能保持地板干燥。

　　在马厩的人住区和工作区域（如中央通道马厩和工作通道）常使用地板辐射供暖。它也可用于清洗马床、培训站、器具室、进料室、休息室或办公室。由于地板上新草垫具有良好的保温作用，同时能隔绝辐射能，草垫下的地板加热效率较低。温暖的地板将有助于干燥草垫，快速烘干沉积的粪便和尿液，但在有增加空气中氨浓度的风险。温度高和干燥效应还会让粪便干燥结痂在地板上。地板供暖系统有一个显著的热滞后时间，即在系统关闭后，热量依然会持续释放到被加热的空间，并保持温暖。它有利于持续向环境提供热量。

二、地板内循环和电动系统

　　地板采暖主要有循环水供暖和电供暖两个类型。在循环水供暖系统中，热水通过嵌在地板上或地板下的耐用的塑料管进行循环。为了达到类似的效果，电辐射系统在地板上或下面安装了嵌入式发热电缆。

采用发热电缆的地板采暖系统较为简单，安装费用比水暖要低，但运行时的能源成本会大幅增加。电力系统通常用在一个较小的空间，比如某个特定的房间里。在一个较小的马厩设施中，当只需要为一个器具室加热时，应考虑发热电缆为地板提供热量。发热电缆常被聚氯乙烯（PVC）管覆盖，这是被容许用于嵌入混凝土中的，每英尺发热电缆的功率为 2～7 瓦。为了简化安装，可以在塑料网中预制电缆。用 0.5～2 英寸厚的混凝土完全覆盖电缆，以防止出现过热点。

马厩环境下典型的循环系统是通过嵌入在地板上直径为 3/4 英寸的塑料管构建的，内部循环水温度为 100 ℉，通过泵以 2～3 英尺/秒的速度进行循环。塑料管是柔性的，采用聚乙烯和聚氯乙烯制成，最高额定限制温度是 160 ℉。该管道形成了多个闭路循环，循环一端连接到一个供水口，一端连接回水口。循环可能长达 400 英尺。当管道循环贯穿整个建筑区域时，将提供约 100 ℉ 的水，达到 15 英热/（英尺²·时）。对于马厩设施内人居区域，设计标准类似于住宅标准，地面温度保持在不超过 85 ℉ 的范围，这是大多数人的平均皮肤温度。

马场地板加热系统的地板材料应该选用坚固的建筑材料，特别是在过道使用时，要足够耐磨。在人出入或工作的地方和马具房也适用此标准。固体或多孔（混凝土无砂）铺设厚度建议在 4 英寸以上（若要支持车辆通行，厚的混凝土的厚度至少要 5 英寸）。

地暖系统的热水一般由专用热水器或锅炉加热，并在闭环系统中循环使用。地板采暖可以分区设置。如果在整个寒冷季节都不使用该系统，则在热水循环系统中添加防冻液，以降低循环内的冰点温度。间歇地暖系统效率很低，因为地板加热提供辐射很长的热滞后时间。热水循环泵可手动控制。为了提高能源效率，节约能源，可以通过恒温装置来控制热水循环泵。加热热水的热源可使用各种类型的燃料，如天然气、丙烷、木材或煤。锅炉可以放置在马厩外部，以减少排气孔和通风设施的建设成本。

三、时间和能量

要知道，地板采暖见效的时间比传统加热系统要长，因为地板需要缓慢升温以提供辐射加热空间。同样地，当地板加热被关闭时，在相当长的时间它依然能继续向周围的环境提供热量。

地板采暖系统最好用于需要长时间供热的场合，而不是快速或短时间供热的场合。它也适用于一个区域的主要的最低热源，维持最低温度，当该区域临时使用时，可以根据需要添加额外的热源（空气或辐射）。地暖适合安装在餐厅、办公室或休息室等人居住的地方。马厩的过道可以安装地板采暖，以提供更好的舒适性，或用于在寒冷的天气防止冻伤。

地板加热系统与传统的强制空气系统相比，节能优势较为明显，因为辐射热能够辐射到人和动物所在的下层空间。此外，在人的居住区，如马具室和办公室将温控器设置为 3～80 ℉ 时，能量使用比传统住宅和商业建筑可节约 40%～60%（没有马厩的数据）。畜舍使用辐射热（高温吊顶安装）为主要热源时，与其他加热器相比，可以减少 20%～25% 的燃料使用。因为废气要被排出，牲畜房和马厩的通风率较高，意味着更多新鲜的空气需要加热，从而限制了能源的节约，但保证了马厩良好的空气质量。辐射热在将低温空气从建筑物排出时具有优势。

在地板采暖系统中，是否需要保温则取决于设计需求。硬质聚苯乙烯板有防水和保温功能，推荐作为保温层使用。加热元件不应直接放置于塑料绝缘材料上。如果在整个地板加热系统下可以保持足够干燥，则加热地板下不需要安装保温层。这意味着地下水距离地板要在 6 英尺以上，且地表排水渠远离建筑结构。从地板到地下保持 4 英尺厚度以上干燥的隔热层，可以减少热量的损失。潮湿的地面是热的良好导体，而干燥的地面导热效果不佳。如果地下水离地板不到 6 英尺，就需要在地板下面安装 R-10 绝缘材料（2 英寸挤塑聚苯乙烯）和蒸汽缓凝剂。当管道中有空气阻隔时，箔面隔热材料作为辐射热缓凝剂在地板下是无效的。

箔面隔热材料是一种有效的（但昂贵的）蒸汽缓凝剂。在加热地板下安装该保温材料的另一个目的是减少地板采暖系统中加热材料的体积。相对于在地板下采用较大体积的供暖系统，保持较小体积的系统热量所需的能量更少，对控制器调节的反应更快。当在整个区域只有一到两个房间被加热时，如在未加热的整个马厩中，只有马具房安装了地暖装置，则需要在地板下安装保温材料。同时应在加热区域和未加热区域间加装外围保温材料，来保持加热区域的温度。

四、正确的设计和安装

最后的建议是，寻找在辐射设计和安装方面具有经验或经过正式培训的系统供应商。为了发挥地板辐射供暖系统的所有优点，必须进行周详的设计和正确的安装。此建议适用于任何加热系统，但在地暖系统中尤其重要，因为与传统的强制空气供暖系统相比，地板供暖系统在不同原理下运行的不太常见。

第四节 马厩的保温

对马厩进行保温可以减少马厩中的热量散失。保温可以保持室内温度，这将减少冷凝的形成，并减少建筑物的居住者对周围冷墙的辐射热损失。虽然任何材料都具有一定的隔热性，但通常作用保温的材料对热流有更大的阻力，这是由它们较高的 R 值所决定的。R 值为热传递阻力，单位为英尺^2·℉·时/英热。热导率是热阻的反比，它表明一单位英热的热量在 1 小时内通过 1 英尺^2 材料的速度，这与材料冷热侧的不同温度有关。热量是从墙上（包括天花板或屋顶组件）的热侧转移到冷端。热传递主要存在三种基本形式：热传导、热辐射和热对流。大多数保温材料都是用在墙上，以显著减少传导和对流。可通过使用发光箔材料来减少热辐射传热的损失。表 12-2 列出常见的建筑保温材料的特性及在马厩建设中的应用。

一、材料

不同的绝缘材料经常被用于建筑物的不同部位。墙壁的 R 值通常比天花板的 R 值要低。天花板（或屋顶）的热量损失更大，因为那里积聚了房间里温暖的空气。额外的绝缘材料往往很容易安装。建筑物周围的保温材料可以减少通过地基的热损失，并有助于保温

表 12-2 常用建筑材料的保温值和透湿性

描述	每英寸厚度导热性[1]k [英热/（英尺^2·℉·时）]	所列厚度导热性[1]C [英热/（英尺^2·℉·时）]	每英寸厚度热阻R [（英尺^2·℉·时）/英热]	所列厚度热阻[2]R [（英尺^2·℉·时）/英热]	透气性[3] (Perm)（热）
保温材料					
毛毯、棉絮（玻璃纤维、矿棉、玻璃）	0.29		3.45		
3~4 英寸		0.091		11	30
5~6 英寸		0.053		19	
6~7 英寸		0.045		22	
9~10 英寸		0.033		30	
12~13 英寸		0.026		38	
挤塑聚苯乙烯					
表面单元格切割	0.25		4.00		0.40~1.60
光滑外表	0.20		5.00		（1英寸厚）
膨化或模压珠子					
1 磅/英尺^3	0.26		3.85		2.0~5.8
1.5 磅/英尺^3	0.24		4.17		（1英寸厚）
2 磅/英尺^3	0.23		4.35		
聚氨酯泡沫	0.17		5.88		
聚乙烯泡沫	0.43		2.33		
建筑材料					
玻璃纤维强化面板（钢化玻璃）	0.87				0.05~0.12
聚酯玻璃钢	0.31~0.48		1.08~3.26		
胶合板	0.80		1.25		
$\frac{1}{4}$英寸（外胶）		3.20		0.31	0.7
$\frac{3}{8}$英寸		2.13		0.47	
$\frac{1}{2}$英寸		1.60		0.62	
$\frac{5}{8}$英寸		1.29		0.77	
胶合板或木板（$\frac{3}{4}$英寸）		1.07		0.93	0.3~4.0
木板					
橡树			0.8~0.9		
软木			0.9~1.4		
定向刨花板（OSB）(3/8英寸)				0.5	0.75
硬纸板（中密度）	0.73		1.37		11

（续）

描述	每英寸厚度导热性[1] k [英热/（英尺²·℉·时）]	所列厚度导热性[1] C [英热/（英尺²·℉·时）]	每英寸厚度热阻 R [（英尺²·℉·时）/英热]	所列厚度热阻[2] R [（英尺²·℉·时）/英热]	透气性[3] （Perm）（热）
木屑板（中密度）	0.94		1.06		
砖（4 英寸）	5.0		0.1～0.4		0.8
釉面砖砌体（4 英寸）					0.10～0.16
混凝土浇筑固体（6 英寸）		0.75			0.8
混凝土砌块					
双核轻骨料（8 英寸）		0.46		2.18	2.4
核心隔热层		0.20		5.03	
沥青瓦		2.27		0.44	
木盖顶板		1.06		0.94	
壁板					
金属			0.0		0.0
中空结构		1.61		0.61	
$\frac{3}{8}$ 英寸隔热结构		0.55		1.82	
硬纸板（0.437 5 英寸）	1.49		0.67		
木材斜角（0.5×8 英寸折叠）		1.23		0.81	
木胶合板（$\frac{3}{8}$ 英寸折叠）		1.59		0.59	
石膏墙板（$\frac{1}{2}$ 英寸）		2.22		0.45	50
塑料板（6 毫升）				微不足道	0.08
铝箔（1 毫升）			0.0		0.0
沥青纸（15 磅）					4.0
房屋包装			微不足道		77
玻璃	5.00		0.20		
双层丙烯酸或聚碳酸酯挤压		0.5		2.00	
空气	0.16		6.25		
周边楼层（每英尺外墙长度）					
混凝土					
未绝缘的		0.80		1.23	
2×24 英寸硬质绝缘		0.45		2.22	

（续）

描述	每英寸厚度导热性[1]k［英热/（英尺^2·℉·时）］	所列厚度导热性[1]C［英热/（英尺^2·℉·时）］	每英寸厚度热阻R［（英尺^2·℉·时）/英热］	所列厚度热阻[2]R［（英尺^2·℉·时）/英热］	透气性[3]（Perm）（热）
空气空间 $\left(\dfrac{3}{4} \sim 4 \text{英寸}\right)$					
水平面				0.90	
垂直的				1.25	
水平反光面				2.20	
垂直与反射				3.40	
表面系数					
内部静止空气（垂直表面热流向上）	1.46			0.68	
室外风速 15 英里/时	6.0			0.17	
室外风速 7.5 英里/时	4.0			0.25	
门窗（以下包括表面条件：内部静止的空气；室外风速 15 英里/时）					
门					
$1\dfrac{3}{4}$ 英寸厚实心木芯				3.03	
钢聚氨酯泡沫芯				2.50	
窗户					
单上釉	1.1			0.91	
$\dfrac{1}{4}$ 英寸的双层玻璃，空气夹层				1.69	
半透明的面板（玻璃纤维）	1.2			0.83	

资料来源：ASHRAE 基础手册，MWPS 手册，NRAES 温室工程，"实用房屋"和其他制造商的数据表。

注：不同材料的传热特性差别很大，并且和安装设计有关，所以应使用制造商的数据来指导最终的设计，该表中的数据只是粗略估计。

①热导（或热导率）是热阻的倒数，较低的值表示更大的热阻产生热传递。

②较高的热传递阻力（R）提供更多的绝缘值。

③材料的透气性体现水蒸气通过材料的难易程度，数值越低阻气效果越好。Perm 是在 1 英寸水银蒸气压差下，每平方英尺材料每小时的温度变化单位。

和地板干燥。在基础墙外使用 2 英寸厚的防水闭孔硬板保温，保温层至少低于地面 2 英尺。

因为马厩的水分含量较大（与住宅相比），只能使用不易吸收水分的保温材料。这就不能使用松散的填充物和无保护的玻璃纤维棉絮。一个松散的填充物或棉絮的绝缘性能与其内的空气量直接相关，在使用棉质纤维时，应把大量的水分阻挡在外面，例如，玻璃纤维布减少了通过玻璃纤维基质内的空气空间热传递。虽然玻璃纤维本身是一种很好的热导体，但被阻挡的空气是一个热的不良导体。与空气相比，水是一种很好的热导体。被压缩的玻璃纤维板或有大量水分的玻璃纤维棉絮不再有绝缘性能的干燥空气空间。为了保持绝缘的有效性，棉絮和松散的填充材料必须用强阻气剂保护。

合适的防水保温材料有闭孔泡沫材料的硬板保温材料（聚苯乙烯泡沫塑料）。这些材料具有隔热值和防水的功能，但它们是不透水的易燃材料。箔面泡沫包保温材料也是防水的，但通常由于使用不当和表面条件恶化的影响，从而其传热效率降低。

在一面或两面带有反射箔片的泡沫包绝缘材料通常用于农业和马厩中（图 12-17 和图 12-18）。箔片能显著降低发光金属表面辐射热传递到周围物体的热量。直接安装在其他材料上的箔片不会减少辐射传热，因为没有发生辐射能交换的空间；事实上，箔片是极好的热导体，因此在减少导热热流动方面没有任何帮助。在屋顶内部，如果安装正确并保持在有光泽的情况下，金属箔表面将有效地阻止大部分辐射热量从马厩内部传递到屋顶，或从炎热的夏季，热量由屋顶进入室内。与其他建筑表面相比，闪亮的金属表面有一个非常低（少于 20％）的辐射能发射率。辐射能量交换纯粹是一个表面现象，适用于任何有闪亮金属表面的物体。箔片必须面对一个空间，以减少任意的辐射热，它必须保持光泽，以保持其低辐射能发射率。面朝马厩内部空间的反射箔将减少辐射传热，灰尘、污垢、腐蚀和冷凝不要污染表面。在布满灰尘的马厩中，要保持箔表面的清洁是很困难的，因此气泡袋的绝缘性受气泡袋中的空气影响很大。

二、隔热保护

阻气剂（以前称为蒸汽屏障）必须使用大多数保温材料，以防止水分进入保温

图 12-17 即使在没有暖气的马厩屋顶保温也是有用的，通过维持室内空气温度接近室内表面温度来减少冷凝。带有反射表面的保温材料，如果保持光亮并面向空间，则具有保温价值

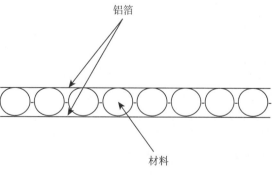

图 12-18 在反射隔热盖内带有充气聚乙烯气泡的泡沫包隔热截面

材料。阻气剂有一个对水运动的额定渗透系数，用 perms 表示，值越低，对水进入的阻力就越大。perms 是在材料上 1 英寸汞蒸气压差的情况下，每平方英尺材料每小时的水颗粒的水分运动的表达式。选择 perms 评级低于 1 的材料。聚乙烯 6mil 塑料是一种常见的蒸汽缓凝剂。当阻气剂没有坚固的建筑材料保护时，使用玻璃纤维或聚酯纤维增强聚乙烯来获得更大的耐久性。阻气剂安装在墙体组件的保温材料侧，注意全部密封。

处理建筑部件、电气和管道部件周围的缝隙。硬板绝缘材料是不透水的，但面板之间的间缝需要用胶带粘住，以减少水分在每个面板周围的迁移。表 12 - 2 显示了一些常见的建筑材料的阻气性和透气性。

在马或骑手可能接触到保温材料或阻气剂的地方，用更坚固的材料保护绝缘组件，如马厩衬板、胶合板、PVC 板或玻璃纤维增强塑料（FRP）板。在活动可能影响侧壁或屋顶保温的地方，选择机械强度高的保温材料（封闭板），例如室内马球赛场上的球。如果在隔热材料上使用阻气剂提高保温性能，可以按照住宅标准进行隔热。

啮齿动物和鸟类喜欢在保温材料中筑巢。除了外部墙板和屋面，还要保护好内部衬管。一定要保护绝缘板的末端。胶合板阻止大多数老鼠。

三、冷凝

通过保持室内表面接近室内温度，可以减少保温建筑表面凝结水汽。靠近寒冷表面的空气温度会下降，失去其吸湿能力（温暖的空气比寒冷的空气能保持更多的水分）。

当空气冷却后，它最终会达到饱和的露点温度时，水将沉积在寒冷的表面。霜是在冰点以下的表面凝结而成的。预防凝结还可以通风，因为新鲜空气取代了马厩中的潮湿空气，减少了室内空气中水汽的含量。没有暖气的马厩，甚至是轻的 R - 5 屋顶和绝缘天花板也能减少冬季水汽的凝结。

冬季通风时，马厩应排出湿气，否则保温材料会吸收凝结水。湿热保温解决了滴水问题，但由于保温热阻损失，保温材料退化，导致传热增加。不要使用保温材料吸收水分来处理冷凝问题，应该通过更好的通风来缓解冷凝问题。

四、马厩中单独加热区域

我们这样做的目的，是在确保马厩拥有舒适且清新的空气环境的同时，也为工作人员打造一个温暖的作业区域。相较于马厩区域，工作区对通风换气的需求较小（从而减少了因通风带来的热损失），因此能够有效节省燃料消耗，提高能源利用效率。图 12 - 19 至图 12 - 22 展示了大型与小型马厩的设计理念，这些设计特别考虑了在寒冷气候下为马提供舒适环境的需求。在这些马厩中，设有特定的供暖区域，以确保马在需要时能够获得足够的温暖，而马厩内的其余区域则可以选择性地保持较低温度或完全不供暖。工作区的设计尤其体现了功能性与舒适性的结合，将需要加热的功能区域集中在马厩的特定区域。马具存放、为马梳洗以及马厩清洗等活动都被安排在暖气区，以确保工作人员在进行这些任务时能够享受到舒适的温度。此外，办公室和休息室也被规划为供暖区域，为管理人员和工作人员提供一个温暖舒适的工作环境，同时避免了马的进出，确保了马厩的秩序和安全。这样的设计不仅提高了马厩的使用效率，也为马和工作人员提供了更加舒适的环境。加热区与未加热的马厩之间采用了滑动门作为分隔，这种设计不仅便于马的进出，也保证了两个区域之间的灵活性和互动性。在大多数情况下，饲料、工具、设备以及干草和垫料的存放并不需要放置在马厩的加热区。

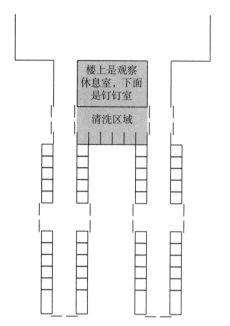

图12-19 马厩加热区域和清洗区域的布局。阴影区是马厩加热的地方，没有加热的地方是马厩的清洗区域

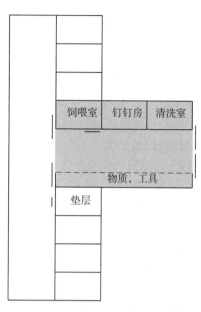

图12-20 在棚排稳定设计中，分离加热马厩工作区和未加热的马厩区概念布局。阴影区域是加热区域

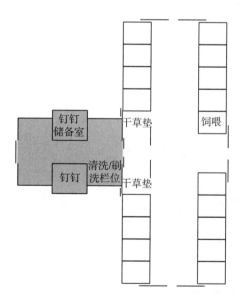

图12-21 在18个摊位的马厩中，没有加热的摊位区域的概念布局，包括加热梳理、清洗和马具收放区域。阴影区域为受热区域

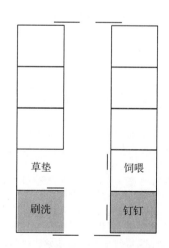

图12-22 小型私人马厩的概念布局，有加热的清洁区和没加热的马厩区域的马具房

1. 所需热量计算

空间供暖系统的大小是根据马厩的热平衡需求来设计的。在计算所需补充的热量时，必须全面考虑马体热对马厩内部温度的贡献，以及通过建筑物表面传导和通风系统空气交换所产生的热量损失。作为一个粗略的估计，表 12-3 展示了为维持 40~50°F（4.4~28.3℃）的马厩环境所推荐的补充热量。可以使用这些值作为快速估算，但应请专业人士对特定马厩进行详细的热平衡计算，以正确配置供暖系统的大小。在寒冷气候下，一个隔热良好的马厩（墙体 R 值为 20，屋顶 R 值为 33）在室外温度为 -20°F（约 -28.9℃）时，为了保持马厩内部温度为 40°F（约 4.4℃），每匹马每小时大约需要 5000 英热的热量；若要保持内部温度为 50°F（约 10℃），则每匹马每小时大约需要 6300 英热的热量。对于温度保持在略高于冰点的 40°F（约 4.4℃）的马厩，与中等隔热马厩（墙体 R 值为 14，屋顶 R 值为 22）相比，非隔热马厩（屋顶 R 值为 5）所需的补充热量几乎要高三倍。在寒冷的冬季供暖季节，马厩会保持通风，以便将部分加热的空气与陈旧的稳定空气一起排出。

表 12-3 室外温度为 -20~40°F 时，维持室内温度在 40°F 或 50°F 时每匹马所需热量的估计值

室内温度 （°F）	室外温度 （°F）	无保温的			寒冷气候的保温[①]
		墙体保温值 0	6	14	20
		屋顶保温值 5	14	22	33
		每匹马所需的热量（英热/时）			
40	-20	15 000	6 700	5 500	5 100
	0	9 400	3 900	3 100	2 800
	20	3 800	1 000	600	500
50	-20	17 800	8 200	6 800	6 300
	0	12 200	5 300	4 300	4 000
	20	6 600	2 500	1 900	1 700
	40	1 000	400	0	0

注：以下为假设和设计。

中央过道马厩设计，可容纳 8 匹马。

马厩尺寸：12 英尺×12 英尺的马栏分布在 12 英尺宽的中心通道两侧；拱顶高度为 10 英尺；4：12 的人字屋顶坡度。

马厩为木质护墙板金属屋顶框架结构，混凝土砖块地基。

每个隔间都有窗户（2 英尺×3 英尺），每个端墙都有过道门。

通风率至少为每匹马 25 英尺³/分（cfm）；相当于马栏体积的空间每小时换气一次（1 ACH）。

渗透率为每两小时交换一次空气（1/2ACH）。

隔热值包括内外表面系数。

每匹马每小时的体温为 1 800 英热。

数值四舍五入到最接近的每匹马每小时 100 英热。

① 保温等级的范围从无保温到针对寒冷气候的完全保温的温暖住所。

2. 补充热量计算

根据马厩的详细热平衡来确定加热系统的大小，主要考虑的因素有：马体热量为马

厩内部增加的热量，通过建筑墙体、天花板、屋顶、门和窗户散出的热量，以及通过通风系统进行的空气交换散热，即温暖的空气被排出并由较冷的室外新鲜空气替代。部分空气交换热损失是因为建筑外部存在裂缝和孔洞。下面的计算是针对空间供暖系统设计的。

热平衡格式在概念上是这样描述的：

需要补充热量＝传导换热＋通风换热＋马的体温

该计算设定为自动将热损失描述为负值（一），热增益描述为正值（＋）。在这个热平衡中，忽略了建筑结构上的太阳辐射、由于重型砖石结构造成的热延迟时间，以及潜热交换（即湿气的蒸发和凝结分别消耗和释放热量）。可以通过马厩地点的太阳下的温度估算来添加太阳辐射的影响。显然，太阳辐射会在白天增加马厩的内部温度，但大多数加热挑战将出现在一天中最冷的时间段，即夜间。砖石结构减缓了建筑内部的温度波动，因此砖石结构可以减缓气候或太阳条件引起的热量获得或损失。通过对传导、通风和马体热量进行的计算，足以描述马厩在稳定状态下的内部条件。

热平衡的方程为

$$Q = \sum AU(T_o - T_i) + 0.02M(T_o - T_i) - H$$

变量定义：

Q＝总热平衡，即为了维持选定的内部温度而添加的补充热量（英热/时）

$\sum$＝求和符号

A＝每个建筑表面面积（英尺^2）

U＝每种建筑材料的导热率［英热/（时·英尺^2·℉）］

T_i＝室内温度（℉）

T_o＝室外温度（℉）

0.02＝ACH 的标准空气条件下的系数［英热/（英尺^3·℉）］

M＝通风率（ACH），即每小时换气次数（英尺^3/时）

H＝马体温（英热/时）

系数 0.02 的说明：

系数 0.02＝空气比热［0.24 英热/（磅·℉）］/比容（13.3 英尺^3/磅）

≈ 0.018 英热/（英尺^3·℉）

马的身体热量总是会对建筑结构产生热量增益。一匹 1 000 磅的马在 70℉（约 21℃）时每小时会产生 1 800～2 500 英热的热量。隔热值通常以热传递阻力 R 值来表示，这是导热性的倒数（$R = 1/U$）。

表 12-4 8 匹马在马厩内的热平衡计算示例（采用 R-22 地面与 R-14 墙壁保温材料）

条件	
室内温度 T_i	40.0℉
室外温度 T_o	0.0℉
马厩中马的数量（H#）	8 匹马

（续）

通风换气	
渗透换气率（ACH₁）	每小时换气 0.5 次
计划通风率（ACHᵥ）	每小时换气 1 次

说明：每匹马提供 25 英尺³/分的通风量时，对于 1 440 英尺³ 的马厩空间，其换气率为 1。

实际尺寸	
建筑尺寸	
长度 L	48 英尺
宽度 W	36 英尺
侧墙高 H	10 英尺

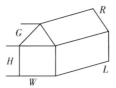

体积	17 280 英尺³＝$L \times W \times H$
屋檐最低点到山墙最高点垂直距离 G	6 英尺
1/2 屋檐线 R	19 英尺＝$\sqrt{\dfrac{(W^2+G^2)}{2}}$

门和窗	编号	高度（英尺）	宽度（英尺）	单位面积（英尺²）
窗 W	8	2	3	6
门 D	2	8	11	88

建筑表面的计算	
窗口区域 A_W	48 英尺²
门区 A_D	176 英尺²
总侧面积	960 英尺²＝2（$L \times H$）
侧壁面积 A_{SW} （A_{SW}＝总侧壁面积减去窗户面积）	912 英尺²
端墙总面积	720 英尺²＝（$W \times H$）
端墙面积 A_{EW} （A_{EW}＝端墙总面积减去门面积）	544 英尺²
山墙面积 A_G	216 英尺²＝2（$W \times 1/2 G$）
屋顶面积 A_R	1 821 英尺²＝2（$R \times L$）
周长 L_P	168 英尺＝$2L+2W$

导电性建筑材料

保温性能 U 是 R 的倒数；$U=1/R$

室外表面风速 15 英里/时：$R_o=0.7$ 时·英尺²·时·℉/英热

室内地面风速，0 英里/时：$R_i=0.68$ 时·英尺²·℉/英热

R 总计－R_T

（续）

项目	建筑材料	R	Ro	Ri	RT	U
		（英尺² · 时 · ℉）/英热				英热/（英尺² · 时 · ℉）
屋顶 U_R	带 R-22 保温层的金属	22.00	0.17	0.68	22.85	0.04
墙壁 U_{SW}	带 R-14 保温材料的 1/2 英寸木板	14.62	0.17	0.68	15.47	0.04
窗户 U_W	玻璃（包括表面系数）	0.91	包括		0.9	1.10
门 U_D	1/2 英寸木板	0.62	0.17	0.68	1.47	0.68
周长 U_P	带 3 个孔的 8 英寸混凝土砌块	1.11	0.17	0.68	1.96	0.51

热平衡计算

温度，差异 d_T $(T_o - T_i) = -40.0\ ℉$

  热交换 Q（英热/时）$= AU_T dT$

            AU 值

屋顶	80	英热/（时 · ℉）$= A_R \times U_R$
侧面和端部	108	英热/（时 · ℉）$= (A_{SW} + A_{EW} + A_G) U_{SW}$
窗	53	英热/（时 · ℉）$= A_W \times U_W$
门	120	英热/（时 · ℉）$= A_D \times U_D$
周长	86	英热/（时 · ℉）$= L_P \times U_P$

总 AU（AU_T）   446   英热/（时 · ℉）$=$ AU 总和

  总导电 $-17\ 839$ 英热/时 $= AU_T dT$

空气交流热 Q（英热/时）$= 0.02M\ dT = 0.02 \times$ 交换量 $\times$ ACH dT

           0.02M 值

透气性	173	英热/（时 · ℉）$= 0.02 \times$ 体积 $\times$ ACHI
透气设备	360	英热/（时 · ℉）$= 0.02 \times$ 体积 $\times$ ACHV
总计 0.02M（0.02MT）	533	英热/（时 · ℉）$= 0.02M$ 总和

总的空气交流 $-21\ 312$ 英热/（时 · ℉）$= 0.02MT dT$

马体加热

马的体温（英热/时） $1\ 800 \sim 2\ 500$ 英热/（时 · 70 ℉）

在寒冷天气下，马的产热量（或热量损失）较低；此时每匹马的热保持量设为 1 800 英热/时

        马的产热（HBH_T）   14400 英热/时 $= HBH \times H\sharp$

完整的热平衡

完全热平衡 $=$ 总导电率 $+$ 总空气交换率 $+$ 马的总热量

         $Q_T = AU\ dT + 0.02M dT + HBH_T$

         $Q_T = -17\ 839 - 21\ 312 + 14\ 400$

每小时热量损失（$-$）或获得益（$+$）的净总量

         $Q_T = -24\ 751$ 英热/时热损失（$-$）

每匹马需要 3 094 英热/时的补充热量

（续）

关键词		下标关键字	
说明	单位	下标	说明
A　面积	英尺^2	D	门
ACH　换气率	每小时换气次数	EW	端墙
dT　温差	华氏度	G	山墙
G　屋檐最低点到山墙最高点垂直距离	英尺	I	透气性
H　高度	英尺	i	室内
H♯　马的数量	匹	o	室外
HBH　马体产热	英热/（时·马）	P	周长
L　长度	英尺	R	屋顶
M　通风率	英尺^3/时	SW	侧墙
R　热传导阻力	英尺^2·℉·时/英热	T	总数
Q　热交换率	英热/时	V	通风设备
T　温度	℉	W	窗户
U　传导传热	英热/（英尺^2·℉·时）		
V　通风	换气率		
Vol　体积	英尺^3		
W　宽度	英尺		

表 12-4 列出了一个马厩热平衡计算的示例结果。这些结果是通过使用电子表格计算得出的（手动计算同样可行）。该程序根据前面描述的所有输入变量计算补充热量或冷却负荷总量、传导热量损失或获得总量、通风热交换总量和马体热贡献总量。计算结果表明，当外界条件为 0 ℉时，为了保持马厩内部温度为 40 ℉，需要补充的热量略小于 25 000 英热/时。如果在 12 英尺宽的中央通道安装地板辐射供暖系统，以每平方英尺加热地板 15 英热/时估算，那么地板将提供所需热量的 1/3（8 600 英热/时）。

本章小结

在寒冷的气候条件下，马厩可能需要供暖，以保证人的舒适度，并维持短毛马的健康。即使整个马厩没有加热，马厩也能从一些供暖的区域获得温度。这些区域包括马具室——用于保持马具干净、整洁，且不被损坏，以及供饲养员工作或取暖的办公室或休息室。供应热量需要安装和维护一个系统，该系统由提供热量、分配热量和控制热量添加的部件组成。为了维持马厩空气质量，确保湿度水平适中且氨气积聚量低，通风换气是不可少的。保温材料不仅可以减少建筑物表面的热量损失，还可以保持室内表面温度接近室内条件，从而减少冷凝。

　　两个主要的供暖系统，要么加热封闭空间中的空气，要么利用辐射热为居住者供暖。将热量应用于最需要的区域，如清洗马厩、马具室和梳洗区，既能节省供暖系统的安装和运行费用，又能为马饲养区提供适当的条件。管道通常用于空间供暖，使加热后的空气均匀地分布在马厩中。辐热供暖可临时对某一区域进行定点加热，或通过地板辐热供暖对大面积区域进行长时间加热辐射热，也为周围空气提供一些热量，但主要是通过加热射线以内的物体来提供舒适度。

第十三章

辅助设施

辅助设施包括马场中常见的但与马匹的饲养和运动没有直接关系的设施，它们是马场建设成功的必要组成部分。本章涉及的辅助设施包括饲养室、干草和垫料存放处、马具室、梳洗台、洗马厩、工具存放处以及兽医和马术师工作区。所有马厩都需要这些设施中的一种。例如，并不是所有的马厩都需要洗马间，但应该有一些区域可供马匹在运动后或受了伤进行冲洗。通常在小的马厩中马具房和饲料房是相结合的，其他的结合方式，例如有饲料房和工具仓库相结合，而不是单独的房间。为避免重复，本章的详细内容将参考本书其他几章。例如，当建议为马具室和饲料室铺设混凝土时，可在第七章找到该地板的构造。前面各章（第一章至第十二章）都包含与辅助设施设计相关的内容。

这里不涉及两个常见的辅助设施，即马场办公室和室内骑马场的观景休息室，因为它们的设计特点与住宅建筑相似。此外，办公室和休息室的设施差异很大，以至于很少有共同的建议。本书其他章节（第二章、第十一章、第十二章和第十六章）还介绍了一些与马场应用有关的独特构造。与住宅建筑相比，马厩和骑马场的湿度和粉尘水平更高。

第一节 饲 料 房

在饲料室的建造方面，更多的是为了防止啮齿动物和脱缰的马匹啃食、采食饲料。除了最大的马厩外，其他马厩中的饲料都是用袋子装的。大型马厩使用外部饲料箱。

一、防止啮齿动物和马匹进入饲料房

为了防止啮齿动物以打洞的形式进入饲料房，需要建造水泥地面。为防止啮齿动物进入马厩，需要安装严密的内、外门。并且要配有门栓防止马进入饲料间，因为颗粒饲料的适口性，马会在本性的驱使下吃得过饱，进而导致重大疾病并且可能引起死亡，在暴饮暴食后，马不能通过呕吐来减轻消化系统负担。如果饲料室安装的是旋转门，则脱缰的马无法打开门进入饲料间。对于马来说，旋转门不容易被打开到足够的宽度进入饲料间。为了人方便进出，门需要设计成仅用一只手就可以打开。

二、规模和位置

在许多中等规模的马厩中，饲料房的典型大小相当于一个马厩（10 英尺×10 英尺至12 英尺×12 英尺）。除了储存饲料外，房间还可以用于短期储存干草。为了方便饲料车从容通过，需要提供一个 4 英尺宽的大门，保证有足够的空间；一个 5～6 英尺的门可以更方便地转运干草包或运送饲料。可以在饲料房设计一个中央工作通道，在通道的墙壁中间应有一扇门，允许在饲料间的中央工作区两侧有储存空间（图 13-1）。

　　房间可以通过地板辐射、架空辐射或空间加热的方式供暖，以避免饲料原料被冻结并提高工人的舒适度（见第十二章）。

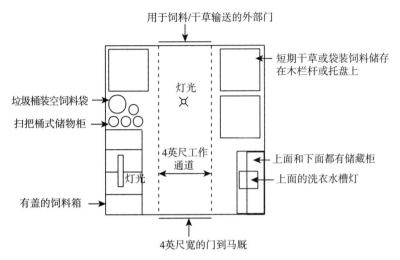

用于饲料/干草输送的外部门

短期干草或袋装饲料储存在木栏杆或托盘上

灯光

垃圾桶装空饲料袋
扫把桶式储物柜

4英尺工作通道

灯光

上面和下面都有储藏柜
上面的洗衣水槽灯

有盖的饲料箱

4英尺宽的门到马厩

图 13-1　中央饲料房的特点是提供中央工作通道

　　根据已知的饲喂程序规划饲料储存空间。粗略估计，体重为 100 磅的马每天至少需要 1~3 磅干草（包括损耗）及 1 磅谷物。每 100 磅体重的马消耗 0~2 磅以上的谷物，这取决于马的活动量、生长阶段或繁殖状况。一般来说，饲料在饲料室储存 2 个月以上是合理的。大多数谷物饲料的密度约为 40 磅/英尺³。干草和垫料的储存空间要求和密度见表 13-1。举例说明饲料和干草所需的空间：一匹重 1 000 磅的马，饲料房内有 2 个月的饲料供应，附近有 6 个月的干草供应，饲料房内存放 1 周的干草。估计每 100 磅体重的马需要 1 磅谷物和 2 磅干草。每匹马每天约消耗 10 磅粮食，这需要每天存储约 0.25 英尺³ 的饲料。保证 2 个月的供应量需要 15 英尺³ 的空间，可以用 3 英尺×5 英尺、堆叠 1 英尺高的托盘装袋，也可以用 4 英尺×3 英尺、谷物深度为 1.25 英尺的饲料仓。从表 13-1 中可以看出，为一匹马储存一个星期的干草（非豆科）需要 18 英尺³ 的空间存储。马每天消耗 20 磅干草，按每周食量算，约需要 2.5 英尺³ 的空间。马每周供应干草可在一个（1.5 英尺）高度的包中，被保存为一个一个的 3 英尺×4 英尺的小包。因此，在这个例子中，一匹马 2 个月的谷物饲料储存量和 1 周的干草储存占据了相同的饲料室空间体积和建筑面积。

表 13-1　捆好的干草和稻草以及松散的垫料密度，用于存储尺寸估算

材料	体积（英尺³/吨）	密度（磅/英尺³）
	打捆	
苜蓿	200~330	6~10
非豆类饲料	250~330	6~8
麦草	400~500	4~5

（续）

材料	体积（英尺³/吨）	密度（磅/英尺³）
	松散	
木片	110	18
锯末	110	18
湿锯末	70	28
木屑刨花	200	10

资料来源：《马设施手册》。

对于更小的马厩有充分的理由缩小饲料房间，不过室内要有不少于 4 英尺的宽敞"过道"。这意味着一个 8 英尺宽的房间里有一个 4 英尺深的饲料箱和袋子储存区域，还有一个 4 英尺的工作通道。如果通道宽度小于 4 英尺，在移动饲料袋和较多数量的饲料桶时，会因狭小的通道而感到不便。

饲料室通常位于马场中心，以更短的输送路径到周围的马厩。马厩应安装有小门或输送孔，直接将饲料输送到马厩内。这是更快、更安全的饲料配送流程，而不必进入每个单独的马厩。

安装一个宽门，方便从外部进入饲料室，这可以将饲料直接运送到饲料间，而不需要将饲料袋从过道拖到中央位置的饲料室，门要足够宽，以便容纳运送大批量的饲料。

三、饲料储藏

饲料箱是马厩中常见的物品。木制箱，有的带有金属内衬，有多个隔夹层用于存储多个类型的饲料，顶部盖子接有铰链接到背靠的墙壁上，在不使用时盖上盖子。盖子封闭要严实，防止马把头伸进料箱。在仓库内用 0.75 英寸厚的胶合板或 1×6 板施工。一个可拆卸的内衬便于料箱各个隔间定期清洗。可以使用带有多个盖子的密封严实的金属饲料箱来代替带隔层的木制饲料箱。使用吊秤（10～30 磅）称量饲料，比仅按体积量更准确。墙上留出空间，以便悬挂记录用的文件。

将饲料放在托盘上或者木板架上离开地面，保障空气流通，这样也便于清理溢出的饲料。第七章给出了建造高于地下水侵蚀的混凝土地板施工建议。在堆叠的饲料袋和墙壁之间留出空间，以便空气流通和猫能自由出入抓捕啮齿动物。堆叠饲料上方的储藏柜可用于储存各种饲料添加剂，使用单独的储藏柜来存放清洁设备。提供一个挂扫帚和清洁毛巾的位置。开放式的饲料袋都存储在厚厚的木制或金属（垃圾）罐内以防鼠咬。箱和罐需要紧身盖，防止啮齿动物撕咬软塑料和薄木结构。

饲养室也是为畜舍里的猫和狗储存和提供饲料和水的合理场所，因为这里已经采取了防止鼠类进入的安全措施。当然，这意味着需要允许这些动物进入饲养室，否则它们无法获得食物和水。关于鼠害控制参见第三章。

四、水电

饲喂室需要提供电力服务。处于中央位置的灯将为房间提供整体照明，还为进料仓和混合区上方提供照明，以方便进行更细致的工作。为饲料房提供冷热水，以便于清洗与混合饲料。洗衣式的水池可提供足够大的空间来清洗饲料桶和饮水桶，也要为水槽上方提供照明，并做好整个房间的供暖设施。在条件允许的情况下，尽量在工作区设置窗口获得自然光和视野。

第二节 干草和圈舍用品的储存

一、保证质量，减少劳动量

干草和垫草的存储有两个主要目标：保证输送材料的质量，以及减少与其运输相关的劳动。降低火灾危险的一个强烈建议是，将干草和垫料存放在马厩之外的单独建筑中，额外的好处是能减少马厩中的灰尘。第九章介绍了干草自燃过程和降低风险的知识。马厩上方的干草储藏室是一个几乎完全与外界隔绝的阁楼，既能方便日常杂务，又能最大限度地减少马匹活动区域的灰尘。干草和垫料在存放期间需要防雨防雪。

马用干草常以打包的形式存放，大多数的马厩常常将干草打包成小的长方形。大型圆捆用于饲喂集体饲养和牧场饲养的马。与其他能忍受霉变和灰尘的牲畜相比，马需要高质量的干草。高品质的干草昂贵，最好将其存放在能保持干草质量的储藏室中，直到干草被喂食。

干草只在夏季收割，长途运输通常不划算。本地供应意味着，将收割和运送的干草储存到其他季节进行饲喂，这需要长期储存干草。另一种方法是全年以较高的价格购买干草，放弃长期储存的成本只购买经过适当晾晒的干草，并监控新交付的干草是否会因微生物的呼吸作用而导致草捆内部温度升高。有关监测干草捆温度的详细信息和简单探针（金属棒），请参见第九章。

垫料材料有多种处理形式，例如稻草捆、木屑袋和散装锯末，垫料捆和垫料袋的储存标准与打包干草的储存标准类似。表13-1列出了常见干草和垫料的密度，用于估算所需的存储空间。将散装锯末存放在仓库中，其搬运要求各不相同：自卸卡车搬运、人力搬运或用前装载机搬运。

储存必须保持干草和垫料处于干燥状态，以减少因形成霉菌导致材料腐烂变质。锯末和其他松散的垫料需要保持干燥，否则其保湿能力会因吸收了雨水而降低，进而无法在马舍中吸收尿液。这就需要设计或维护一个保持干燥和通风的储藏室，新鲜空气可以在储藏室内流动，防止霉变，使干草保持干燥。

与堆放成百上千的草捆或草袋相比，大量倾倒的散装垫料显然可以节省时间。但是，如果在日常杂务中不使用有效的方法来处理散装的材料，这种节省可能会付诸东流。

篷布可能足以暂时防止干草存放处被雨水冲刷，但廉价的篷布不防水，容易撕裂造成漏水，如果紧紧包裹在干草堆上，会在内部积聚湿气和热量，而且日常使用干草时也很麻烦。

二、干草堆垛

关于如何在仓库或割草机中堆放草捆，有很多理论。堆放干草，主要是要增强新打捆干草及其周围的气流，从而在干草捆"固化"时散发正常的热量和水分。堆放干草捆时，要让割下的干草茎部上下贯通，这样可以让温暖潮湿的空气自然对流，并从草捆中排出。干草越绿或越湿润，就应该包得越松，以便冷却和固化，同时降低发霉或自燃的危险。目标是让空气能围绕整个草捆的侧面、顶部和底部流动。堆垛时，每边的草捆之间要留出1～2英寸的空间，即使是晾晒过的干草也是如此。堆垛要远离墙壁和天花板等坚固表面，以保证堆垛周围的空气流通。

将干草捆错开堆放，以稳定松散的堆放结构。将上一层干草捆垂直于下一层。即使在一层内，有时也可以将草捆的方向改变90°，将一排草捆与相邻的几排草捆绑在一起，就像垂直于挡土墙的木材将墙与墙后的土壤固定在一起一样。这些交错堆放技术的实用性取决于干草从仓库中装卸的方式，例如，是每次横放一层干草捆，还是垂直堆放干草捆，或者是其他更随意的方法。

在干草堆下使用托盘可以促进空气流通，使干草远离地面湿气。在底层铺一层干稻草是第二种选择，在托盘空间内为啮齿动物提供舒适住所的风险较小。由于板条之间有空隙，托盘上可能很难行走，而且无法使用机械化设备处理草捆。

在估算空间需求时，要考虑到堆放空间的问题，特别是那些故意堆放得比垫料捆还松散的打捆干草，堆放效率不得超过85%。例如，通过称量几捆干草和测量尺寸，可以知道购买的干草容重为8磅/英尺^3。1吨（2 000磅）干草似乎需要250英尺^{3}的存储空间（2 000磅除以8磅/英尺^3）。实际上，如果考虑到85%的堆垛效率，存储这吨干草需要的空间接近300英尺^3（250英尺^3/吨÷0.85＝294英尺^3/吨）。

一旦湿气和热量从各个包中流出，所产生的湿热空气必须从储藏室中排出。需要为上升的湿热空气的排出提供通风口。屋脊通风口可以是农业级连续屋脊通风口，也可以是带有较大通风口组件或冲天炉的间歇开口。

三、消防安全

存放干草的房屋要考虑消防安全。一旦干草燃烧，干草的燃烧速度与汽油的燃烧速度相同，它们被扑灭的可能性很小。

消防工作的重点是降低周围建筑的火灾风险，并在燃料源（干草）烧尽后最终将大火扑灭。砖石建筑会抑制火势横向蔓延，但由于缺乏足够的通风，其严密的结构可能会导致自燃。一旦发生火灾事件，最后只能剩下砖石建筑外壳，里面的干草和屋顶会被烧光。干草储存间与相邻建筑物之间至少有75英尺的间隔距离，以减少火花传播，并允许消防车辆进出。好的存储还要为重型卡车设计良好的全天候车道，且要足够宽敞。

在干草存放处放一个金属探针，以便快速评估草捆内部温度。如果探针方便携带，可在明显位置挂上使用说明，就可以在储藏阶段检查草捆，再检查那些怀疑过热的草捆。灭火器虽然是一种常备的辅助工具，但一旦在仓库中发现烟雾，还是应该请求专业消防员帮助。最好的预防措施是在新捆干草储藏期间经常（每天）检查草捆内部温度，以便在温度升高达到着火阶段之前进行处理。除了在干草仓库里配备灭火器，在仓库附近的建筑中也需要配备灭火器，毕竟万一着火时不能冲进着火的干草仓库里取灭火器。关于本节讨论的更多议题见第九章。

四、长期储存

1. 尺寸和存储空间

长期储存干草和垫料储藏室的侧墙高度为16～20英尺，储藏室支柱间的宽度为12～

14 英尺（图 13－2），宽度通常为 24～48 英尺。表 13－2 列出了长度为 20 英尺的储藏室在不同宽度下的存储容量。16～20 英尺的侧墙高度为 4 英尺或更宽的悬挑提供了空间，以保护储存的干草，同时仍有足够宽的通道供运送干草的卡车通过。粗略估算一下，每100 磅重的马每天需要储存 1～3 磅干草和 8～15 磅的垫料。

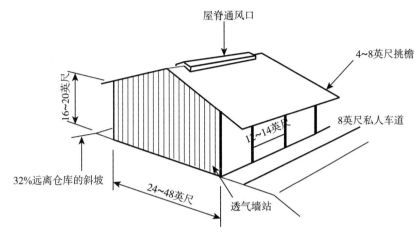

图 13－2　长期储存干草的特点是内壁为透气护墙板，侧壁有一个或两个开口

表 13－2　具有 20 英尺侧壁的干草棚的粗略容量估算

棚宽（英尺）	小矩形捆①（吨/英尺④）	大矩形捆②（吨/英尺）	大圆形捆③（吨/英尺）
24	1.6	3.0	1.6
30	2.0	3.8	2.0
36	2.4	4.5	2.4
40	2.7	5.0	2.6
48	3.3	6.0	3.2

资料来源：《马设施手册》。
① 每立方英尺 7～9 磅干物质，85% 的堆放效率。
② 每立方英尺 13～15 磅干物质，90% 的堆放效率。
③ 每立方英尺 9～13 磅干物质，60% 的堆放效率。
④ 建筑长度。

2. 布局

干草和圈舍仓库建设可有坚实的墙壁和简单的屋顶的结构。没有墙壁，通风是有保证的，但也有外层干草接触降水的问题。更常见的敞开式储藏方式是端墙封闭，开放侧墙。图 13－3 显示了三种存储布局选项，包括开放的侧墙全开放式、面侧墙开放式侧墙和全封闭式。特别建议在任何开放的侧壁设置长檐悬挑，以提供缓冲，防止雨雪进入，并将雨水和融雪从建筑顶上排出。长长的悬臂还提供了一个遮蔽的装载区，以保护工人和运往马厩的干草。在干旱气候条件下，无侧壁的屋顶结构就足够了，如果设计得当，在温暖气候条件下也可以使用，但是在风雪或雨水充沛的地方，这不是一个好的储存选择。草垛外围约有 2 英寸长的风化干草裸露在外，可能不适合饲喂（不应向马匹提供发霉的干草）。这种开放式设计提供了大量理想的通风条件，四面都可以取用储存的干草和垫料，而且无须使用侧壁材料，是一种经济实用的结构。

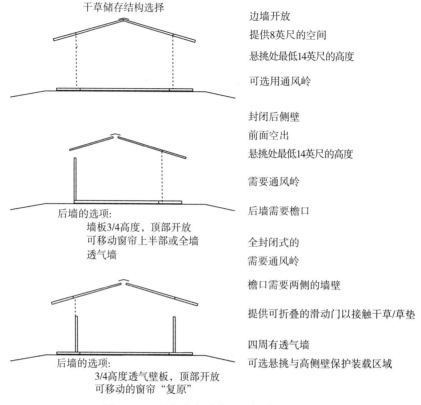

图 13-3 长期储存干草和垫料建筑的选择

通常，仓库有三个侧面，在封闭的一侧的屋檐处有大的通风口。用透气墙（相邻木板之间有狭窄气隙的护墙板）建造的封闭侧墙可沿这些墙壁从地板到天花板提供扩散式通风。透气墙是100多年来在干草堆旧仓库上成功使用的结构。开放式长侧壁用于装卸干草和垫料。

一种更方便的方法是从两边长的侧壁进入储藏室，这样就可以在取出材料时从任一边添加干草和垫料，未使用的旧干草也不会被卡车运来的新干草挡在后面，可以从另一侧卸下。双方递送干草和圈舍用品与要去除旧干草移动到新干草前面相比，劳动量降低了。通道的两侧可以安装大型重叠推拉门，以便在需要时既能进入整个储藏室，又能提供防雨防雪保护。

中央车道允许运货卡车进入建筑物，这样干草和垫料就可以卸载到两侧。同样，也为中央传动装置每天收集干草和垫料提供了保护，以便运往马厩。在驾驶区铺设混凝土或沥青地板，并清扫干净干草和糠秕粪便，因为这些粪便可能会被热的发动机和排气部件点燃。

将干草和垫料从长期储藏区搬运到马厩或牧场棚屋时，最好使用某种机械化装置，即使不是机动装置也可以。对于小型农场来说，可以使用手推车和其他推车搬运大件货物，但无法处理高密度货物。大车轮的车在不平的地面比小车轮的车更容易行走。全地形车和拖拉机可以拉动装满供应每日或每周干草和垫料的手推车。在常规降雨位置，如果干草和垫料不立即使用，那么在短期储存期间就有发霉的可能，可以在运输的干草和垫料上盖一块防雨布。根据气候，在仓库和马厩或牧场遮蔽处提供一个有遮盖的区域，以便运输车装货，使材料和工人免受雨淋或烈日暴晒。

3. 地点

正如在马场场址上建其他建筑，干草和垫料的长期存放地点必须能够疏导地表水和避免地下水。要防止水进入干草和垫料中，因为水带来的潮湿环境可滋生霉菌。其中干草堆叠确保约 12 英寸，储藏室至少需要有一个车道每天或每周来运输干草和垫料。大型拖拉机牵引车最好采用直通式配置，这样就不需要倒车，要保证车道能够承受车辆重量。干草仓库的两侧都需要有车道，以便从两侧装卸干草。干草仓库的位置应与其他建筑物保持至少 75 英尺的距离，这样可以最大限度地减少火花造成的火灾蔓延，允许消防车进入，并为运送干草和垫料的卡车提供空间。

五、稳定的短期储存

使用长期储藏室时，可从长期储藏室中运出最多一周的干草在马厩中短期储藏。对于有劳动力的商业马厩来说，每天向马厩运送干草也是可以的。干草可以很方便地存放在主工作通道外的一个开放式凹室中（图 13 - 4）。存放干草的位置要便于运送长期储藏室的干草，也便于将干草运送给马厩中的马匹。可分配最多 100 英尺^2 的空间用于短期储存，以便在马厩中存放适量的干草，可在附近放置处理干草和垫料的工具。

图 13 - 4　在马厩中短期储存干草，方便每周从长期储存仓库中运输干草并喂养马厩中的马匹

在大型马厩中，集中起来更方便日常饲喂，因为这样可以缩短最远马厩与干草供应点之间的往返距离。短期储藏室可设在饲养室内，以便将谷物、精饲料和饲草饲喂集中到马厩中。无论是在饲喂室还是饲料的集中区域，都要提供一个宽大的通向室外的门（4～6 英尺），以便于将干草从长期储藏室转移到短期储藏室。较小的马厩可能会在靠近工作通道尽头的地方设置短期干草储藏室，以便在 6～8 英尺宽的凹槽区域从长期储藏运输车辆上卸下干草。

六、阁楼储藏室

1. 传统与争论

关于马厩中干草的储存方式一直有两个主要的争论，一个是在马厩内架空存放干草，另一个是在筑物内单独存放干草，双方都有很多的支持者。一些马厩管理者表示，每天将草捆分段扔到马厩里或将整捆草捆扔到工作通道上很方便，且这样存放干草所带来的灰尘、霉菌和火灾危险相比在马厩中存放小得多（图 13 - 5）。

阁楼储藏干草的传统源于谷仓建筑，散装干草在两层谷仓阁楼的通风处晾干，阁楼采用通风透气的"谷仓板"结构。在使用当今的大型覆层建筑材料时，我们需要计划提供更多的通风口，以保持良好的干草质量，同时尽量减少湿气的积累，以阻止霉菌、孢子的滋生。由于架空储存无法排除晾晒干草时自然产生的热量，所以要增加通风量，降低了干草自燃的风险。传统的谷仓阁楼在下层有一个完整的天花板隔开的空间，用于饲养牲畜，包括马匹。在阁楼地板留一个或两个大的通风口，可以将饲草和垫料丢下来，供马厩使用。这方便了将日常干草和垫料从存储区域运到需要的地方。

图 13 - 5　干草长期储存，为堆叠的干草提供循环的空气，用胶合板盖住下面的干草以实现长期储存

阁楼储藏室为日常工作提供了极大的便利。通过楼梯而不是梯子进入阁楼，可最大限度地减少坠落伤害。除非地形允许运草车或运货卡车驶入马厩，否则要花费大量人力（或机械）才能将干草和垫料捆运到棚顶。因此，总体劳动力节约似乎很小，但可以集中在储存干草的时间段。在整个冬季积雪较多的地方，阁楼储存干草更显得方便了，因为从长期存放的阁楼储藏室中取出干草所需的铲雪工作量更少。

2. 设计方案

马厩的阁楼干草储存室采用三种主要设计。第一种是全天花板，与马厩环境完全隔离，只有一个或多个孔，用于高空运送干草捆或部分干草。将阁楼干草仓库与马厩隔开，可提高马厩内的空气质量。当架空干草储存室与马厩区域完全隔开，并采用全封闭天花板时，除非每天都扔下干草捆或装满新鲜干草，否则可以最大限度地减小灰尘和霉菌对马匹的影响。除使用时，只要保持运输干草用的开口关闭，灰尘和霉菌可以在一定程度上被控制在干草存放空间外。

除非天花板的安装能确保马厩隔板上的空气流通，否则马厩上的天花板会影响马厩的自然通风。为了给马厩提供足够的空气流通和通风空间，同时将干草储存过程中产生的灰尘、霉菌和糠秕留在干草仓库中，马厩天花板（即干草储藏室地板）至少要有 12 英尺高。这样可以使马厩内的空气流通到马厩隔板上方，并在两侧墙的屋檐通风口处提供新鲜空气进入和污浊空气排出的空间。因为不新鲜的空气不能再通过屋脊开口上升并排出马厩，所以需要更大的侧壁开口来确保与良好的新鲜空气交换。可以用烟囱来把马厩里的空气排出屋脊（详见第六章）。

第二种和第三种阁楼储藏室设计是提供部分阁楼干草储藏室，其中一种储藏室位于中央工作通道上方，另一种位于马舍上方。我们不建议马厩采用马舍上方的设计，因为这种设计会使马舍环境中的干草储存产生灰尘和霉菌，并使马处于闷热的环境中，几乎没有新鲜空气流通的机会。温暖潮湿的空气从马舍中自然上升，在马舍内产生热量和湿气，架空的干草储藏室会阻挡这种空气的自然流动。

3. 干草运输口

马厩干草储藏室的取干草装置的设计应考虑到两个目标：尽量减少灰尘进入马厩和保证取干草时工人的安全。可以通过尽量减少地板上的开口数量来实现这两个目标。这样可以减少含灰尘空气的交换面积和孔洞数量。不可长期开放、无保护地取干草孔洞。所有的阁楼洞都应该被保护起来，以确保粗心的工人后退时不会因为踩空而从地板孔洞中摔下去。记住，除了熟悉阁楼的人之外，其他人也会进入阁楼，可能会有不知道或认不出地板上开口的人，包括客人、助手和帮助装运干草的人。除此之外，在拱形屋顶干草储存室中，通往马厩的阁楼开口可能位于侧墙附近，由于高度较低，人类无法在此行走，疲惫的管理员和工人可能会撞到头，但这个高度移动干草捆是足够的。

如果干草储藏室开口处的铰链盖在两次饲喂干草之间能方便地盖上，防尘效果会很好。连接在相邻墙壁或柱子上的滑轮系统绳索允许快速打开安全干草投放门进行干草输送，并自动关闭，以便一次向两个摊位投放干草，或向两个马舍投放干草，从而将所需的阁楼开口数量减半。一个马舍从右侧投放干草，相邻的从左侧投放。图13-6至图13-8举例说明了如何在阁楼中设计一个干草投放装置，以便一次为两个马舍投放干草。阁楼开口上的胶合板可以防止工人踩空，并最大限度地减少灰尘进入下面的马厩。图13-9所示的是干草从阁楼落到相邻马舍的结构设计。图13-5所示是干草储藏室和干草投放箱。

在某些设计中，阁楼的梯子通道也是唯一的干草投放孔。这种设计最大限度地减少了干草投放孔，但在搬东西的时候也带来了爬梯受伤的风险。上楼时踏入无保护的洞口会增加危险，在阁楼洞口周围设置4英尺高的栏杆，以提高安全性。但除非加装更多的栏杆，否则这并不能防止儿童摔倒。

图13-6 用胶合板盖住干草留下的洞比留一个洞口更安全。干草可以堆放在盒子周围和上面，盒子面向屋顶打开

图13-7 胶合板的内部覆盖了下面两个马舍的干草掉落孔。背向箱背可封闭，进一步保护孔位。铰链挡板朝右，可将干草送到左边的马舍

图 13-8　同一胶合板箱的内部如图 13-7 所示。当铰链挡板处于
第二个位置时，可将干草输送到右侧的马舍

对于马厩来说，阁楼干草储存的风险较小，因为马厩里的马大部分时间都在外面。在这种情况下，将干草储藏室和马厩合二为一可能比建造两个独立的建筑更可取。评估这两种方案，因为单独的干草储藏室是一个简单而廉价的建筑，相比之下，马厩上面的第二层承载着大量的重量。干草和垫草分开存放，可兼作机械存放处。但尽可能将机械和干草存放处分开，以最大限度地降低热发动机和排气部件点燃储存区中地面上干草的风险。

图 13-9　干草跌落设计，可以看到
挡板从隔栏顶部铰接

4. 灯光

不要在干草储存区使用未受保护的白炽灯或卤素灯泡，无论仓库是长期建设还是短期建设，或者是马厩的中央部分或阁楼。这两种类型的灯泡的表面温度都高，都可能会点燃灯泡上的灰尘。无论是使用白炽灯、荧光灯还是高强度气体放电灯（HID），都要在密封的防尘防潮装置中提供照明。合适的 HID 灯包括金属卤化物和高压钠；低压钠灯发出的光很黄，色彩表现力太差，不适合在室内使用。白炽灯和卤素灯打开后立即启动。HID 灯需要 10 分钟或更长的时间才能完全点亮，因此对于经常且短时间使用的仓库来说并不是特别适合。在寒冷天气使用时，如果使用冷启动镇流器（电子），荧光会立即失效。密封良好的白炽灯是最便宜和最有效的照明系统，用于长期和阁楼储存（有关防尘防潮外壳中的白炽灯图片，请参见第十一章）。需要一个较低的光水平，以简单地挑选和装载干草和垫料。自然日光可以通过开放的侧壁、沿长侧壁顶部的半透明面板或用于侧壁通风的可移动窗帘材料照射进来。有关照明选项的更多细节，请参见第十一章。

第三节 马 具 室

一、功能

保护马具是马具室的首要功能，而布局则侧重于方便取用和存放马具。为了方便，马具可以存放在马厩里，就在马舍的旁边；虽然这样可以方便取用马具，但不能很好地保护马具。如果说马厩中的哪个房间可以从冬季供暖、夏季除湿的管理中获益，那么这个房间就是马具室。即使是小型的后院马厩，也建议使用一个安全的房间（或至少一个大柜子或壁橱）来存放马具，以保护马具免受马厩冬季潮湿、灰尘大的影响和啮齿动物的破坏。马具室和饲料室可以合并，但会使马具上沉积的灰尘增加。马具室通常位于马厩布局中的梳洗台附近。

马具室通常既有储藏功能又有马场的社交中心的功能。从某种程度上说，马具室可以体现马场的个性和管理风格，如正式或非正式、高度组织化或轻松惬意等风格。如果房间除了用作马具储藏室外，还用作休息室，那么室内气候和房间布置就会更接近住宅建筑。马具室的材料在结构上可以更偏向于住宅而非农用，但要记住，应对灰尘、湿度和啮齿动物的挑战会比典型的住宅建筑更大（图 13 - 10）。

图 13 - 10 马具最好整齐地存放在房间里，防止啮齿类动物进入，冬天要供暖以减少湿气，这样马具在两次使用之间就能晾干

二、建筑与环境

所有马具间都有共同的建筑特点，就是重点防鼠和防盗。通过铺防鼠地板（通常是混凝土）和设计严密的结构，以杜绝鼠类进入（图 13 - 11）。老鼠会在毯子或破布堆里筑巢，不要在马具室里放置宠物食品和水，因为它们会吸引啮齿动物。马具室需要一个天花板，以将房间与马厩环境隔开。无论是否一直上锁，都应安装一扇可上锁的门。对于存放了贵重马具的马具室，除了给门上锁外，还可以增加铁窗和防止入侵者从天花板进入的装置。

没有很理想的皮革马具存放环境。皮革护理（涂油）可防止皮革干燥，但应避免湿度过高，以尽量减少霉菌的形成。简

图 13 - 11 在马具室铺上混凝土地板，以方便清洁和防止啮齿动物。在马具室中留出足够的空间来放置大量的架子和箱子，用于存放小型马具

单的指导原则是冬季保持室内温度在 0°F 以上，目标温度为 35～40°F，但夏季（除最炎热的气候外）保持室温即可。如果马具室的使用率很高，有大量的湿马鞍毯和粘有马汗的马具需要晾干，那么在寒冷的天气里，马具室的温度应保持在 50°F，在此温度上起伏 50°F 是可接受的范围。寒冷的天气里，在 40～60°F 的温度范围，要保持马具间 30%～60% 的相对湿度。为马具室供暖可使空气吸收更多水分，从而使潮湿的马具和马鞍毯干燥。第十二章详细介绍了马厩加热器的选择。住宅温湿传感器很常见，而且低廉，因此可以使用温湿传感器来监控马具室的环境，并在寒冷天气时通风除湿或减少通风以增加湿度，家用浴室风扇足以满足去除湿气所需的低风量要求。

图 13-12　马具室的窗户和头顶上的电灯均可提供充足的光线。房间内部的衣架可用于马具的清洁和存放

如果为获取自然光安装了一个窗口，应安装纱窗防止在打开窗口时飞虫飞入（图 13-12）。在马具间最好能控制苍蝇，因为苍蝇会留下污垢和斑点，可以使用粘蝇纸或其他捕蝇器。

三、水电

在马具室中，电灯是必需的照明设备，而且很可能是唯一可用的照明方式。每 50 英尺^2 的建筑面积至少提供一台位于中央位置的荧光灯（40 瓦）或白炽灯（100 瓦）。在详细的工作区域，例如在马具清洁槽附近（如有），可单独安装荧光灯提供较高的照明度。多个照明装置可减少正在清洁或修理马具时的阴影。

在房间的墙壁上大约每 8 英尺至少有一个电源插座。当马具箱沿着马具室的墙壁安装时，相应的插座需要安装在 5 英尺高的墙上，以高于打开的箱盖。

提供一个供应冷热水的水槽，水槽要足够大，以方便装入用于清洗马具的中小型水桶。不要将清洁水倒在地板上的下水道中，以免增加室内暖气和通风系统的排湿负担。如果没有设置水槽排水口，则应将清洗马具后的废水倒入清洗间或其他马厩排水系统。

一些马具室还有洗衣洗和烘干机，用于清洗与马匹有关的物品，因此需要 110 伏和 220 伏的电力服务，以及烘干机排气孔和洗衣机排水。可提供一个小冰箱，用于食物的保鲜和存放冷饮。第十章和第十一章有更详细的介绍。

四、空间

英式马鞍和其他较轻的马鞍很容易提起，因此可以多层存放。西式马鞍和其他较重的马鞍的存放高度最好在臀部部位，以减少抬起存放的次数。马鞍支架固定在墙壁上，下面一般什么也不放，比马鞍存放处更容易清洁，也可以存放行李箱。有关马具存放空间的要求见表 13-3。马具物品会不断累积，因此应估算好马厩中需要存放的马具数量。除表 13-3 中列出的物品外，其他马具也很多，因此需要额外的橱柜或悬挂空间（图 13-13）。这些橱柜的风格可以和住宅用的厨房橱柜一样。

房间里应有一个光线充足的地方，在这个地方可以把马鞍和其他马具放在架子上清洗，四面也要有足够的活动空间。可在房间中使用便携式架子，不用时可将其收起。

表 13-3 马具存放空间的要求

马具	高（英寸）	宽（英寸）	前后深度（英寸）	间距① （英寸）
英式马鞍	26～30	22	24	24～28
西式马鞍	29～36	24～29	26～33	30～36
缰绳	28～40	4	4～6	10
灯具线束	70～80	8～10	12	10～12
行李箱	24 个关闭，48 个开放	36～48	24～30	24～28

① 间距是中心线到相邻鞍座或缰绳的中心线之间的距离。

马具室门要足够宽，以方便携带马鞍通过，可以是一个 4 英尺宽的推拉门，以便与其他马厩的门相匹配。小于 3 英尺宽的门太窄，不便于携带马鞍通过。一般只需要一扇门，除非马具室非常大；为了防止马具被窃，不建议在外面安装一扇门。易于打开和自动关闭的门可防止苍蝇进入马具室。

对寄宿马厩的快速估算是，为每个寄宿者提供约 36 英寸宽、24～30 英寸高的可用墙面，这样，寄宿者就有足够的空间放置一两个马鞍（第二个马鞍架在较低的马鞍架之上），旁边是两个马具架，地面还应预留空间，用来放置小型马具箱。马具室门的位置要保证有一条通向马具室的畅通通道，并且内部的旋转门不会阻塞马具通道。也可以在马具室存放较大的马具，如马鞍、缰绳和各种装备，并在主通道上设置一个小隔间，用于存放较小的马具，如骑马前需要的手套、马鞭和头盔。储物格或

图 13-13 马具室中配备一个用于清洁的冷热水槽和储物柜

储物柜可以安装在马匹梳洗区附近的墙壁上，也可以安装在马术场入口附近的墙壁上。在公共马厩中，最好提供可上锁的存放装置。

对于没有提供单独马具室的小马厩，使用马具壁橱或橱柜将马具存放在干燥和安全的位置，以防止啮齿动物咀嚼。用密闭的门和坚固的密封壁橱来防止啮齿动物进入。但马具壁橱需要新鲜的空气流通，以干燥马具。提供百叶窗门，门内用 0.5 英寸的五金布缝制，以阻止啮齿动物进入。在寒冷的冬天，在壁橱里点亮一个白炽灯泡，可以提供足够的热量，以保持马具足够的温度（白炽灯泡发出的大部分光是长波，而不是短波）。将灯安装在壁橱较低的位置，使加热的空气上升到需烘干的马具的上方。要注意保护灯泡，防止灯

泡碰触到马具,即使是吊在柜子里的马具。

马毯的存放会占用相当大的空间。马毯从马身上取下时需要流通的空气进行干燥。特别潮湿和泥泞的毯子需要有地方悬挂和晾干。通常在马厩正面或门上提供毛毯架。当需要快速干燥潮湿的毛毯时,则在加热的房间(马具室或饲料间)或大柜子中提供足够的空间来悬挂毛毯。

第四节　工具和机械仓库

养马非常消耗体力。为方便日常清洁,可将耙子、扫帚、铲子和叉子悬挂起来存放。这样可以保持工具整洁,放在固定的位置,而且不会被踩到,不易被碰倒(图 13-14)。典型的存放位置是在马厩的饲养工作区附近,工具存放处可设在工作通道或凹槽存放区。

准备一套额外的工具和马粪收集桶,将其放在室内骑马竞技场入口附近,用来收集沉积在竞技场地面上的马粪。专门区域放有专用工具,如在饲料室中放置的清洁用的扫帚,还包括手推车、吸尘器及类似物品。这些较大的物品最好存放在小型储藏室内,如果主要用于运送饲料,则最好存放在饲料间。处理马粪用的手推车最好存放在马粪处理工具附近。

在主工作通道外建造一个工具和小型设备储藏室是有用的(图 13-15)。壁龛或角落是指在壁龛和工作走道之间没有独立的门道,以确保通道通畅的区域,可以选择在隔墙上开一个 4~6 英尺宽的门洞。提供一个 6~8 英尺宽的角落,一面墙挂工具,一面墙放手推车(或类似的工具),也可以放全地形车。

图 13-14　将手动工具悬挂在一个方便的
　　　　　　位置,经常选在马厩的工作通
　　　　　　道的集中工作区域

图 13-15　工具和小型设备可以存放在主
　　　　　　工作通道之外的地方,以保持
　　　　　　马厩的主工作通道畅通与每天
　　　　　　使用的物品不凌乱

柜子和架子可以挂起来以存放较小的物品。在该区域入口处安装带开关的中央灯具。储藏室可用于暂时存放垫料和工具，但在进行存放时需谨慎，以避免粪便处理工具污染垫料。这种共用储藏室的缺点是干草和粪便处理工具之间的卫生问题。

马厩清洁和饲养通常需要机械化设备来运送材料。应为拖拉机、机具和全地形车等提供有顶棚的储藏室，避免让它们暴露在风雨中，以延长其使用寿命（图 13-16）。简单的三面棚可以容纳较大的设备，14 英尺的净空可以容纳大型养马设备，10～12 英尺的净空足以容纳小型农用机具。为每台需

图 13-16 在小型马场中，与马厩分开的建筑具有双重功能，可以在不使用时存放干草、垫料和农用机械

要存放的拖拉机或机具提供 12～14 英尺宽的托架。这个储藏室可以是室内竞技场建筑的一个大屋顶延伸部分，也可以是一个单独的结构。

第五节　清洁站

在繁忙的商业活动中，如果马匹被交叉地拴在工作通道中，会妨碍其他客户使用工作通道，应在马厩中设置马匹梳理台。清洁站类似于一个 12 英尺×12 英尺的箱式马厩，这个马厩应配备用于固定马的横系带。马通常面向马厩走道的开放侧。坚固的栏杆可以把清洗站隔开。将梳洗站设在马具室附近，马具就可以不放在梳洗站内，也方便了为马匹的梳洗。地板可采用任何适合马厩的材料，要考虑易于清洁和耐用。混凝土、沥青和铺满石灰的橡胶垫是常见的清洁站地板材料。在侧壁和支撑清洁站之间的分隔轨的支柱上安装插座。靠近马匹前端的插座是为方便剪毛机的使用而安装的。如果轻度清洗，或梳洗站兼作清洗间会导致地面潮湿，则需要使用地面故障电路中断器（GFI），以确保用电安全。有关清洗间照明的建议可参阅第十一章。

清洁站需要梳洗工具和马具，梳洗工具和药膏可沿侧壁放置，最好用嵌入式架子或坚固的护栏保护起来。这样做的目的是提供一个光滑的墙面，防止马匹撞击而受伤，或驯马师被尖锐的墙面夹伤。用轻型链条挂上带有多个挂钩的吊架并挂在桁架或椽子上是一个很好的选择，可以方便地放置轻型马具（缰绳、胸带等），但当马匹或牵马者撞到它时，组件会产生拉力。悬挂式钢丝网筐也是一种类似的选择，只要挂得足够高，就能将马匹缠绕的风险降到最低。当多个清洁站相邻时，可以用整面落地墙、约 5 英尺高的部分"踢"墙或单根坚固的栏杆将它们隔开。

如果马具室和梳洗站距离较近，可以在需要时将马鞍送到马身边。在给马配鞍前将马鞍带到马具室，并放在方便的位置。马鞍最好放在架子上，即使是暂时存放，也不要放在地板上，以免弄脏、弯曲变形或划伤皮革。每个清洗站都可以安装一个壁挂式马鞍架或便携式轮式马鞍架，用于放置马鞍。折叠式马鞍架可以在马鞍使用间隔期间进行便捷的存放。如果轨道直径为4～6英寸，可以支撑马鞍，则可以将马鞍放在站与站之间的木质或金

属分隔轨道上。另一种方法是平放一块 2 英尺×6 英尺的木板，用来临时放置刷子和马鞍，将马鞍放到马背上时再拿去。

第六节　盥洗间

许多用于饲养表演马和竞技马的马厩都设有专门的马沐浴区。最常见的是专门的洗浴间，但在较小的马厩中，可能会指定一个简单的区域，并配备供水和排水设施，以方便为马洗澡。要知道，正在洗澡的马往往会因为水流而变得活泼，使用交叉缰绳可使马安全地待在清洗区的中心。在设计和维护可以冲洗的马厩时，应限制可能伤害到马或将马匹推向饲养员的部位。耐用的防滑地板对安全至关重要。该区域的任何电源插座都需要安装地面故障电路中断器，以减小触电的概率。

对于一般的寄宿马厩来说，设计每 20 匹马使用一个洗马间，这是一个典型的寄宿马厩的基本要求。有时，为了更有效地利用空间，清洁站和洗马间会合并使用。在这种情况下，目前的管理，除非另有规定，否则每 8 匹马配备一个清洁站和一个洗马间是比较合理的。

在盥洗室应该提供一个坚固的架子，以方便拿取梳理用的刷子。最好能有额外的货架，以便在清洗活动之间存放清洗用品和设备。带有可滑动、可关闭柜门的货架可最大限度地减少杂乱，并有助于保持储藏室的清洁。马进出洗马间时，朝向洗马间后面的搁板不能碍事。嵌入式货架或建在角落里的货架可以最大限度地减少对马的影响（图 13-17）。在摆放货架时，要考虑到人和马的安全，兴奋的马容易将人撞倒或挤进货架。

一、水

清洗间的用水量相当于浴室里的淋浴（用水量估计见第十章）。冲洗时必须冲洗掉大量的毛发和粪便，但仍然可以被认为是简单的"灰水"，因为它不包含排泄物。清洗间的下水道需要一个疏水阀，这样就可以在废水进入管道之前过滤掉头发和粪便。下水道中的堵塞物需要及时清除，在设计时要考虑到这一点。

用软管给马淋水。提供一个地方，将软管整齐地放置在清洗间，并使其远离道路，以清理该区域。对于温度低于 0°F 的畜舍，在使用软管后排出其中的水。顶置式软管推车可提供类似的功能，摆动软管可清洗汽车。头顶上的吊杆在马厩中起着重要作用，它可以将软管从马脚下安全地拉出，避免与马匹发生缠绕。在寒冷的天气，马厩中安装这样的吊杆尤为重要。

洗马间需要热水和冷水。在北方的气候条件下防冻设施是必备的。旁边建有暖气房，可以保护冷热水管道，就可以正常使用常见的住宅户外水龙头。

在洗马间，如果水龙头突出，可以将其嵌入墙内，或者用坚固的护栏将其挡住，以防止马碰到而受到伤害或使冷热水管道破损。将排水口沿着洗脸台的那面墙放置，使其远离脚下。该装置由一个浅浅的明渠组成，明渠的一端（或中间）倾斜至一个疏水阀排水口。最常见的是沿后墙设置排水口，但也可以沿两侧设置。如果马厩的过道有排水系统，则可在洗脸台前部设置排水槽。将地面向排水沟倾斜 1%～2%（每英尺最多 0.5 英寸）。在排水管上安装坚固的栅栏，并在每次使用时选择一个易于清理的疏水区域。马不喜欢踩在排水算子上，因此位于中心位置的排水口可能会带来麻烦，而且与单坡地面到墙面的排水口相比，需要更复杂的地板坡度。

清洗区需要清洁工具，应将扫帚和铲子固定在墙上。粪便堆积后要立即捡起，以尽量减少排入下水道的粪便量。开始清理时，先尽可能地铲除毛发和粪便，再将多余的水、残留的毛发和粪便扫向下水道，用铲子清理下水道中的堆积物。在附近提供一个处理筐，用来装下水道里的东西及收集的粪便和毛发，可以将这些东西倒在粪便堆中。另一个容器则用来装洗发水瓶和包装纸等废弃垃圾。

二、墙体材料

墙体要具有抵御马匹撞击或踢打的能力。防水材料通常要铺设到天花板的高度，因为清洗时溅起的水花会飞到天花板上。马厩用的防水材料可以达到 5 英尺高（图 13-18）。常见墙体材料有混凝土块（瓷砖釉面或涂漆以减少吸水率）、成品木材（油漆或染色以防止吸水）、玻璃纤维增强塑料（FRP）板等。玻璃钢面板薄，FRP 是一种薄而坚固的防水板，常应用于畜牧业和商业（洗车场），用于暴露在高压冲洗下的墙壁（图 13-17）。FRP 还具有防霉和防细菌生长的功能。FRP 增强塑料可单独使用，也可以预先与定向刨花板（OSB）、胶合板或槽纹聚乙烯进行压层处理。FRP 也被称为玻璃纤维增强塑料（GFRP）、玻璃钢（GRF）或增强塑料（RP）。内衬金属护墙板的清洗台可以防水，但不耐踢打和撞击。

图 13-17　清洗有凹槽的隔板。墙面　　　　图 13-18　组合修整清洗隔间墙壁下部有木制衬垫。
材料为 FRP，坚固防水　　　　　　　　　　　　注意悬挂辐射加热器和密封荧光灯

三、热

辐射加热器可装在马的上方，以提供温暖和干燥的环境。这是一个给马供暖很好的方法，可在饲养员在洗浴间为马匹洗浴时即时供暖。可在马的两侧分别放一个加热器，两加热器相距约 3 英尺。制造商技术规范有辐射加热器的安装位置和高度的建议，以达到所需温度所获取热量的最佳模式。加热器上方会有一个金属反射罩，以将热量向下引导，并确

定辐射热水平分布的角度。这个防护罩还可以防止加热器损伤上方的建筑材料。制造商会建议将加热器安装在远离建筑材料和易燃材料的位置。电辐射加热器安装在马背上方约 3 英尺的地方，而燃气加热器可能需要更大的距离。安装加热器时要注意，要避免猛冲的马将加热器从固定装置上撞下来。加热器应悬挂在两端的链条上，以便安装高度和马匹可能的撞击提供一定的灵活性。用完全夹紧的 S 形钩将链条与支撑处和加热器连接好，尽量降低加热器被撞击时掉落的风险。

马和清洗间表面蒸发的水分需要与室外通风才能散掉，因此洗漱区域需要一个排气扇或屋脊开口。如果在清洗区域供暖，暖空气能够容纳更多水分。暖空气比冷空气能提供更多的蒸发潜力。如果这种温暖潮湿的空气进入马厩较冷的区域，随着空气变冷，将不再能保持那么多水分，就会增加冷凝。冰冷的表面会形成冷凝水，甚至可能呈现雾状。

四、地板

清洗间的地板最常见的是混凝土或沥青防滑地板。防滑表面可以用硬扫帚刷混凝土表面来实现（长时间使用会被磨损变光滑），或者在混凝土或沥青混合物中使用较大的碎石骨料。另一种方法是在表面撒上碳化硅或氧化铝碎屑，每 4 英尺^2 撒 1 磅。而且沥青非常耐用，可以倾斜排水，并且表面易于清洁。将混凝土地面修成斜坡，以便将清洗水排到位于清洗间墙壁的排水沟中。防滑处理过的橡胶垫也可用作清洗间的地面（橡胶垫潮湿时会打滑，因此防滑处理至关重要）。覆盖整个清洗间的单块地垫比多块地垫更好（图 13-19）。通过垫子之间的缝隙进入垫子下面的清洗水需要有排出去的途径，因此要在填满碎石或石粉的多孔地板上铺设多块垫子。纹理橡胶垫可安装在混凝土上以起到缓冲作用，或安装在磨损的混凝土或沥青上以增加牵引力。支撑地板和橡胶垫的组件需要向排水沟倾斜，以便排掉大部分清洗水。

图 13-19　清洗间的地板为橡胶垫，有染色的木质衬里，有栏杆保护的窗户透出自然光，清洗间的前方（不在视线范围）和后方安装了密封灯具

第七节　兽医和蹄铁匠工作区域

需要提供一个光线充足、整洁的区域，以便兽医和饲养员能够进行管理、治疗和安全工作。理想情况下，这个区域应该是一个相对安静的位置，靠近停车位（图 13-20），可以存放他们的用品和工具，并能方便地使用水槽或其他热水源。这个区域可以是马厩的工作通道的一部分，也可以是较大设施中的专用空间。清洗间可以兼作兽医工作区或牵引区，因为那儿已经有了水源和良好的照明，此处应提供清洁毛巾、垃圾桶、粪便处理工具

等清洁材料，禁止马接触的物品可放在该区域。兽医喜欢有个"桌面"，以便在为马治疗时能够作记录和放置用品，例如，可以使用手推车、干草包、马具箱或类似装置来放置缝合用具。

图 13-20　在马厩内光线充足的地方为蹄铁匠和兽医提供一个工作区域，可以靠近停车位

用白炽灯、石英卤素灯或荧光灯提供 70～100 英尺烛光的照明。可以在眼睛水平线以上安装灯来减少眩光，并提供多个光源来减少阴影，以获得更均匀的光照。例如，对于 12 英尺×12 英尺的区域，提供 3 个 40 瓦的荧光灯（使用冷白色灯泡进行良好的颜色渲染）并且每个墙壁上至少安装一个双插座，以便方便使用电源线。这些灯可以在一个单独的电路上，以便在饲养员或兽医巡视时点亮（如果该场所具有多种功能，如作为清洗间，还可以在为马清洗时点亮）。在马的两侧分别放置一盏灯，在马的前面（或后面）放置一盏灯。一个灯源可以为多个方向提供照明。此外，便携式的照明灯可以在光线暗时提供方便。一些微弱的光源可以永久安装，只要装上反光板，为人站立时减少眩光，并有足够的保护措施防止被踢坏就可以。这些低照明灯整齐地安装在墙壁上的保护格栅后面。第十一章有一张图，介绍了如何为清洗间或兽医区提供良好的工作照明。

兽医和马术师需要对马的步态进行评估，以确定其是否跛足或是否需要更换蹄铁。选择平坦坚硬的地面，让马在上面小跑 10 步左右。马厩过道通常适合作为评估场地，室外车道、围场通道或停车场也可以作为评估场地。

第八节　回收容器

对于垃圾桶和回收容器的放置，应考虑方便使用。饲料室（除空袋桶外）、马具室、清洗间和办公室都需要装垃圾的容器。粪便储存桶应放置在清洗间，以减少下水道堵塞，并在室内竞技场也放置一个，因为拾取粪便可保持地面的清洁。工作通道或梳理站偶尔出现的粪便可以扫到附近的马舍或马舍清洗桶里。

本章小结

马厩的几个重要功能是由辅助设施提供的，包括饲料室和马具室、梳洗室和马厩，以及干草、垫料、工具和设备储藏室。马具室和饲料室的建造要防止啮齿动物进入，尤其要注意不能让马随意接触饲料。马具比较昂贵，最好保存在有温度控制的房间内，以防止霉菌的形成或皮革过度干燥。还要为马具和配件提供足够的储存空间，因为许多物品都是为马护理准备的。干草可能是在一个单独的结构或普通的架子上储存。现代农场倾向于单独存放干草，以减少马厩中的灰尘和霉菌，并确保消防安全。在大多数商业设施和许多私人畜舍中，清洗马厩是一个常见的工作。本章包含的每个辅助设施的信息，更多相关详细信息可参考本书其他章节。

第十四章

栅栏规划

马棚中的栅栏是驯马设施里最吸引人的部分。并不是所有的栅栏都对马适用。修建栅栏是需要大量资金投入的，因此需要在马棚建设前认真规划好。一个好的栅栏需要将马控制在内并且将可能会骚扰到马的动物或人拒于门外。栅栏有助于马场的管理，它可以根据马的性别、年龄、价值和作用将它们隔离开，并用不同的方式放养。

精心建造和维护的栅栏可以提高马厩设施的美观和价值，进而对营销工作起到补充作用（图 14 - 1）。计划不佳、杂乱无章、不安全或无人维护的围栏将降低设施价值，也说明管理不善。栅栏应有良好的外形或外观，但都应该很好地建造和仔细规划。许多有经验的马主分享如何节省费用，但不安全的马栅栏（如铁丝网）所节省费用最终被支付给兽医治疗受伤的马的费用。

通常，一个马场会使用不止一种栅栏。栅栏被用来划分放牧的草场、训练的围场、骑马区域等，有时也用来明确马场的界限。土地的地形影响栅栏的外观、效果和安装方式。马的种类不同，公种马、刚断奶的小马、母马、刚生仔的母马和被阉割过的马，对栅栏都有不同的需求。图 14 - 2 所示为不同区域的围栏类型。

图 14 - 1　优质的栅栏除了安全地围住马外，还有道具的作用

图 14 - 2　根据马场的功能，可能会使用不同类型的围栏。靠近马厩的围栏格外坚固，在马密集的围场中十分显眼。背景中的牧场围栏被马接触时产生的冲击力较小。注意，这是将马群带到远处牧场的通道

草场的作用，从训练围场到放牧或牧草生成等有所不同。围场的布局应该易于管理，包括马的移动、粪便的清理和马踩过地面的整理。草场的设计应该考虑一些设备能够轻易

进入和方便操作，如割草机、撒肥机以及打垛设备。这会减少机械损坏栅栏的机会和在场地里的工作时间。

第一节　最好的栅栏

理解使用栅栏的目的。对于栅栏的真正考验并不在马儿们平静吃草的时候，而是在兴奋的马儿想要逃出去时，或者它们因为从未见过这个好玩的"玩具"而用身体撞击它的时候。怎样能使栅栏和马都平安无事呢？马有着面对已知的危险而逃跑的天性，这对栅栏的设计很重要。和其他的牲畜一样，马会突然失控。但因为马体形较大、行为敏捷，它们撞击栅栏的力量更大。同时，马为了摆脱被围住的束缚会做出比别的牲畜更猛烈的抗争。有许多有效的马场栅栏，但这之中并没有最好的栅栏。每种栅栏都有优缺点。

一个完美的栅栏应该特别容易被马儿们看见。马看得非常远，它们看着远处并寻找危险。所以，即使栅栏离它们很近，它也必须对马儿足够显眼。栅栏必须在马撞上它的时候不会伤到自身，栅栏也不会损坏。一个完美的栅栏需要在最小化伤害的时候能够自我毁坏。它必须足够高，来防止马跳过它；它必须足够结实，以防有马考验它的结实程度。它不能有缺口，不会困住马的头或蹄子。完美的栅栏不应有锋利的边缘或突出物，以免马倾斜、抓挠或跌入围栏而受伤。它的安装成本应低廉，维修起来必须方便并且能使用 20 年以上。同时，它外观还要美。

不幸的是，没有完美的栅栏。通常马场里的一个地方会有许多种栅栏。稳定的管理需求和价格最终决定了栅栏的选择。许多新的材料和新老混合的材料都可以用来制作栅栏。有关栅栏材料和建设的细节在十五章里会讲到。

第二节　适用于各种栅栏的特性

一、好的规划特性

规划不仅是选择一个栅栏类型。最好有一个总体规划，包含对审美、做杂活的效率、现实管理、安全和财政的考虑。最好的规划包含一个平面图、栅栏的预期位置、栅栏是横跨过小溪或别的障碍物、经过小溪或障碍物的不寻常的小路、马和工作人员的出行路线、供给和水源的路线、车用路线、通向畜牧工具存放处的路线等。这些都必须与农场的其他建筑和特点有关联。图 14-3 和图 14-4 展示了在一个农场上坏的和好的马棚栅栏布局。第四章介绍了将马场的各种特点整合成一个有用规划的细节。

围栏应建造在便于进出的草场中，并且不妨碍马厩里的工作。大门要方便单手操作，这样就能空出一只手。围栏还要能便于马群从草场到马厩进进出出。全天候的马道要连通岔路口和马厩。马道上可以种草或者铺石子，这取决于这条路上的车流量和车型。

但是要确保路面够宽，以便割草设施和车辆通行。像轿车、轻卡车和拖拉机一般要求 8 英尺宽，而农用机械一般需要 12～16 英尺宽的路面。对小型拖拉机和割草机来说，窄一点的路面也没问题。别忘了在路两边留下一些空地，方便堆放处理的积雪。

如果马场里养着多匹马，那么建围栏的时候最好不要留下死角。把围栏围成圆形，这

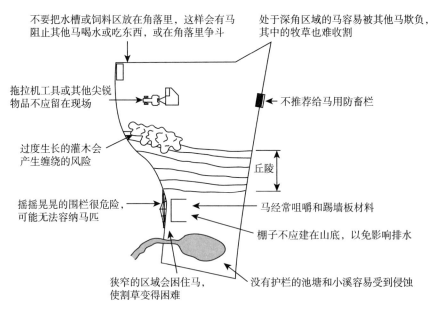

不要把水槽或饲料区放在角落里，这样会有马
阻止其他马喝水或吃东西，或在角落里争斗

处于深角区域的马容易被其他马欺负，
其中的牧草也难收割

拖拉机工具或其他尖锐
物品不应留在现场

不推荐给马用防畜栏

过度生长的灌木会
产生缠绕的风险

丘陵

摇摇晃晃的围栏很危险，
可能无法容纳马匹

马经常咀嚼和踢墙板材料

棚子不应建在山底，以免影响排水

狭窄的区域会困住马，
使割草变得困难

没有护栏的池塘和小溪容易受到侵蚀

图 14 - 3　可以通过更好的规划来避免不佳的围栏布局

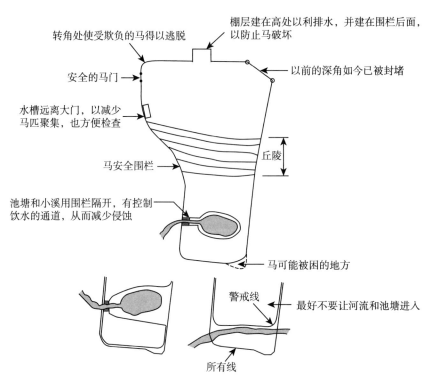

转角处使受欺负的马得以逃脱

棚层建在高处以利排水，并建在围栏后面，
以防止马破坏

安全的马门

以前的深角如今已被封堵

水槽远离大门，以减少
马匹聚集，也方便检查

丘陵

马安全围栏

池塘和小溪用围栏隔开，有控制
饮水的通道，从而减少侵蚀

马可能被困的地方

警戒线

最好不要让河流和池塘进入

所有线

图 14 - 4　改进了围栏布局，经过深思熟虑的规划改善
了功能、安全和排水，同时保持了水质

样就不会发生强壮的马把老弱的马逼到角落里的事了。一般在建造木板结构的围栏时都弄
成圆形，对于铁丝围成的围栏就更不用说了，不过用铁丝围成围栏很不好弄。第十五章详

细介绍了圆形围栏的建造。

大多数金属丝围网在安置的时候，金属丝之间是有张力的，并且这种张力是围网设计强度的一部分。这个张力也许很小，只够使金属丝在季节（温度）变化而导致的长度改变中保持直挺和均匀分布；或者这个张力很大，比如高强度金属丝围网。在有张力的围网中，圆角也许没有方角那样坚固和耐用。在弧形角处将支撑柱稍微向外倾斜一点，可以帮助承受来自受拉金属丝内部的作用力。在经过弧形角的时候将受拉金属丝放置在护栏柱的外侧，然后在直线处回到内侧（有马的一侧）。在有张力的围网上构造直角是可能的，可以用板子来防止马走到角落处。这会产生放牧不到的区域，并且需要定期割草，但是比构造圆角要便宜。

二、良好的栅栏属性

图14-5显示了一个由坚固的围栏材料做成的马槽的特点。马槽应该高于地平面54~60英寸。小围场和牧场的一个重要规则是要使围栏的顶部达到及肩的高度，以确保马不会翻过围栏。较大的马、种马或者那些擅长跳跃的马，可能会需要更高的围栏。在底部留出一个8英寸间隙空间，以避免蹄子陷进，并且能阻止马在围栏下吃草。底部一块不高于12英寸有缝隙的围栏，可以阻止小马驹在围栏下翻滚。不同的围栏，间隙大小不同。高的间隙允许狗这样的小动物进入牧场，建造围栏应该特别注意护栏柱完好。

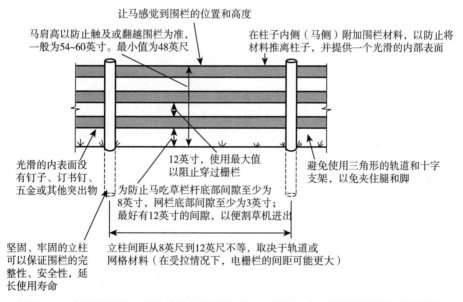

图14-5 良好的栅栏。无论使用何种围栏材料，马的安全和围栏的坚固性都很重要

栅栏的开口要么大到不会卡住马的脚、腿或头，要么小到马蹄伸不进去。小的安全开口要小于3英尺^2，但具体也要看马的体形。弹性栅栏，比如用高弹性绳子的栅栏，通常在拐角处加上斜十字支撑。这些十字绳子或木头支撑形成的三角区域可能会卡住马的腿或头。好的栅栏设计会防止马接触这些支撑区域或者在卡住的时候对马的伤害很小。

马会有意或无意地测试栅栏的结实程度。出于对栅栏外的兴趣，马总是试着触碰栅栏或栅栏之外的东西，所以结实的栅栏是必需的。能阻止这些行为的栅栏才是最安全的。栅栏围栏或绳子间的开口需要保持在 12 英尺之内。

对于电栅栏，这个开口距离可以增加到 18 英尺以避免马触碰这些栅栏。大多数栅栏，特别是有围场或周围栅栏的，都将绳子或电线放在最高围栏的 4～6 英尺之上或直接放在最高围栏内，来阻止马习惯性地靠近、抓挠或伸出栅栏。

在有马的一边，栅栏应该很光滑，以防将马刮伤。在栅栏内侧（有马的一侧）将围栏和绳索固定在柱子上。这也可以加固栅栏。如果马倚靠在栅栏上，它的重量不会集中在固定物上。钉子或者其他固定物应该很光滑，没有尖锐的部分来割伤马或缠住缰绳。

显眼的栅栏可以防止活泼的马不小心撞上它们。一匹受惊的马仍有可能撞向显眼的栅栏。考虑周到的栅栏不易伤害马儿，比坚固的砖墙好。绳子做的围栏通常不十分显眼，所以经常在上面加上些木板和带子。

第三节　栅栏柱的选择

栅栏柱是栅栏的基础，所以它的重要性是不容忽视的。几乎所有成功的栅栏都有一个共同的元素即木柱。安置柱子是建造栅栏中最困难的工作，而且通常最耗时间。毋庸置疑，这是决定栅栏成功与否的最重要部分（图 14 - 6）。

支撑柱比人工安置或者栽入土中的柱子更结实，所以更受欢迎。支撑柱与一些重物的组合一起打入地里并被特殊的装置影响。支撑柱之所以如此安全是因为它周围的土壤被压缩了，以防止柱子移动。即使是自己动手的工程，也应该在安装支撑柱时联系专业队伍。

考虑到安全性，柱子的支撑装置很难租借到。在一些干燥、坚硬或很多岩石的土壤条件下，在设置支撑柱之前打个小孔洞是很有必要的。

图 14 - 6　钢丝网马栅栏比较安全和坚固，适合用于理想的顶级骑行场地

一、门

门应该和栅栏有着一样的结实度、安全度和高度。门最宽可以达到 16 尺，最小也要 12 尺宽，以便允许汽车和拖拉机方便进入。马和工作人员的门应该不小于 4 尺宽，5 尺比较好。只许人走的通道要便捷，以提高工作效率。

二、门边栅栏

门边的栅栏需要承受马挤在周围的压力，就是说它需要很坚固、很显眼而且要足够安全不会卡住马的头脚。有些围场的门被设计成开向马进入的一边，来防止马推开门而损坏门闩。另一方面，那些能向两边摆的门对移动马群很有帮助。当门打开的时候，建议多加几个门闩来固定门，使它转到贴着栅栏不会弹回围栏上。

三、闸门位置

在大多数养马场，由于马都是单独进出围栏，因此大门都设在围栏的中间。这样可以避免马被困在靠近大门的角落里。在放牧马群多于单独牵引马群的情况下，将牧场门安置在马群来往的地方，有助于将马群沿围栏线赶出围栏。将两个牧场的大门隔着一条小巷相对设置（图 14 - 7）。将门打开，在两个牧场之间形成一条用栅栏围起来的通道，这有助于马的活动。

在行车道或路上的栅栏需要为车的操控留有空间来进出门。入车道口的表面宽度应有 16 英尺宽，并且每个边至少有 7 英尺留给除雪、储雪和大型汽车的清洁。记住拖着装备开车在门边转弯的时候需要在栅栏一边腾出足够的空间。一个拖拉机拖着撒肥机或干草车通常需要在 16～25 英尺来做一个 90°

图 14 - 7 大门顶栏杆应与马栏等高，并安装在比围栏线更坚固的柱子上。这道双栅栏的大门排成一排，便于设备进出田地

的转弯。最简单的方法是将门放在机械可以直接开入的位置，那样机械和车就直着开就行了。将门放在显眼的地方，要在移动马和农具的进入和离开马路时提高安全性。将门设在路边 40～60 英尺让车可以在开门的时候停在一边。

第四节　特殊的围栏区域

一、拥挤地区

在马聚集的地方应使用坚固安全的围栏，如门附近、饲料和水站或庇护所。马不经常接触栅栏的地区，比如非常大的牧场，一般的栅栏就够了。当另一边更吸引马时，比如有更好的草或马的同伴，就需要更坚固的围栏。

二、控制放牧

牧草的控制性放牧或轮牧要求某些区域定期禁牧，以便牧草重新生长。如果使用临时围栏或交叉围栏来划定控制区，对马的安全性应与永久性围栏一样高。临时围栏不一定要坚不可摧，因为周边围栏最终会把散放的马围住（图 14 - 8）。年幼或缺乏经验的马需要先适应控制放牧系统中使用的电围栏。

三、全天候围场

对于占地面积较小的马场来说，提供一个全天候围场是一个很好的管理方法，供马在恶劣天气下使用。这种围场也被称为雨天围场或牺牲围场，在不利的天气条件下，这种围场会承受最严重的损坏，同时能最大限度地保护其余围场的草坪。由于草皮在潮湿条件下很容易被破坏，因此容易遭破坏的围场应该具备全天候的地面（见第六节"全天候"）。该

空间足够宽，可以放置割草设备，至少3英尺，可以
分开马，可以让割草机通过移动的木板或门

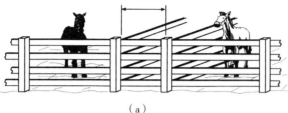

（a）

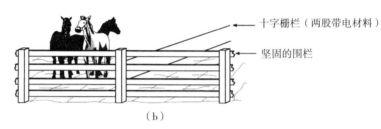

十字栅栏（两股带电材料）

坚固的围栏

（b）

图14-8　双栅栏可以阻止马在毗邻的一些牧场围栏之间来回穿插（a），一个简单交叉栅
　　　　栏通常适合于邻近的一些围场（b）

围场作为那些在天气恶劣的情况下也必须从马厩中牵出马进行活动的场所。围场应有安全坚固的围栏，并位于排水良好的高地上，方便进出马厩。由于这是一块未铺设草坪的运动场地，因此最好将其建在远离马厩公共区域的地方。由于围场较小，马很有可能会在围场内奔跑和玩耍，因此更有可能接触到围场的围栏。

四、周边围栏

许多农场在整个建筑群周围设置围栏，确保散放的马都无法离开马场。这种围栏（或大门）填补了通道尽头的空隙，通常还将设施的公共入口一侧环绕其内。随着马场周围的交通和邻居增多，对散放马的控制变得更加重要。有时，围栏的作用是防止人和犬等接近马。围栏的结构不必与围场或牧场围栏的结构相同，因为无人看管的马很少接触围栏，但围栏应醒目、坚固。

五、双栅栏

一些农场青睐的另一种栅栏方案是双栅栏，以便每个围场都有自己的栅栏，每个栅栏之间都有一条小路（图14-9）。大门可以在每个双围栏之间，当两边的大门都打开时，可以从中间的小路直接转移马（图14-7）。双层围栏几乎总是用于散放种马和特别珍贵的牲畜。其他设施包括木质建筑或训练场所，在那里马是单独活动的，所以不允许它们

图14-9　双栅栏与通道

相互交流。采用双层围栏几乎可以杜绝翻越围栏的社会活动和反社会活动。可以结合使用双栅栏和周边围栏的栅栏，这样游客就不会接触到马，如在公共道路和住宅边界线都不会接触到马。第一层栅栏将马围住，第二层栅栏使游客远离马，避免不必要的接触。

六、地形

对于牧场的选择，部分地方可能过于陡峭或岩石过多，或者可能是不适合草生长的土壤。不排水土壤会变得潮湿，土地会变得很难看。建议不要将栅栏的大小建造得刚好围住马，包括沼泽地区和河流地区。联系自然资源保护相关部门，询问土壤辐射面积和建议的草场植被类型。给马用牧场和干草提供良好的信息（见第十九章）。

七、保护河岸的围栏

随着农村人口的增长，更多的人关注着环境的影响。良好土地管理对健康的环境和农业活动正面的公众形象是至关重要的。动物粪便和沉积物等污染物顺着小溪流进入水道中。如果不妥善保护，河岸地区很容易受到侵蚀污染。放牧动物沿着河岸放牧会破坏保护水土的植被。如果放任，河岸本身可能会垮塌，洪水的侵蚀将会加剧，使河岸一部分污染流到数英里外。

建议河岸从河流两边用围栏隔开至少15英尺来保护植物带的生长。栅栏可以防止动物践踏河岸，从而减少河岸被侵蚀，沉积下游。这一行为可以稳定植被地带，过滤水流和沉降过剩的营养。通过建造最佳饮水位置将马受伤的风险降到最小（图14-10）。为了减少水土流失，将平缓的斜坡切成特定坡（最大比例4：1，取决于基础）。斜坡层由6～12英寸厚的岩石或碎石铺设而成，可以用铁路上废弃枕木铺成阶梯状，以帮助稳固地基。墙上的斜坡平行流也必须有一个缓坡（小于2：1）以减缓水分流失的速度，防止基础被冲走。坡道的长度取决于河岸高度与河床。差异越大，需要的坡越长。

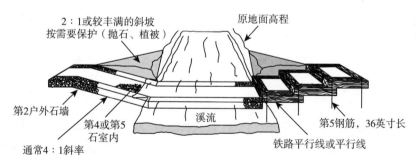

图14-10　保护河流不受侵蚀，一个安全通道的河岸例子。每个交叉需要
在特定部位的特性的基础上进行评估

每个溪流的围栏都不尽相同，应针对特定的溪流进行设计。个性化设计包含许多重要因素，有助于延长围栏的使用寿命和功能。致力于保护流域质量的基金会可能会为溪流围栏的设计和施工提供财政援助。但跨越河岸一般可能需要许可证。获取许可证的有关信息，可联系当地的自然保护区。

八、树

树木应该围起来。马通常在其触及范围会剥树皮然后离开，死树枝构成安全隐患。有些树木对马是有毒的，而死去的树枝可以刺穿它们。

九、建筑

最好用栅栏围住建筑物，让马远离。马踢、咬、抓外墙板会损害建筑材料。对于金属双面建筑，马有被裸露的金属边缘割伤的风险。金属壁板也很容易受到影响，甚至马可以随意触碰。推荐在牧场提供一个围栏避难所（图14-11），记住，应提供割草或杂草休整设备。在栅栏里放置避难所是另一个不错的选择（图14-12），一个人体大小的围栏缺口允许人进入，检查居住条件，而不需要一个门。第十五章介绍了人类建筑围墙缺口大小的选择。

图14-11 围栏防止马与建筑物外部接触，除非是为马接触而设计的。金属边的建筑需要用栅栏把容易被马活动时弄凹的金属片围起来，避免马受伤

图14-12 安装与围栏齐平的牧场庇护所，以简单地保护庇护所的外部建筑组件。栅栏和防护墙之间有一个很小的与人一样大小的间隙，可以方便地进入防护棚内检查

第五节 栅栏常见问题

一、需要封闭多大区域

马大部分时间都在这个封闭区域活动，只有每天锻炼的时候才出去几个小时。有时马会单独而不是成群出去活动。这就要求增加栅栏的数量，围成更多而面积更小的围场。一个全天候活动的围场每天可以支持几匹马连续锻炼。要保障岔道和马厩之间转运马匹的通畅和便捷性。

矩形区域可以给马提供更大的活动空间，即矩形区域最节省围栏。例如，800英尺长的围栏可以围成一个面积为4万英尺² 的正方形区域，而相同面积的尺寸为400英尺×100英尺的区域则需要1 000英尺长的围栏。

水平地面上的直栅栏比覆盖粗糙地形的栅栏更容易建造和维护。

计划每匹马在2～5英亩的牧场放牧，没有补充的饲料。这个方法在草地生长季的美国东北部效果很好。大多数马匹提供补充饲料，不完全取决于草场放牧，所以与每匹马面积变小有关。需要的种植面积取决于岔道大小、骑马的空间和马厩的大小。在积压和过度放牧的牧场，表土侵蚀的植被被践踏。此外，马粪很容易通过水流转移到附近地区。使径流不造成污染是很重要的。如果地形允许，围绕围场的周边植被区域可以足够过滤和吸收径流。大量分级的地方需要被转移，可能储存许多杂草。每日从围场清除的粪便放在其他地方，以减少潜在的径流污染物浓度。

二、为什么让马在栅栏以外

马是群居动物，通常渴望与其他马做伴。它们可以测试栅栏的强度，试图入群，特别是当一匹马被单独饲养时。其他的群居压力和积压也会让它们产生一种类似的欲望，想进入栅栏的另一边。如果另一边的草它们看起来更绿，那就期待并试图过去。坚固的栅栏通常提供足够的保护。确保马不能爬篱笆，越过篱笆的活动通常不会导致伤害。建议防止这种活动，但要意识到，即使是无辜的马消遣，如抓挠、咀嚼、抓挠和玩耍，大多数栅栏都会受到损害。松散的电线或木板使马更容易逃脱。维修费应计入围栏安装的总费用。当选择电动围栏时确保马在电流关闭时安全地进入围栏。

三、在围栏上的合理花费

有吸引力的围栏往往更昂贵。有些类型的围栏初始成本较高，但维护成本较低，使用寿命也较长。将美观的围栏设置在公共一侧可以节省一些费用，而将不太美观但同样实用的围栏设置在较隐蔽的地方则可以节省费用。

为了减少花销，可以自己安装护栏，自己计划花费，在当地大批量购买护栏材料。材料的供应和价格有很大不同。记住，某些类型的围栏在没有专业设备的情况下很难安装，如电线担架和后驱动程序。书籍和围栏材料制造商的说明书都有构造详细说明。

新材料围栏每年都会在市场上出现。价格和保修是根据制造商和安装情况的不同而不同。货比三家，了解围栏的优缺点。从两个栅栏经销商和安装工人处参考，以确定栅栏的好坏。访问栅栏不同的农场，并和经理讨论有关不同类型栅栏的看法。一个精心设计和精心挑选的围栏，与花时间在修补马的围栏相比，将会有更多时间去陪伴你的马。

第六节　围栏布局实例

这部分开始规划具有一定功能的栅栏布局并附农场比例图，包括整体距离和需要被栅栏包围的相关信息。相似图解可以在一些特性接近的其他设备上使用（图14-13）。

规划过程的这一部分不涉及栅栏和大门的确切位置，但它强调在一般领域可以使用。在图14-13中，道岔垫块位于马厩附近，相对稳定，而较大牧场的围栏可能会更远。包括含有粪便储存和通常认为不具有吸引力的其他功能的服务区。如果可能的话，将服务区域设置在远离公众视野的地方，并靠近马厩，以提高杂事效率。第四章对使用相似图，似有更详细的信息。

私人和公共马厩有不同的围栏布局，特别是在车辆交通流量和进入住宅方面。图14-14和图14-15从图14-13中提取特征，并分别为公众和私人提供适的场地布局。这两个图表表明围栏线的位置和大门位置是为了方便进入。

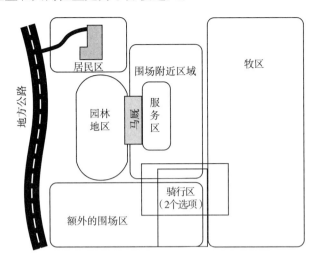

图 14-13 亲和图用于规划需要相互靠近功能区的位置，以实现马厩的多功能。在附近规划有多个供马在不同时段运动的围场。全天或更长时间都有马活动的牧场或围场可以离马厩远一些

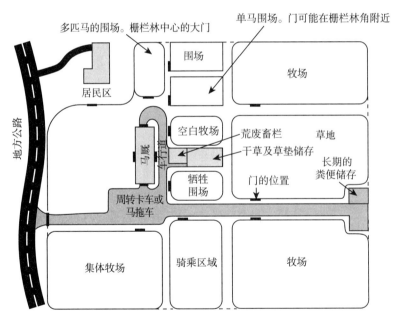

图 14-14 公共围栏稳定的布局可能包括一个选项，围墙和充足的空间供客人的车辆出入。因为马的数量可能会频繁改变，应将彼此不熟悉的马放在单独的围场中，而将马放在相邻围场的地方应使用双重围栏。通常情况下，住宅与商业设施是分开的，以增强私密性

全天候

围场中的草由于遭到马的踩踏，所以不管任何天气都不能正常生长。在潮湿的地面条

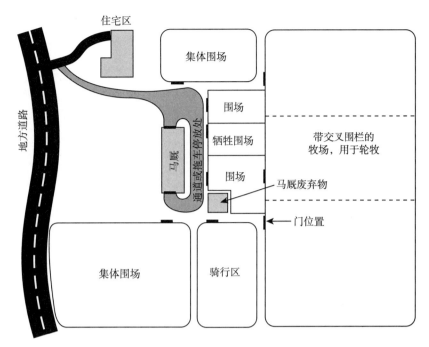

图 14 - 15　私人设施的人口流动往往较小，使马可以在外面

件下，即使是最好的草皮也会被马的坚硬的蹄子撕裂。沙质土壤和人流量大的区域很难长草。因此有些围场可能需要牺牲掉草坪，以便全天候使用，因此被称为"牺牲围场"或"全天候围场"。虽然这样的围场上面会有很多泥泞，但为了马匹的健康和马主的满意，全天候的地面是更好的选择。把围场设计成可在全天候条件下保持干燥和无泥泞。

全天候围场可在排水基底上铺设排水性良好的表面材料。并非所有的围场都能这么做，但可以选择地势较高的围场，使建筑物和骑马场尽可能位于方便排水的地方。因为全天候围场的草坪不太美观，所以在可能的情况下，将全天候围场设在远离公众视线的地方。如果管理得当，全天候围场就像室外骑马场的地面，不会像泥泞的围场那样难看。

全天候围场的大部分的表土和所有的草皮都会被清除，以便用石粉、粗砂或细砾石作为表层。可以通过倾斜或加高路基来排水，并将水从全天候围场引出。在表面材料和原始基底材料之间铺设一层土工织物，有助于将两层材料分开。不要指望大量的水能从土工织物中排出（因为它会堵塞），因此要相应地对基面进行坡度处理，以便排水。要及时清除粪便，延长表面使用时间，避免产生粪泥和腐烂的粪便粉尘。

在人流量特别大的地方，如大门附近，可以添加网格或铺路组件，以固定表面材料。更多信息，请参阅第四章中的"铺路控制泥浆"。

全天候围场可让马在任何天气条件下自由活动，因为它不会泥泞湿滑，也不会被冻成坑坑洼洼的地面。如果需要密集地（每天）放马，则需要全天候围场。关于某些马场的管理，可能只需要在马聚集的地方，如马行走或轻型车辆行驶的通道附近、管理人员需要步行的地方，或在从共同的马厩或饲喂地点进入多个牧场的围栏内，使用全天候围栏。相对于全天候围场的其他部分，大门和饲喂区应位于较高的位置。

本章小结

建造围栏最耗费时间的是在破土动工之前。深思熟虑的围栏规划和布局有助于提高日常杂务和例行工作的效率。最好的围栏因设施而异，甚至在一个马场内也不尽相同，但不同的目的会需要不同类型的围栏。良好的围栏设计强调适当的地基或支柱完整性。只要花时间了解设施的围栏需求和期望，就能安装安全、实用的围栏，使其能够经久耐用，并提升其价值。

第十五章

围栏材料

第一节　栅栏类型的选择

栅栏可以按结构的类型或风格进行分类，如板、网格和钢绞线。考虑栅栏的功能和外观时，这些分类是有帮助的。传统上，栅栏已经在材料方面进行讨论。常见栅栏通常由一种或多种材料制成，如木材、钢材、塑料、橡胶或者尼龙。此外，电虽然不是材料，却是某些栅栏必需的。许多现代新式的安全的马场栅栏都是传统和新工艺材料的结合产物。

马能够破坏几乎任何类型的栅栏。这种破坏可能是马正常行为，如俯身穿过栅栏伸到草地，试图跳过栅栏，蹭痒，踢相邻牧场的马，沮丧地在门附近乱刨，在玩耍中或恐惧时跑进栅栏。马是一种大型强壮的动物，并没有哪种材料的栅栏坚固到能抵住这些破坏行为。几乎所有的栅栏都能够伤害到马，当它们斜靠、够草、乱踢、乱扒、蹭或跑进栅栏时都可受到伤害。良好的围栏设计和施工在正常的预期活动中可以最大限度地减少对马的伤害和对围栏的破坏。马的伤害来自栅栏，这似乎发生在新个体被引入到围场的种群中时。种群地位的重建会造成非常大的混乱，追逐和被追逐最终使马在围栏里乱作一团。

选择围栏类型的早期决定中，对于能够将马围起来是选择电击还是实质性围栏构造，成为围栏设计的首要特征。

在过去，实质性栅栏是普遍现象；电击作为马栅栏主要或附加功能成为趋势。增加电击作为一个完整的设计特性是教会马敬畏栅栏，这基本上意味着，不让马以任何方式接触栅栏，从而避免了那些破坏栅栏的行为。即使是一些最实质性的栅栏也会拉上一两根电线来确保马和围栏保持一定距离。

第二节　栅栏选择概况

经典漂亮的马围栏是木板面或基板面围栏，柱桩和围栏是一种更质朴的选择。其他类型的栅栏把木头作为桩柱并在其上方安置木板。木栅栏由于其安全和美观成为许多马场的首选。通过新的防腐处理，木质围栏相比过去的围栏护理周期更长。木材的缺点是可以碎裂并伤害到马。要正确安装，不过木栅栏一般威胁不大，它仅限制了马的活动。对于一个已被确认的习惯咀嚼木材的马，会破坏栅栏。大多数马都会啃咬木头，对木栅栏会大大损害。马特别喜欢软质木材，如云杉、冷杉和松树，一般不咀嚼硬质木材，如橡木。可以用电线股或金属（没有锋利边缘）保护木材或用塑料防护边缘上阻止马咀嚼木头。

金属栅栏包括丝网、钢丝绞线、钢管、电缆等。电围栏也属于这一大类。尽管不能选择所有的金属栅栏类型，让栅栏一直"热着"（通电）通常是为了阻止马与栅栏接触，并减少了金属绞线栅栏的损坏。金属栅栏，如马网，是最安全的马栅栏；而其他类型的栅栏，如铁丝网，其实是最危险的。不应该使用铁丝网，因为铁丝会缠绕马，使马受到严重的伤害。钢丝栅栏不能阻止受到惊吓和逃跑的马。钢绞线栅栏通常不易被看到，如果和绞线纠缠在一起，大多数马都会反抗。

一些更新的以线材为主的栅栏设计通过引线和其他较明显的合成材料的组合来提高可视性。编织线材栅栏，一般采用 4 英寸或更大的正方形，这种栅栏对小围场里的马不适用，因为会有卡住马腿并产生裂伤的危险。

随着新材料的定义和应用，合成的围栏制品在数量和质量上都与日俱增。合成的栅栏有多种形式，包括由刚性材料制成的，外观看起来像传统木板栅栏，或者在编织材料中纳入电线。一些合成栅栏设计有一个牢固安全的围栏，与传统马围栏材料相比，其看起来更具吸引力并且花费更少。支持者指出，与金属围栏和零维护材料相比，聚乙烯和其他多聚材料产品除了增强了可视性，但较木材而言，它还有最初的设计缺陷，那就是能够使围栏材料在热胀冷缩的情况下爆裂而脱离围栏柱。早期的刚性多聚栅栏栏杆破碎时会碎成尖锐碎片。对于刚性乙烯基栅栏材料来说，暴露在阳光下会出现些许褪色和脆化；马会因不习惯的微风发出的吱吱声而受到惊吓。寻找抗紫外线（UV）稳定的合成产品以延长材料寿命，才是应该与合成栅栏厂家讨论的重点。设计、制造和改进材料可以克服之前讨论的许多问题。

第三节　栅栏的对比

通过货比三家可以了解那些感兴趣的栅栏的优缺点，参观农场不同类型的栅栏，并与农场的经理就印象、顾虑和建议进行探讨。一个精心设计和精心挑选的栅栏将增加你和马一起度过的时间而减少医治马和修复栅栏的时间。不同围栏材料产品和安装程序其价格和质量各不相同。要确保栅栏出现问题后能联系到维修工人。如果不是自己安装栅栏，要从栅栏经销商和安装工那里要两个参考书。

栅栏建设中最耗时的是在安装栅栏之前对一块地面修整。花时间去了解栅栏的需求和期望，你就有更多机会拥有一个安全、多功能、经久耐用的栅栏。

一、板式栅栏模板

木栅栏使得一些最有吸引力的马场更优美，更引人注目且相对安全。栅栏许多变化取决于木板的厚度、木板的数量和间隔、杆的类型、木材的种类和颜色。图 15-1 显示了安全和坚固的板式栅栏的属性和整体尺寸。它们可以被涂成白色或黑色，或者保留自然颜色。每隔几年涂色或染色以维持栅栏的状况；另外，合理正确的安装木栅栏可以免于维护。建造木板栅栏不仅花费很高，而且合理的安装还很耗时。当然它也是最安全的围栏之一。黑色的防腐油比白漆更便宜，而且一个正在维修的黑色栅栏通常看起来比同样条件下白色栅栏更好。

栅栏强度取决于木材种类和木材的尺寸，以及组装和固定方式。例如，对于相同的尺寸，硬木比软木更牢固。栅栏可以是方形、圆形或横截面偏圆形。板厚度通常为 1 英寸粗

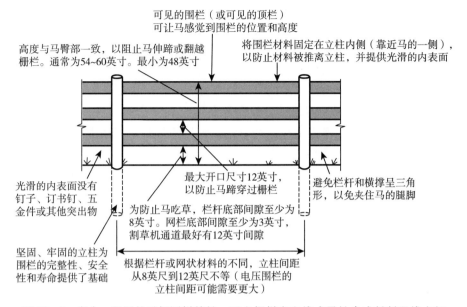

可见的围栏（或可见的顶栏）
可让马感觉到围栏的位置和高度

高度与马臀部一致，以阻止马伸蹄或翻越栅栏。通常为54~60英寸。最小为48英寸

将围栏材料固定在立柱内侧（靠近马的一侧），以防止材料被推离立柱，并提供光滑的内表面

光滑的内表面没有钉子、订书钉、五金件或其他突出物

最大开口尺寸12英寸，以防止马蹄穿过栅栏

避免栏杆和横撑呈三角形，以免夹住马的腿脚

坚固、牢固的立柱为围栏的完整性、安全性和寿命提供了基础

为防止马吃草，栏杆底部间隙至少为8英寸。网栏底部间隙至少为3英寸，割草机通道最好有12英寸间隙

根据栏杆或网状材料的不同，立柱间距从8英尺到12英尺不等（电压围栏的立柱间距可能需要更大）

图 15-1 安全、坚固的马场围栏特性。通电栅栏在电线或柔性合成材料股线之间的开放空间越大，建造时越多变，电线之间在大张力的作用下需要更远的间距

切的硬木（如橡木）或 2 英寸标称的加压处理的软木。风化的橡木板非常坚硬，并且破碎时往往会分裂成锯齿状长片。松木板破碎得更彻底，因此对于栅栏，首选年轻的树干。要保护有电气化钢绞线的软木或栅栏边缘，因为马很容易咀嚼软木板，这降低了栅栏强度，且很不雅观，频繁更换主板花费也很高。6 英寸宽板很常见，而且看起来最为均衡。在此基础上递增板间距看着最舒服：板的间距是 6、9 或 12 英寸（图 15-2）。

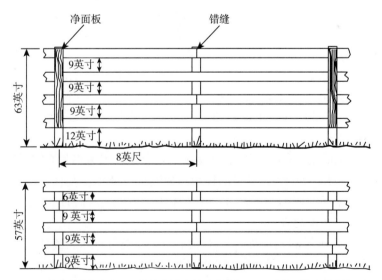

净面板　　错缝

9英寸
9英寸
9英寸
12英寸
63英寸
8英尺

6英寸
9英寸
9英寸
9英寸
57英寸

图 15-2 木板栅栏尺寸。6 英寸宽的板与间距为 6、9 或 12 英寸的板间距显得更加均衡。6 英尺长的板允许杆的间距高达 8 英尺

通常，所有围栏都是相同的间距。一个富有吸引力的变化位置是顶部两个围栏靠得更近。不要采用菱形或交叉型的围栏，因为这些形状形成的窄角会卡住马蹄和马头。

杆被设置成栅栏板约 8 英尺长，板被放在栅栏杆的内侧（围住马的那面）。这样在马脱缰时会防止马被杆划伤。将栅栏导轨钉在里面意味着马压住栅栏时靠栅栏紧固件的强度将马围住，而不是推它们出去。突出的钉子是木板栅栏设计的安全隐患。在钉好的木板两端加上面板，可以防止木板两端松动，从而提高强度和安全性。板长度通常是 16 英尺，以便它们横跨两个栅栏板。考虑到板两端修整的成品的外观，杆通常间距不超过 8 英尺。板交错排列，以便备用板的两端在每个杆上。

3 个板，9 英寸间隔的木板栅栏对于母马和阉马来说是足够的。体形较小的马驹和小马需要第四个更低的木板。

对于那些温顺的动物来说，栅栏高度应不超过 4 英尺。种马至少需要一个 5 英尺高的 5 个木板的栅栏。一些养马人认为，木板栅栏不如网线栅栏适合种畜，包括传种母马，它们有时能变得有攻击性或保护性。母马踢或以其他方式捍卫整个木板栅栏所围的领地时可能会被木头割伤。

二、刚性聚合物板

图 15-3 PVC 刚性板栅按白色木栅栏的外观制造。PVC 提供了一个低维护的栅栏，但需要一个电气化钢绞线来承受马的压力

高级聚氯乙烯（PVC）有很长的使用寿命，且公司提供 15～25 年的质量保证。许多设计像粉刷栅栏板专门制作来给马用（图 15-3）。它几乎不用维修，因为它不需要定期刷漆、染色或紧固。马不会咀嚼它；腐烂和昆虫也不能销毁它。PVC 栅栏的半刚性材料非常强，但马击中它还是会受到一些影响。如果它确实被破坏了，PVC 栅栏也不会碎裂。PVC 等聚合物栅栏的材料，如高密度聚乙烯（HDPE），在栅栏板和栅栏杆成型之前或之后，需要与紫外线抑制剂作用后抵御变色和脆性。基于所有这些特性，所以 PVC 采购价格最昂贵。然而，施工、材料和维护被认为需要花费 5～20 年的时间，PVC 栅栏就变得很有竞争力，因为不怎么需要维护它。

虽然材料本身坚强，但 PVC 栅栏的杆和围栏装配不能承受马活动时的撞击，所以需要电气化线路来阻止马的接触。通常，PVC 栅栏应当用于装饰目的，除非带电，不然并不推荐用于把马或家畜围起来。

PVC 栅栏建在 8 英尺的高度处。PVC 的板（1.5 英寸×5.5 英寸或 1.5 英寸×6 英寸）和杆（5 英寸×5 英寸）通常是空心的，尺寸和木板相似。杆常常设置成便于安装的混凝土，这增加了安装时间和成本。PVC 材料受温度波动而膨胀收缩，因而会改变长度；因此，在组装过程中必须考虑这一点。板被放在它们之间缺口的套筒里，而不是被钉在杆上，就是这种松散的装配让马能拆解栅栏。正是 PVC 栅栏的变化，让围栏可以是圆形，而不是板形，颜色也不是白色以外的其他颜色。

三、杆和围栏

木材质的杆和围栏让栅栏有一种乡村风格，很明显这非常吸引人（图 15-4）。它们很坚固，但会产生一点影响。

它们相对容易安装，具有较低的维护频率，但较贵。即使在崎岖不平的地面，它们也能很好地完成栅栏的安装，同时还能有更加质朴的外观，但木板栅栏的直线结构可能会加剧不平坦地面的起伏。这种结构消除了木板栅栏上钉子突出的危害。

就像木栅栏，要想围住马至少需要三条围栏（图 15-5）。对于马驹，底部的围栏离地高不应超过 12 英寸。对于善于跳跃障碍的马和种马来说，栅栏高度应至少 4 英尺，并且长达 5 英尺。栅栏板通常

图 15-4 可拆分木栅栏提供了一个安全的可视围栏，乡村风格的或粗糙形貌特别有吸引力。这有利于让马远离通电线松动的栅栏

是 8~10 英尺长。可以使用加压处理过的木材和雪松。

许多杆和围栏的安全性和强度取决于正确的安装。立柱必须在围栏的整个使用寿命期间提供稳固而不受干扰的支撑，否则栏杆会随着立柱的位置变化而松动。冻胀或沉降的土壤不适合建造这种类型的栅栏。围栏放在杆上相应的孔中，然后将杆牢牢夯实到位。杆和栅栏取决于两个围栏并置在一个洞的压力，而不是用钉子将栅栏固定在一起。围栏需要安装紧一点，这样在受到马的冲击和接触栅栏时其两端才不会掉。松动的围栏有一定的危险。

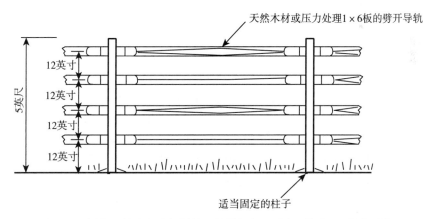

天然木材或压力处理1×6板的劈开导轨

12英寸
12英寸
12英寸
12英寸

5英尺

适当固定的柱子

图 15-5　可拆分围栏或滑动栅栏的 4 根栏杆间距为 12 英寸，（符合马的）围栏高度（48 英寸）和栏杆间距的要求

四、滑动围栏

滑动的栅栏由木板、栏杆和围栏构成。立柱上的木板可以开孔，栏杆不能开孔。这种

栅栏在遭到撞击时比木板更具柔韧性，又避免了栏杆可能带来的尖锐风险。滑动栅栏的结构方式与杆和围栏相同。把木板并排拼在栏杆中间，并施加一定的压力，这样就不需要钉子来固定木板了。安装完成后的栅栏可以涂上颜色，用木镏油防腐处理，或者保留原有自然色。这种栅栏的一个特点就是可以很方便地将它拆下来，以解救被卡住的马，比较安全。但这一特点也会让马更容易逃出围栏。

木头可加装垫片，通过紧固组装的方式增加摩擦，阻止其移动。如果担心时间久了会松动，也可用钉子将其固定。为了最大限度地降低马受伤的风险，栅栏要在挡板组件的外侧（非马活动一侧）钉牢。采用螺丝固定比钉子更安全。

第四节　网状栅栏

一、金属丝网状围栏

专为马用设计的护栏网，其顶部有可见面板，这种护栏网被认为是最安全的栅栏（图15-6）。护栏网建筑属于实质性栅栏类别，因为它不依赖电力去牵制马。它可以从一般到更昂贵的成本来划分等级，这主要取决于金属丝的种类。它是一个低维护的栅栏，对木材的护理有限，并且比较容易安装合适的设备。对其吸引力众说纷纭，精心打造出的品种也会有一种低调的美感。这种网状保护栏最适合让那些不速之客远离马，如人类和其他动物。在养殖场，护栏网保护栅栏里的马驹被困在地面和最低板之间无法滚动时也不受到伤害。

图15-6　护栏网为马设计的顶板能被看见，被认为是最安全的设计之一，因为马的头、脚或腿无法通过护栏网

网格长方形或菱形的设计制造模式如图15-7所示。马蹄几乎不可能穿过菱形或三角形的网格。一个常用的三角形网格尺寸是2英寸×4英寸。水平线的规格（10号）通常比垂直线的规格（14号或12.5号）要大。因为焊接在金属丝交叉点上的金属丝会脱落，所以将金属缠绕在金属丝交叉点上更好。一个生产商至少提供一种交织金属丝，其中网格结是连续编织的一部分。2英寸宽、4英寸高的竖直的开口的直线矩形网（"火鸡丝"）是不太安全的，因为这些开口对于小马或马驹很大，它们能穿过护栏网。当马设法逃脱时，这些线就会形成一个陷阱缠绕马的脚踝。另一种适用于马的长方形网格的开口较小，宽度较小，但随着围栏高度的增加而增大。这样可以阻止马蹄伸到围栏底部，而且围栏顶部看起来更开阔。网状围栏不会割伤摔倒在围栏上的马，这和其他栅栏不同。

较好的金属网状围栏会安装一块顶板，以增加围栏的可视性，并防止顶部无支撑的金属丝部分因马俯身而被压弯（图15-8）。板放在重叠网格的顶部1～3英寸处，以提供54～60英寸的高度，包括栅栏顶板高度。网孔材料高度一般为50或58英寸，但42、60和72英寸的网格高度也是可用的。在某些情况下，顶板可以替代电线束或聚乙烯穗带或钢索以节约成本，把它放在网格4英寸上以防止围栏倾斜。顶板对于引起注意来说很重要，但与顶部的电线相比，对马会有一点危险。可见板类似于那些用在栅栏上的板，都是1英寸×6英寸的粗切或2英寸×6英寸的板，这些木板需要间距为8英尺的杆来连接木板。可以使用塑料围栏或宽的聚乙烯织带。这类产品安装张力弹簧，增加可视性而不是阻止马倚靠在栅栏上（除非电气化）。

护栏网正确安装的要求是将网在杆之间紧紧地串起，这需要一个栅栏担架。然后将铁丝网牢固地钉在方形或圆形立柱上，立柱之间的距离为8～10英尺。铁丝网不连接到围栏顶部。铁丝网安装在光滑表面的同一侧，以防止马蹄和头被困在木材和铁丝网之间。铁丝网很少需要维护，一旦拉伸到立柱上就很少会下垂。

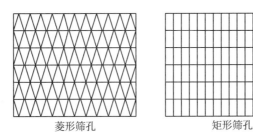

菱形筛孔　　　　　　　　矩形筛孔

图15-7　适合护栏网模式栅栏的两个示例。每2英寸长、
4英寸宽的开口都能阻止马蹄穿过

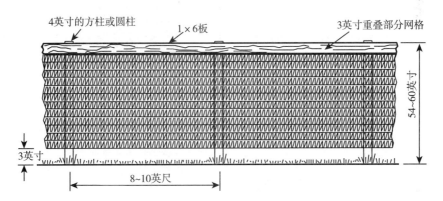

图15-8　因为所有类型的铁丝网从远处几乎看不见，所以添加了一个顶板，
以增加围栏对马的可见性，并阻止越过顶部

金属丝网围栏的安装速度比木板围栏快。为了网下合适的空隙，请向经销商栅栏或安装人员咨询网下的适当间隙。许多护栏网安装在与地面平齐或约3英寸的空隙下，以阻止动物在栅栏下面吃草。吃草引起的挤压会让栅栏底部的铁丝扭曲挤出护栏网而破坏整体外观，这种较小的高度会杜绝这种现象。

因安全使用时材料的缺陷和网眼尺寸不当，导致许多护栏网材料作为普通的农场栅栏销售并不好。大网孔（4英寸×4英寸或更大）增加了马腿和网绳纠缠的风险。一般农用网绳一定比12号线重，这才能足够马使用（记住编号越小绳越重）。

二、塑料网

塑料网栅栏结合了金属丝网围栏的安全性和彩色塑料或乙烯基围栏的可见性。但与金属不同的是，如果围栏某一段突起的边缘损坏或破裂，不会出现锋利的突出边缘。用于制造栅栏的材料有各种宽度，并且可以增添如防风林或阴影的好处。安装塑料网栅栏与金属网的安装准则相同。要确保网的空间刚好适合围住马。若是在铁网栅栏里，较大的开口会增加马被纠缠住的风险。

三、链条网

链条网在住宅和商业应用中很常见，在农业环境中并不如此。它比较昂贵，如果受到马磨损，就不会保持其原有的吸引力。除非很好地支撑，不然边缘容易下垂和摇摆。未受保护的链条边缘会露出缠绕着的凸起的金属，这样容易钩住马的缰绳而把马割伤。对郊区或市区马场来说链条网可能比较合适，那里的目标之一就是阻止人和他们的宠物与马互动。阻止人进入的特性，如难以攀越或穿过栅栏，在更传统的栅栏里很常见，如金属丝网。链条可以很容易地建造超过那些通常在农场栅栏中见到的栅栏的高度。这相当明显和坚固，同时也会对马产生影响。

邻近的种马要用 7 英尺高的链环围在栅栏里。无论应用于哪种马，所有管道支架的直径应至少为 3 英寸。围栏的顶部和底部应这样完成：顶部用管，底部用加压处理的 2 英寸×10 英寸的板，放在底部边缘 2 英尺的位置，并连接到围栏内侧（马侧）（图 15-9）。底板边缘离地面至少 8 英寸。一个常见的问题是链条被马刨松，被边缘的环挂住还会扯到马掌。较低位置的板可以防止这一点，也阻止了马推栅栏到下面去吃草。还有一种方法是把栅栏的边缘埋进地下几英寸，把底部边缘的环盖住。栅栏较低的部位会因马蹄的活动而出现弯折和凹痕，但即使是小的入侵者也会被排除在外。

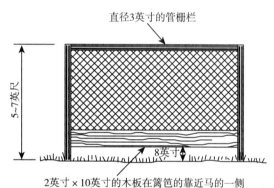

直径3英寸的管栅栏

5～7英尺

8英寸

2英寸×10英寸的木板在篱笆的靠近马的一侧

图 15-9　铁丝网围栏不常用作马围栏，因为它很容易被马挤压而弯曲变形，但它确实为超高围栏提供了机会。用顶管和底板可以保护马免受连接材料边缘金属环的伤害。底板也可以防止底部网因马在围栏下抓挠或伸蹄而弯曲

第五节　钢绞线栅栏

一、普通光面钢丝

木桩上 5～7 股的光面钢丝是最便宜的栅栏。只要木桩放好，栅栏就能安装好。铁丝网可能是最危险的栅栏；但可见的围栏顶部和电线，就可以阻止马与它们接触，谨慎使用即可。这种栅栏通常用来划分循环放牧的大型圈地或在非常大的牧场的交叉口使用，在这里面马很少与栅栏碰触。然而，马不应在有这种围栏的相邻牧场中放牧。越过或穿过钢丝绳的行为可能会导致严重伤害。

栅栏上的每股线在安装过程中必须拉紧（使用延伸器），维修主要涉及使弹簧连接的

装置保持绷紧的状态。维护还包括搭巡逻警戒线时掉落在铁网上的被击中的树枝和树。高植被会抑制电栅栏的作用。各个线材需要定期拧紧，因为老化或高温会使线伸缩。松动的绳子在马穿过栅栏时容易被绳缠绕而变得危险。

　　木质栅栏的杆建议用光面钢丝栅栏，这些杆最远可以放在 15 英尺外，但要想木板看见就得做长，可这样木板又不好安在栅栏上（图 15 - 10）。替代方案是用白色塑料管或 3/8 英寸的塑料线盖在顶部钢丝上就能看到。聚乙烯编织物的绳或带（参见本章后面部分）可以用作围栏顶部与其他线股来增加能见度和带电能力。钢质和玻璃纤维的杆很难使板连接，这些杆可以刺穿试图跳跃栅栏的马。栅栏在玻璃纤维或钢质的杆上只有两股电线已被成功用在交叉栅栏上，这在循环放牧的应用中比较便利。在金属 T 形杆上使用塑料盖子或套管可以减少马被这种类型的杆刺伤的危险。马会被交叉栅栏上的光面钢丝缠住并割伤。

图 15 - 10　钢丝的栅栏对马而言能见度较差，所以添加顶板（或较厚的顶板）或明亮的材料都可提高安全性。顶板有利于阻止马翻越栅栏，但限制了杆的间距

二、高强度钢丝

　　高强度钢丝栅栏使用 11～14 标准的线材且拉伸强度高达 200 000 磅/英寸^2（psi）（相比之下，传统的电镀，I 型护栏网拥有约 55 000psi 的抗拉强度）。这种栅栏可以承受家畜碰触和低温收缩，而不会失去其弹性。高弹性极大降低了与传统光面钢丝相关的伸缩性或下垂。线的拉力被设定在 200～250 磅下安装，并通过永久同轴担架或拉伸弹簧来维持。可以使用电动版本，并强烈建议使用。

　　马必须畏惧这种类型的栅栏。如果要在它的两侧同时放牧，铁丝网就变得非常危险。拉伸过的钢丝像削皮刀一样，如果马要抓它或踢它来穿过钢丝，会对马造成严重的割伤。

　　线沿着坚固的杆拉伸，杆的间距长达 60 英尺（图 15 - 11），末端的杆必须支撑好（图 15 - 12）。板条或较轻的围杆可以用于支撑、维护两杆之间的钢丝。高强度金属丝围栏最适合平坦或者稍微隆起的地形，能很好地利用支撑杆之间较长的直线距离。没有一种栅栏比这种栅栏更难建造，每根钢丝都要用带棘刺的延伸器拉紧。一旦末端的杆稳固摆好和支撑住，钢丝就能快速进行安装。

图 15 - 11　高强度钢丝栅栏比传统的铁丝栅栏，其优势是杆的间距更大。不带电情况下，需要几个金属丝股线围住马，如这里所示的 6 股线栅栏

这种护栏网的特性，局限和成本都类似于普通光滑铁丝网。高强度护栏网（详见额外资源）提供了这种类型栅栏的安装细节。

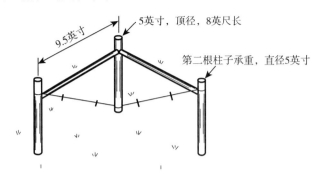

5英寸，顶径，8英尺长

9.5英寸

第二根柱子承重，直径5英寸

图15-12　线或网状栅栏的拐角拉线通过组装的三个杆分配拉伸负荷

三、电线

常规或高强度多种光面钢丝，通上电可以让马远离围栏。电击一定程度能提醒马远离栅栏，但一个普通的光滑的铁丝围栏不能做到。一个单一的电线股通常用在更实质性的栅栏上，以阻止马接触栅栏。简单的两股线通电栅栏可以充当交叉栅栏来管理轮牧草场；作为主要的边界围栏这不是一个合适的栅栏。通电钢丝，一股离地至少42英寸，另一股离地18～22英寸，可以放在20英尺的杆上。这样做很好，大多数国家规定通电栅栏的指示牌放在约200英尺外。电线和绝缘开关应安装在大门上，使得打开门时断电。

像所有的铁丝网一样，通电栅栏苦于不易被看见，存在把马缠住、割伤的潜在危险。电栅栏可以通过更可见的产品成功建造，如纳入一个多股的塑料编织带、编织绳，或带状线（图15-13）。这些材料的优势是减缓马的冲击并且不会割伤马。另一种提高铁丝网能见度的方法就是把五颜六色的塑料或布条连接到钢丝上，建立对照，移动时的围栏板能见就度越来越高。然而，这可能造成电栅栏的短路，降低吸引力。

通电栅栏的维护需要移开许多生长在栅栏线上的植物。植被能够导电，接地线，这将使电栅栏发生短路。沿栅栏线不同位置检查栅栏的电压，用仪表来检查因接地和杂草生长而发生的电压泄漏。强风和暴雨后检查

图15-13　通电的聚乙烯胶带栅栏像两股线，在栅栏中的应用较少，在如图所示的乡村环境的大牧场中马触碰到栅栏的次数很少

栅栏线上倒下的树木和杂物是否被清除干净，这些东西可以影响栅栏的正常功能。

四、供电系统和接地系统

许多类型的插件或电池供电的电动充电器，例如低阻抗、高电压和短脉冲的模型，这

些都被认为是最合适的。冲击持续时间大约是 1/400 秒，每分钟 45~65 的冲击和每次冲击 1 000~3 500 伏。太阳能供电的充电器在第一次使用前需要给电池充足够时间的电。建议使用设计可承受充电前深度放电的重型电池。有些类型能通长达 50 英里的电线，而另一些可能只通达 2 英里的电线。

老式"除草机"充电器，会烧掉覆盖钢丝上的杂草，不建议对马使用。它们需要更高的充电间隔（电压水平），可以烧伤或电死马，并且可以引起灌木丛火灾。新的低阻抗充电器声称即使电线触及植被也不会发生草原火灾。在美国一些州燃烧围栏下的杂草是非法的。不要给铁丝网通电，因为孩子和动物可能会被缠住和反复被电击。

现代充电器接地很重要。这是因为如果栅栏没有正确接地，导电体（马、人、植物等）接收的电荷便完成了电路（冲击）。超过 95% 的通电栅栏的问题可以归因于接地不良。不要使用现有的家庭接地拉杆。将接地柱的栅栏接在离水管线和其他接地系统至少 50 英尺远的地方。这将防止房子里的电器、数字线路干扰信号。

对于每个接地充电器，选择处于潮湿区域，并且放置四根 6 英尺长至少相隔 6 英尺，或三根 8 英尺长至少相隔 10 英尺的接地棒（图 15-14）。接地棒应安装成方形或三角形，或者垂直于围栏的一条直线，另一个接地选择是埋入管中至少 20~50 英尺或使用现有的钢材管路。每 3 000 英尺长的栅栏使用额外的地线，那里的土壤更加湿润。

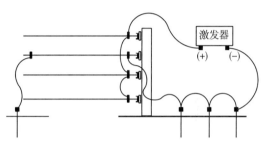

图 15-14 电栅栏充电器的接地系统布线的例子。改编自电子编织物产品文献

干燥、多岩石和沙土或严寒条件下的土壤通常会降低充电器的效率，因为干燥土地不能有效地传导电。在这些类型气候条件下，将非电气化台架与充电器连接起来，可以形成更好的"接地线"，以提高充电器的充电效率。通过使栅栏的一条链通电（正电荷）和另一条链接地（负电荷），任何连接两个带相反电荷的线股都能完成电路并将接收到脉冲。对于很长一段的栅栏，更需要使用此方法接地棒。

接地可以小心地把手放在地线拉杆的顶部进行检查并慢慢地触摸那片草地。如果把手完全放在草地上并且没有受到电击或感觉到刺痛，说明栅栏接地有效。最好将接地棒的顶部盖起来再标记它们的位置，这样有助于防止受伤或损坏设备，以及防止棒和导线断裂或断开。

五、聚乙烯黏合导线

聚乙烯黏合线是一种混合型栅栏材料，由薄的（约 3/8 英寸）乙烯基涂料（PVC）覆盖一个 12.5 规格的导线组成（图 15-15）。类似于传统的铁丝栅栏，这种线最好保持一定的拉力。我们建议将乙烯黏结到导线，因为在温度变化时乙烯基的收缩膨胀比导线厉害。如果乙烯基不黏

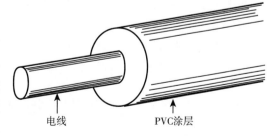

电线　　　　　PVC涂层

图 15-15 黏合 PVC 外壳绕在导线外提高栅栏的能见度

结到导线仅涂在导线，它会变得比导线大，在炎热的天气会导致涂层中出现气泡，然后收缩，在寒冷的天气会暴露出导线。水会渗入未黏合栅栏的涂层和导线，随着时间的推移，会慢慢腐蚀掉导线。

聚乙烯黏合的铁丝网携带电荷，但不会电击动物，因为金属被嵌入在非导电体乙烯基涂层中。一些制造商提供了导电碳材料的条状涂层，因此它可以当作一个传统的电栅栏。让多股线栅栏被看见的另一种方法是用黏合导线轮流电击。塑料涂层的条带可以添加到现有的护栏网上，聚乙烯黏合线结合 PVC 的优点可提高栅栏的能见度，解除部分栅栏。它有许多种不同的颜色，主要是白色、棕色和黑色。

六、聚乙烯编织绳和带

聚乙烯编织线栅栏比钢绞线更加明显并且可以通电。编织栅栏材料可能看起来像直径为 3/8 英寸的绳索或 1/2～2 英寸宽度的扁平带状布料（图 15 - 16）。这种栅栏由聚酯、聚乙烯或类似的柔性布料状材料编织而成，金属（铜、不锈钢等）也一并编入股线。这样就可以充电，同时防止电线卷边和破损。

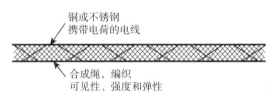

图 15 - 16　金属丝编织成的绳索可以提高支架的能见度，同时还具备电击功能

就算马跑到这种编织栅栏里面也不会被伤害。柔性纤维材料创建了一个光滑的表面，即使马蹄或头越过栅栏，也不会被割伤。要选择耐紫外线的材料。目前，聚乙烯编织物栅栏材料有 10～15 年的寿命，同时一些公司提供 25 年的质保。制造商提供有关安装这些类型栅栏的详细信息。

各种线的间隔和杆的距离设计得成功与否，仍然由这个新栅栏材料来决定。一般来说，除了交叉栅栏，在轮流放牧系统中的大多数情况下，建议使用三股电线，阻止马翻过栅栏顶部或者从底下钻出。一些织带设备已经经历风吹雨打，导致材料和硬件磨损更快。开放式编织带设计了一些通风道，以减少风的影响。栅栏柱的间距为 50～100 英尺，在寒冷地区建议缩短距离。栅栏已经给马提供了很好的安全性和可视性（图 15 - 17）。

图 15 - 17　聚乙烯编织线和聚乙烯织带是一个可以被看到、安全的栅栏，安装这种栅栏比传统电路板和网栅栏的成本低。照片由 Jennifer Zajaczkowski 提供

第六节　管材和缆绳栅栏

钢管栅栏往往在木材供应很少或容易被昆虫破坏的地区使用。管材栅栏非常坚固，容易看得见，却因为可能需要焊接，建造它通常需要较高的人工成本。至少有一个制造商提

供了一个设计，其中围栏滑过杆上的孔更容易组装。如果在安装过程中妥善处理管材栅栏，就只需要一点点的维护。它成功地用于牧场、圆形围栏和赛马竞技场，它的高度和间距与板型栅栏相似（图 15 - 18）。

缆线栅栏很好很坚固，比管材栅栏供给更多。钢柱将环焊接到直径 1/2 或 3/4 英寸的线缆上，而木桩通过钻孔。缆线的拉力通过高强度导线型拉伸器维持，还与磨损和穿刺损伤有关。在管顶上方放 3～4 股电缆是个不错的选择。另一个组合管道和缆绳的栅栏，把两股缆绳等距离地放在管材顶部和中间位置，另外两股缆绳放在围栏中部和地面之间。

图 15 - 18　金属管材和电缆栅栏很坚固，在有限的木材供应区能代替木板栅栏

第七节　弹性围栏与弹性乙烯基

一、弹性乙烯基

弹性合成围栏取代木板，看起来像"板"围栏，这种栅栏拥有高强度的弹性（图 15 - 19）。这种混合栅栏结合高强度钢丝索，支撑和形成弹性 PVC 覆盖的边。这种栅栏非常坚固，当遭到马击打时，它会吸收和反弹这种冲击。

弹性栅栏即使没有通电也被认为是一种非常安全坚固的栅栏。它克服了铁丝网的主要缺点，这种栅栏非常明显，它也保持 PVC 护栏低维护的这一特点。材料和安装的成本比高强度铁丝栅栏高，但明显低于硬质 PVC 板型栅栏。"围栏"有不同的宽度，典型的是 4～5 英寸，还有 1～2 英寸宽的。

图 15 - 19　弹性乙烯基围栏模仿板型栅栏外观，这种栅栏被证实是安全和低维修栅栏的代替物，它可以更加节省成本

弹性 PVC 栅栏也同样配有高强度钢丝栅栏。拉伸器用于保持围栏各组件之间一直处于紧固状态。每个 PVC 带中电线的数量（通常为 2 或 3），宽度和颜色选项由不同制造商选择。这种材料可以连接到木制或合成（PVC 或再生塑料）栅栏柱上。拐角和终端的杆必须坚固，才能保持电线约 250 磅的拉力。

二、橡胶或尼龙

重新处理的轮胎和传送带生成的原料可卷成尼龙和橡胶"围栏"。这种栅栏便宜，但正在取代弹性塑料围栏（前面所讨论的）。尼龙和橡胶栅栏可用于围场和赛马竞技场。它们既坚固又可见，不会对马产生影响，这使它们更安全。它们能承受住压力，如果马好奇而嚼断围栏可能会引起消化问题。使用现代材料和仔细安装会消除绳的磨损、松动，还可以防止材料变质。如果要围住年轻的马，橡胶或尼龙可能不是最佳选择，因为马可能尝试着去吃材料。

橡胶栅栏建造按照传统的四个或五个木制围栏形式，4 英寸圆杆间隔 8～10 英尺远（图 15 - 20）。3/8～5/8 英寸厚和 2.5～3.5 英寸宽的橡胶或尼龙材料用钉子或 U 形钉连接。橡胶或尼龙条在杆之间紧紧绷着，所以拐角和末端需要杆支撑。为了减

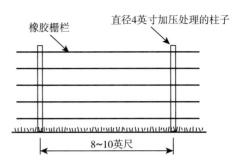

图 15 - 20　橡胶或尼龙材料栅栏容易被看见，比板或线建造的栅栏伤害性要低。弹性乙烯围栏有类似的功能就取代了一些橡胶栅栏的使用

少维修，需要定期收紧下垂的围栏。材料需要密封以防止两端磨损，如果制造商没有密封，可以使用丙烷沿尼龙的边缘烧化。

第八节　选栅栏的考虑

栅栏的选择需要考虑管理模式。某些栅栏比另一种栅栏更适合一些马场。然而，某些栅栏不适合某些管理风格下的马。

一、带刺铁丝

铁丝网的目的是要让大片土地范围内的马保持安静。大多数马尽管遭到过栅栏的严重割伤，也不会远离铁丝网。兽医法案否定为了节约初始成本而使用铁丝。不建议对马匹使用铁丝网栅栏。

二、石墙

石墙有着优雅和传统的外观，不能任马试图通过或越过。构建新墙壁的成本过高，尤其还要适合一匹马的高度。

三、蛇形围栏

锯齿形的木制外壳比较好看，但它们很容易被推倒，因为它们建造得很疏松；也很容易跳过去，因为它们太低了。突出的横杆两端和多个拐角对马有危害，尤其是牧场中被伙伴围困的马来说。

第九节　门

可以购买或建造的门的样式和栅栏一样多，但不必和栅栏是同一风格。门需要与栅栏的高度相同以阻止马通过或跨出大门。

　　大门最常用的材料是木材和金属管。所有的硬件包括紧固件、拉杆、铰链和闩都是木门组装所需的配套元件。这些配套元件可以从农场、木材厂或五金店购买。管形钢管门（通常管的外径为 11/8 英寸）具有光滑的拐角和牢固的焊接，这样减少锋利边缘就能减少割伤和戳伤（图 15 - 4）。铁门在底部安一个厚厚的铁丝网更安全，因为马不能用蹄去接触。相比之下，不推荐使用槽形钢或铝制家畜门，因为它们的构造不够坚固并且还有许多锋利的边。马经常在门口刨，它们期待被带到马厩里面或优先喂养。

　　要避免大门对角线交叉支撑，虽然这样加固了大门，但狭窄的角度可以卡住马的腿、蹄甚至头。马在门周围聚集，缆线支撑的门也会有类似的危害。如果需要支撑大门，可以在门自由悬挂的下端放一个木块（短杆），来支撑其重量并且延长其使用寿命。不建议用关牛的门（围栏放在轨道上方）来关马，马一向不害怕它们。马知道能跳跃过去或试图穿过去，这会被缠住使腿受伤。

　　门摆动随意，不会随着时间的推移而下垂。想要门保持这种自由摆动，需要一个较大直径的杆深深插进地基里。门的硬件必须能承受马多年的倚靠。门应该都能够自如地打开和关上，合理设计用一只手就能锁上的门，而另一只手就能自由牵马或拎桶。

第十节　杆

　　杆是每一个栅栏的基础，安装杆是栅栏建造最耗时的工作，但安装不当会缩短栅栏的寿命，也会影响栅栏的安全。强烈推荐入土桩杆，因为它们比手工放杆或者那些放置在预钻孔上的杆更安全。

一、木质杆

　　大多数围栏杆都推荐使用木质杆，最好在有信誉的经销商那里购买经加压处理过的杆。必须适当使用防腐剂才能经久耐用；起初，处理过的杆比未经处理的杆贵，但是处理过杆的使用寿命是未处理杆的四倍。一个经加压处理过的杆可以持续使用 10～25 年，这还要取决于土壤条件和防腐处理质量。

　　木栅栏杆与板型栅栏、网格栅栏和弹性围栏栅栏相似。高强度钢丝栅栏、线式栅栏和其他线式栅栏需要类似的杆，但杆之间的距离往往远长于板式或网式栅栏。高强度钢丝栅栏的距离取决于风的影响和地形。圆形木杆比相同尺寸的方形杆更坚固，更能接受均匀压力的处理。木质围栏板围绕着围栏柱并与围栏柱较平坦的一面接触时可以增加牢固度（图 15 - 21）。

端接类型　　　　部分圆　　　　半圆的　　　　　方柱

图 15 - 21　马围栏设施上采用的木柱横截面

二、木杆的安装

杆正确安装后可以支撑栅栏 20 年以上；下垂的杆意味着钢丝延伸，木板扭转，并考虑重置坏的杆两边的栅栏部分。杆的周围被土壤紧紧填满，让杆的周围没有水和空气，所以杆的底部能够抵抗腐烂。机械驱动安装杆是手工安装杆强度的五倍。因为不需要挖洞埋杆，所以机器打入的杆更为牢固结实，要执行此操作取决于土壤的类型、土壤含水量、岩石的存在、土壤紧实度、竖杆机输出的力量的次数。通过竖杆机的敲打，杆被紧紧压实在土壤中，这样不仅能防止杆的腐烂，还增加了杆的稳定性（图 15 - 22）。当装杆的引导孔完成时，引导孔的直径要和杆的直径一致或者比杆的直径要小 1 英寸。如果引导孔比杆大，土壤就不够紧实来支撑杆，也不能有效地防止杆腐烂。

图 15 - 22　驱动杆使杆周围的土壤压得更实，提高了杆的稳定性，因为它被打到地下
（图片由 Jennifer Zajazkowski 提供）

要将杆插进多深才能使整个结构稳定？这与不同的土壤条件有关。土壤特性在决定栅栏的寿命和维护方面起到重大作用。一些湿润的土壤能使未经处理的木杆迅速腐烂。杆在沙地或长期潮湿的土壤中需要放得更深，或者需要混凝土套管套住。其他土壤结霜微微隆起，可以将驱动深度不够的杆拧松。处于拉力状态下的栅栏，如金属丝或网状材料，需要将杆插得很深，来长期抵抗拉力。通常的杆深度为 36 英寸，栅栏拐角和门柱需要承受更大的负荷，直径还要再大 25%，这时深度通常为 48 英寸。

三、木材防腐剂

杆是每一个栅栏的基础。木杆最普遍，对马来说也是最安全的。但是，木材很容易被昆虫、霉菌、真菌、微生物等侵蚀，如果没有适当的保护，就会缩短其使用寿命。即使是一些耐腐蚀的品质，如桑橙、西部红雪松、桧西部心材或刺槐材，使用密封剂和防腐剂也可以增加这些木材的使用寿命。

木材密封剂和防腐剂可以是外用的（涂料和憎水剂，如密封剂、染色剂等），然而，外用防腐剂处理木材的表面只有几年的保护。如果木材有裂缝或凹陷，用这种方法进行表面处理没有任何作用。栅栏的第一层油漆能保持三年左右，第二层保持 5～7 年，这都与天气条件有关。木材保护中最重要的部分是开口末端纹理。

其他防腐剂包括铜砷酸铜（CCA）、五氯苯酚、环烷酸铜（CU - NAP）和杂酚油。CCA 处理过的杆非常容易获得。这些压力处理过的杆都是偏绿色的。CCA 提供了广泛的保护，并渗透整个杆。五氯苯酚是另一种压力处理过的木材中常见的防腐剂。与CCA 不同，五氯苯酚是油性防腐剂。在一般情况下，油性防腐剂木材比水性防腐剂对木材的保护更好，但这一保护效果高度依赖渗透和滞留的速率。这种渗透不像局部上药，如果杆破裂或检查表面，就要用化学方法将防腐剂固定在木板上，以防浸出。

如果选择加压处理的杆，就要选择具有最高的保留值的杆。保留值是每立方英尺的木材保存防腐剂的量（磅）。保留值越大，在木材上的防腐剂就越多。CCA 处理过的杆对于咀嚼和咽气癖可能不是一个很好的选择，因为摄入 CCA 对马有害，可以用 CU－NAP 代替。用 CU－NAP 加压处理的杆在大部分地区数量有限。可以将 CU－NAP 用在住宅甲板和栅栏柱的外部。与 CCA 和五氯苯酚不同，如果摄入 CU－NAP，现在还没有表现出会危害健康，处理过的木材的寿命也是未知的。一直声称它对木材的保护可以持续 10～20 年；然而，这没有确定，大家还是持保留意见。

杂酚油对于虫害和天气影响能提供最好的保护。杂酚油是一种使用柴油燃料作为溶剂的防腐剂。杂酚油需要时间来处理，处理过程中溶剂会挥发，有时还夹杂着杂酚油一起挥发。当这种情况发生时，它被称为"渗色"。溶剂挥发出的烟雾可对健康构成威胁。这就是想要用杂酚油就需得到授权的原因之一。然而，杂酚油也有难闻的气味，这似乎阻止了马咀嚼和咽气癖。一旦杂酚油固化完，它不会构成健康危害，机械固定的那些木头，防腐剂也不会浸出。

保护杆顶部纹理裂缝的传统方法是用一个"牺牲的"木板盖住杆顶。连接板材料的"帽子"能有效地遮蔽纹理裂缝，并能防止雨水损坏栅栏柱的顶端。

四、金属和合成杆

木质杆要考虑到马的安全，钢柱通常用在铁丝网上，管材杆焊接在硬质 PVC 围栏上。空心杆需要盖住齿状顶部边缘或设计使得顶部围栏覆盖在杆的上方。回收利用的塑料、直径 4 英寸的固体杆都适合用在栅栏上，但需要小口径导孔。金属和玻璃纤维的 T 形杆比较便宜，但有刺穿马的危险，不建议使用。它们还没有坚固到足以承受马的影响而不弯曲。通过在顶部安装塑料安全帽、T 形杆可以在非常大的牧场中小心使用，在那里马几乎不会与杆发生接触。一个通电栅栏会选择使用完全被塑料套包裹的 T 形电线杆（图 15-23），塑料套用于保护和支撑杆。

图 15-23　比起未受保护的 T 形金属杆更加适合使用，塑料套用于防止马受伤，并且是一种方便连接电线的材料

五、手工装杆

为了放置一个或两个杆，租用打桩机是不可行的；所以知道如何用手挖掘并放置杆是非常有用的。手工挖掘的坑应该是杆直径的 2～3 倍。想要杆安装得安全，洞不能太窄，因为填压的空间有限；也不能太宽，那意味着要压实太多土壤。图 15-24 所示是用手挖杆的位置。

在确定杆的投放位置挖洞。深度不能小于 2.5 英尺，需要设置杆的安全线，3 英尺是比较合适的。杆承受更多的重量或拉力，例如栅栏的拐角或门，这有必要挖得更深（大约 4 英尺的地方）。在特别湿或沉重的土壤中，经化学材料处理过的木材，如杂酚油，会减缓木材的腐烂。在潮湿的土壤里，可以将 3 英尺的沙坑填补 6 英寸，砾石促进排水，让水远离杆的底部。

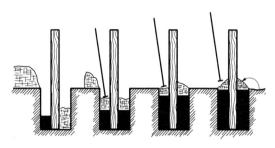

图 15-24　手工挖孔的方法

杆在捣实之前排列在两个不同平面上，杆必须与其他杆在一条线上并且是纵向的。如果还有水的话，一旦把杆上的水控干，杆放在了合适的位置，夯实工作就开始了。因为目标是让这个杆立起来，伫立多年，压到孔里的泥土应该比被扫掉的泥土多约 25%，多余泥土是需要的。

立柱最重要的部分是将柱子周围的土夯实。使用重金属或木材制成的夯实工具或"挖铁"来夯实填土。将松散的泥土卸到正确定位的柱子基座周围 6 英寸的坑底，一直将泥土压实到十分牢固，将来不会沉降。夯实好的区域比周围的土壤更牢固。将松土推进另一个 6 英寸的洞里重复上面的动作。当泥土完全压实时用捣实棒敲打发出的声音应该接近用钢筋敲打水泥的声音。不要将整个洞填满再从顶部夯实，因为适当的施力不会传到下面 3 英寸的泥土上。如果夯实不当，积水会造成杆周围的泥土松动破裂，杆会松动下垂。

第十一节　特殊栅栏的应用

一、栅栏线的圆角

图 15-25 展现了在 8 英尺区间安放杆的维度，如用于板式栅栏的建造，使锋利的栅栏线的角变成圆角。

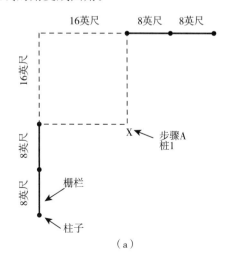

（a）

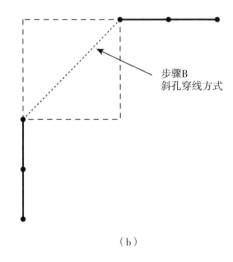

（b）

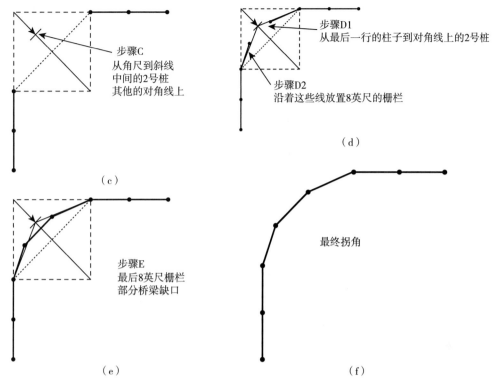

图 15 - 25 弧形栅栏角柱布局操作步骤

二、人员专用通道

图 15 - 26 展现了两种设计，方便人员不通过门就从围栏区域快速出入。栅栏上简单的缺口也十分有效，但通常是比设计的尺寸窄些（12～14 英寸的间隙）。

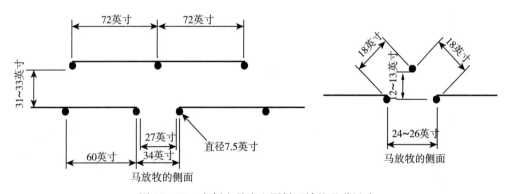

图 15 - 26 方便人员出入围栏区域的通道尺寸

本章小结

所有栅栏材料功能汇集在一起都是为了安全地围住马。最初的栅栏材料选择与电气化和实质性的选择有关，选项分别包括电击和物理强度。许多成功的栅栏将物理强度和电击这二者结合。护栏网材料被认为是非常安全的栅栏，当使用这种类型的栅栏时，它的开口不会让马蹄穿过。护栏网在马通过栅栏时保护马免受伤害，马穿过栅栏这一行为不仅会让马受到伤害，而且栅栏结构的完整性也会遭到破坏。让马看到顶板能阻止马跑到栅栏跟前，这是出于安全性设计的。大多数人设想经典的栅栏有粗切割的硬木、尺寸规格的木材、隔开的围栏或设计成滑动围栏的木制栏杆。这些仍然是有吸引力的栅栏，但不足的是较高的安装和维护成本。

许多这些硬质板栅栏都装有电线以让马远离栅栏。合成材料制造商试图用免维护材料复制出经典的木质栅栏外观。使用大小类似木材的弹性乙烯更加有吸引力，因其低维护和安全性，可以替代木板栅栏。硬质 PVC 栅栏材料组成和安装设计的演变克服了一些使用寿命和安全性方面的问题，虽然这种栅栏设计时没有考虑到抵御马，而且还需要通过电击来保护。给马设计的绳线栅栏已经得到了很大的改善。以前使用的多倍高强度或传流光滑金属丝能见度低，导致马跑到跟前被绳缠住而破口。可以将编织绳和织带整合到电线上来阻止马与栅栏的接触，也提高了能见度，几乎消除了铁丝网破口的现象。最后，构成每一个满意的栅栏的基础都取决于杆。杆的选择和正确安装对栅栏能长期使用很重要。

第十六章

室内骑马竞技场设计与施工

室内竞技场是大多数骑马场地中比较受欢迎的附属建筑物（图 16-1）。它可以将骑行活动延长到寒冷的月份，并确保即使在雨天也不会影响骑行计划。因为很少有人喜欢在黑暗潮湿的室内骑行，所以要建立一个明亮通风的室内竞技场。虽然室内竞技场既实用又有趣，但设施维护费却很高。对它们的主人来说，建造它们通常是一生难忘的事情。因此，遵循合理的场地准备和建设规则是很有意义的。最初简单的建设通常会发展为长期问题，后续的维护成本才是令人头痛的问题。

图 16-1　室内竞技场需要仔细建设和现场准备，为黑暗和恶劣天气时的骑行提供很大的便利

第一节　室内竞技场的选址

把竞技场建在马厩附近。二者不需要直接连接，以免影响自然通风。但是，在恶劣天气条件下，较为可取的方法是从畜棚进入。便利的位置可能会因此而受到影响，因为需要平整的场地较少，所以竞技场场地的准备工作所需的费用更加少。地形还会影响排水系统、建筑位置、进出通道以及风和阳光的照射。

多余的水分会对符合标准的竞技场造成危害。因此，地表水需要从室内场地分流出去，并使用排水沟和落水管将屋顶的雨水引走。不得在低洼或洪水易发区域的"洞"内建造。竞技场场地建造时需移除表层土壤，以便对地下土壤进行分级并牢固压实。为排水而进行的初步分级和现场施工是马工作场地建设的基础工作。

第二节　竞技场施工建设

一、室内竞技场的稳定配置

如图 16-2 所示，推荐的马厩和竞技场是两个独立建筑。另一个可接受的选择是在马厩和室内竞技场之间有一个走廊或工作区（图 16-3 和图 16-4）。将竞技场和马厩更充分地整合到一个共享空间中的设计往往会影响两个环境中的空气质量，使两个建筑发生火灾的风险增加，并且在某些配置中，使骑行活动与马厩功能之间产生不合理的冲突。图 16-5

至图 16-7 提供了有关某些竞技场稳定配置所面临挑战的更多详细信息，以及改进设计结构的多种选择。

推荐的配置是为室内竞技场和马厩提供独立的建筑空间。

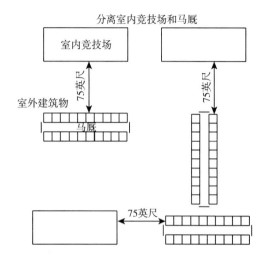

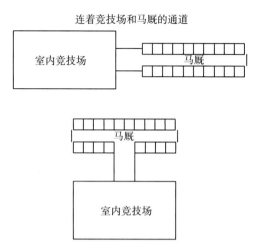

图 16-2 为了改善室内竞技场的环境，建议使用与马厩分开的场地。建筑物之间建议至少保持 75 英尺的分隔距离，以保证车辆和设备的进出及消防安全。这个距离符合消防要求，减少了火花的扩散（不按比例）

图 16-3 考虑马厩和室内竞技场之间建有通路，以分离这两个环境，同时提供应对天气变化的保护通道。竞技场端墙连接方案优于侧墙连接方案，以改善两座建筑的通风（不按比例）

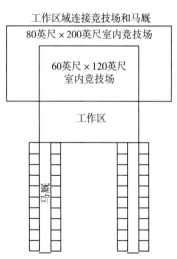

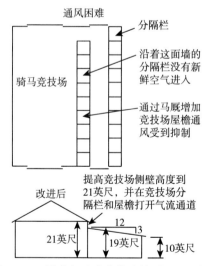

图 16-4 室内竞技场可以方便地连接马厩和另一个工作区域，包括饰针室、梳洗站、观察休息室和盥洗隔间。这样的安排使得场地在寒冷的天气下可以保温，同时竞技场和马厩也会有更多的新鲜空气进行交换，保持接近室外的温度

图 16-5 沿着长边墙直接连接到马厩的场地会影响两幢建筑的通风和空气质量，因此不推荐使用。通过改进允许沿着竞技场和马厩的公共墙壁为屋檐通风留出空间（不按比例）

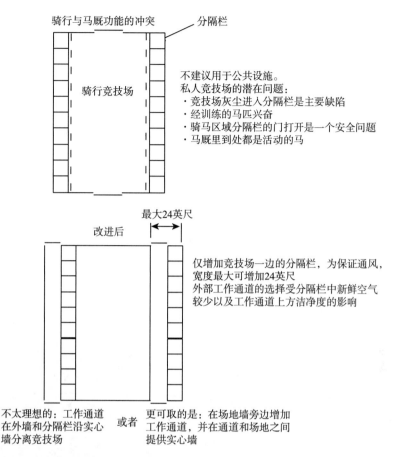

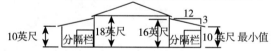

图 16-6　由于图中所列问题，直接面向骑行场地的周边马厩已不再常见。经改进后有独立的工作通道和马厩。建议沿着竞技场的一侧（不是两侧）设置马厩，并沿外墙设置马厩（不按比例）

二、室内竞技场框架和壁板

　　实际上，室内骑行竞技场是一个相对简单的结构，它为骑行地面提供庇护。其极大的高度、长度和宽度尺寸是造成结构材料成本较高的原因。选择易于运输到现场且可由典型施工设备处理的通用框架尺寸可最大限度地降低成本。透明结构用于桁架或刚性框架支撑没有内部立柱的山墙屋顶（典型）结构（图 16-8 和图 16-9）的情况，使用钢、木材或两者的组合。环箍结构还可以使用带有耐用材料覆盖的管架结构来提供宽广的内部空间（图 16-10）。这样一个大型建筑的外部视觉吸引力应该在整个场地规划中加以考虑，因为室内竞技场将对农庄美学产生巨大的影响。

　　内饰材料的选择会影响骑行环境的观感。与木质结构的自然氛围相比，全金属建筑的

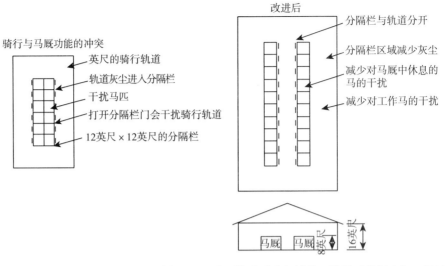

图 16 - 7　在马厩中央通道的设计中，马匹将围绕跑道进行锻炼（除了"热行走"），通过中央通道来分隔这些功能，改善骑行和工作条件

内部通常给人一种寒冷和工业的感觉。就表面护理而言，木质框架无须维护；还可对木质壁板进行染色。当然，还有许多组合都是可行的。例如，一个大跨度的结构可以由带有金属屋顶的重木拱门组成，类似地，一个木桁架结构可以由金属壁板和屋顶覆盖。可能与马接触的金属板表面需要用木头做衬里，以尽量减少金属凹痕及对马的伤害。墙壁、屋顶线和基脚表面材料使用浅色不仅为自然光进入提供机会，也使其内部变得明亮。

三、尺寸和结构支撑

竞技场的规模主要由两个特征决定：预期用途和成本。在通常情况下，用户的骑行或骑行习惯会表明最重要的基本特征。表 18 - 1 为竞技场场地大小的设计提供了指导。室内竞技场的尺寸通常较小，以限制建筑成本，除非竞技场是为竞争性使用而设计的。两种典型的室

图 16 - 8　桁架用于小型室内竞技场的横跨度施工

内竞技场尺寸已经演变为 60 英尺×120 英尺和 80 英尺×200 英尺。宽为100～200 英尺的室内竞技场，其横跨度结构是集体骑马或骑马竞技项目所必需的。而长度在竞技场中变化更大，比同等宽度的竞技场增加的成本更低。长度小于 120 英尺的室内竞技场限制了在通过弯道前马获得的任何速度。

大多数私人和较小的商业室内竞技场都是木桁架结构。标准的 60 英尺×120 英尺室

内竞技场侧壁高度达 16 英尺，这是标准建筑的尺寸。但这并不是因为 60 英尺×120 英尺的竞技场是完美的骑行尺寸，而是因为它是一个具有成本效益的骑行尺寸。通常制造 60 英尺长的桁架，便于卡车运到现场，承包商可以用普通的建筑技术进行安装。增加到 80 英尺宽的桁架不仅使卡车的运输成本增加（通常会增加长和宽的载荷限制），也要求施工人员在处理和放置这些较长的桁架时需要特殊的技能。增加到 100 英尺的桁架，工作就真正开始了。但是根据预期的竞技场活动，这个更大的尺寸可能正是所需要的。

图 16-9　钢架构横跨结构在大型室内竞技场常见　图 16-10　用柔性材料覆盖的环形结构可提供清晰的跨度结构。由整套建筑系统提供

与桁架结构相比，金属或木制的刚性框架结构可提供 100 英尺或更宽的场馆。简洁的开放式内部屋顶结构设计在视觉上很有吸引力，而且与木制桁架相比，可能减少鸟类栖息（桁架结构下侧的防鸟网材料阻止了鸟类在建筑物内的活动）。由于采用的是框架，而不是横跨整个宽度的桁架，因此简化了现场运输。一般来说，较小的场地（60～80 英尺宽）用桁架建造也更常见，也更经济，而较大的场地（超过 100 英尺宽）受益于刚性框架结构的经济性。当地可用的材料、建筑制造商和建筑公司将对中型竞技场的经济情况产生巨大影响。

小于 80 英尺宽的竞技场普遍由桁架建造，而大于 100 英尺宽的竞技场通常选择更为经济的刚性框架结构。

竞技场的视觉吸引力通常取决于屋顶的线条和装饰细节。为了简化结构，大多数私人竞技场使用山墙屋顶形状。大型竞技场则应用更复杂的屋顶形状或其他特征，例如穹顶、透明楼层或附加的观众休息室，从而增加建筑的吸引力。

四、高度

骑马竞技场场地的最小推荐侧壁高度为 16～18 英尺（图 16-6）。建筑的高度在 18 英尺左右。这提供了一个良好、通风的骑行环境，在该环境中可以享受跳跃和严格的活动。一般来说，一根 24 英尺长的柱子，设置埋土里 5 英尺深可以用于建造 18 英尺高的侧壁，这并不比用于 16 英尺高的竞技场的柱子贵多少。胶合木技术（木材层用胶水层压在一起，形成坚固的复合木材结构）允许在底部使用经过压力处理的木材，在地面以上使用价格较低未经处理的木材。对于大型和宽阔的公共竞技场来说，理想的竞技场高度应在 20 英尺以上。马和骑手的最小头部间隙是 14 英尺，门口的最小间隙是 12 英尺。

最终竞技场高度是从表面基脚材料的顶部到马或骑手可能撞到（或触及）的最低物体的距离，例如桁架下弦杆、悬挂式灯具或自动喷水系统。当设计竞技场净空高度时，要考虑悬挂在桁架以下的物体。悬挂在桁架下弦杆上的荧光灯和高强度气体放电（HID）灯分别悬挂在桁架下方约 6 英寸和 30 英寸处（详见第十一章）。

五、门

竞技场需要一个直接通向室外的通道，通常由相当大的端墙门提供。通常，另一扇大门是通往马厩的直接通道或走廊。

这些门需要足够高，以允许马和骑手安全进入。门高度应为 12～14 英尺，宽度应足够容纳地面的维护设备，如皮卡或拖拉机和耙子。建议门宽设计为 16 英尺。运送基脚材料的卡车需要在初始安装时或每 5 年左右进行路基补给和更换时进入。12 英尺×12 英尺和 14 英尺高×16 英尺宽的马和骑手门是私人骑马场地的典型设备门。门可以是单门或双门，通过摆动或滑动打开，也可以使用架空门。对于滑动门，应在顶部和底部导轨处设置轨道，以确保门的方正和牢固，避免受到风、积雪和可能进入门框的基脚材料的影响。大门打开后，应该有人来维护场馆导轨围栏。为供人员进出提供单独的门，这样就不必为行人进入而打开大门。根据一些地方性法规，为方便起见或因消防安全作为紧急出口，在一个大型建筑中大约每 200 英尺就需要一扇门。

六、额外空间

除了建筑本身占用的面积或占地面积，还需要空间供维护设备进出场馆，例如用于维护地基的拖拉机和耙子。为方便观众、游客和参赛者的车辆进入，非常有必要在商业设施中建立全天候通道。室内竞技场外围要有足够的空间，以方便车辆进出、维护、除雪、排水以及景观美化（图 16 - 11）。用围栏围住放牧的马匹，防止它们接触场馆的护墙板，以减少泥土、啃咬和踢打而造成的损坏。

图 16 - 11 沿着室内竞技场外部提供足够的空间，用于维护设备、方便交通、储存积雪、排水或美化景观

对竞技场场地的合理规划，有利于存放短期和长期训练时使用的辅助设备，如障碍物或桶和维护设备。并留出一小块区域，用于短期存放不碍事的训练器材。若桶、障碍物和设备杂乱地存放在一个没有保护的竞技场角落里，会对被抛出或落在上面的骑手造成安全隐患。

第三节　室内环境

室内骑行竞技场可以简单到在马场上搭个屋顶。这在温暖天气里可以防晒和防雨。在北方气候下，人们需寻求更多的保护措施来抵御冬季的严寒，因此需要侧壁。因为室外受到过多的寒风、热气或降水的影响，所以室内竞技场的目标是提供比室外更好的环境。这需要注意竞技场的环境条件，理想的室内条件和室外天气之间的差异越大，环境控制就越复杂。在大多数情况下，室内环境温度通常与室外温度相差保持在几摄氏度以内就可达到要求，因此简单的自然通风就足够了。考虑与盛行季风相关的场地布局（图16-12）。有些竞技场需要额外费用以加热或蒸发冷却空气。在任何天气条件下都需要通风，以去除寒冷天气下的多余水分和炎热天气下的多余热量。尤为重要的是，在寒冷天气时室内场馆的使用率要比温和天气时高，因此要保持室内场馆空气新鲜和干燥，第六章提供了更多关于通风原理和空气流动方法的细节。

室内竞技场的目的是提供比室外更好的环境。这需要注意竞技场环境条件。

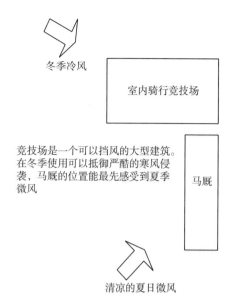

竞技场是一个可以挡风的大型建筑。在冬季使用可以抵御严酷的寒风侵袭，马厩的位置能最先感受到夏季微风

图16-12 在顺风处，大型建筑会扰乱其5~10倍高度的气流模式。对于一个典型的有18英尺的侧壁和12英尺屋顶坡度或4英尺侧壁和12英尺屋顶坡度的室内竞技场来说，它的总高度大约是35英尺。这会干扰顺风175~350英尺的气流

一、寒冷天气通风

寒冷天气时也需要通风，以保持竞技场内良好的空气质量，并去除多余的水分。水分来自马和人的呼吸、汗水以及骑行表面的蒸发。竞技场的湿度水平比大多数商业、工业或住宅环境中的湿度水平高一个数量级。

在寒冷的天气里，竞技场基脚材料的水分蒸发是使室内竞技场环境比室外环境更潮湿的主要原因。基脚材料中的水分用于抑制灰尘，并且由于基脚材料的蒸发损失使得需要经常补充水分。由于湿气从马厩迁移到竞技场，直接连接到马厩环境的竞技场甚至比未连接的竞技场更潮湿。如果竞技场中的温度低于马厩中的温度，通常情况下，当潮湿、温暖的稳定空气进入竞技场时，会在竞技场中产生大量冷凝（因此，当其冷却时，不再能容纳如此多的水分）。不建议将竞技场与加热或通风不良的马厩直接连接。如果认为有必要连接马厩和竞技场，则使用开放的走廊来驱散湿气。

在寒冷的天气里，室内环境比室外环境更潮湿，如果没有足够的通风，会感到潮湿。

竞技场内冷凝和潮湿的环境会降低骑行的乐趣，因此需要进行空气交换。通常最合适的是自然通风，风能够使空气进入和离开竞技场。在寒冷天气和炎热场所中使用风扇和进气系统的机械通风，有利于更好地控制空气交换率。竞技场中的开口，是为了机械和自然通风系统之间适当的空气流动。

1. 自然通风换气通道

室内竞技场的有效自然通风需要两个永久性的开口：一个位置较高，在屋脊；另一个位置较低，在屋檐。这些开口将在寒冷的冬季提供所需的通风，此时的目的是去除多余的水分和污浊的空气。这些"固定的"和永久开放的通风口在任何时候都可以适度地进行空气交换。沿屋檐拱腹和屋脊设置这些开口，比在骑手位置设置大开口更能消除竞技场使用者身上的气流。天气变暖时，需要更多的开口使竞技场中积累的热量散失掉，可打开大型可调节门、墙板或侧壁窗帘来补充固定尺寸的寒冷天气气流入口。

2. 通风口大小

固定屋脊和屋檐开口的尺寸是为了保证冬季空气质量和去除湿气。这些开口全年开放，为竞技场提供最低限度的通风。通风口与第六章中推荐的用于稳定空气质量的通风口相似。在 80 英尺宽的竞技场上，沿竞技场两侧的整个屋檐提供不小于 2 英寸宽的永久开口。沿整个长度的绝对最小屋脊开口为 4 英寸。每个屋檐 4 英寸的开口和屋脊 8 英寸的开口是最优的推荐尺寸。80 英尺以上的竞技场需要相应的更宽的开口。通常，屋脊开口相当于寒冷天气中使用最小开口尺寸的所有屋檐开口的总和。这个数量或更多的开口将提供适度的空气交换，以去除水气。马的运动增加了呼吸和汗液中水分的排出，增加了竞技场的空气湿度。冬季室内竞技场中繁重的马术活动，如频繁的集体骑行课、比赛或马球，将增加多余的水气，将每个屋檐处的冬季正常通风口增加到 6 英寸，山脊处增加到 12 英寸（竞技场的较大通风口宽度超过 80 英尺）。

沿竞技场两侧的整个屋檐提供 4 英寸宽的永久性通风口，并在整个长度上提供 8 英寸的等效屋脊开口。

3. 有效通风口大小

这些开放区域的建议是"有效"的。通常用 1 英寸 × 2 英寸的金属丝网覆盖屋檐开口，以阻止鸟进入，但无保护的屋檐底板更简单，并提供通畅的气流（图 16 - 13）。应该通过将开口面积增加 10%～20% 来解决通过屋檐的气流受阻问题，例如当使用金属丝网时，将开口面积增加两倍时会导致灰尘积聚。第六章总结了与以下建议相关的屋檐底板覆盖效果：不要使用住宅型窗纱或金属檐来覆盖通风口，因为它们不能提供足够的开口。不过，在许多金属侧壁的马厩和竞技场上可以看到为住宅阁楼通风而设计的拱腹通风口，它们不能进行充分的空气交换。针孔大小的小开口不能提供足够的"有效"开口面积，它们会很快被灰尘堵塞，因此阻碍了气流通过。如果使用拱腹网，可以将其

图 16 - 13 沿整个竞技场侧壁长度提供屋檐开口。用 1 英寸^2 的五金铁丝网保护开口，防止鸟类进入

放置在垂直位置，以阻止鸟类筑巢，这可能是水平拱腹网所遮蔽的问题。同样，屋脊开口可以用金属外罩（或同等物）屏蔽，以阻止鸟进入。

4. 通风口位置

永久通风口最好沿着整个建筑长度连续设置。这样，新鲜空气可以在整个建筑中以相同的概率进出，这可减少污浊空气。另一种方法是用均匀分布的间歇开口提供相同的总开口面积。脊形开口可配备简单的连续开口、连续脊形通风组件、杯状开口或间歇脊形开口。例如，不是沿着竞技场的整个120英尺长（4英尺宽×120英尺长＝5 760英寸²或40英尺²的脊开口）提供4英寸连续的脊开口，而是用10个6英寸宽×8英尺长，沿着山脊不连续均匀分布的烟囱或通风组件来替代，以提供相同的脊开口面积。

选择专为农业应用而设计的商用脊形通风口组件，当空气通过通风口时，将提供无障碍的气流路径（图16-14）。大多数住宅风格的脊形通风口气流路径比较复杂，以至使得竞技场内无法进行充分的空气交换。室内竞技场是一个高湿度、多尘的环境，需要比家庭阁楼更大的通风率。

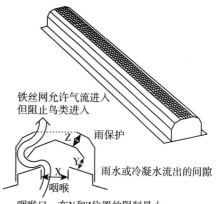

铁丝网允许气流进入但阻止鸟类进入

雨保护

雨水或冷凝水流出的间隙

咽喉

咽喉口，在Y和Z位置的限制最小

图16-14　采用为农业设计的山脊通气口组件，允许室内竞技场进行适当的空气交换。有许多设计可以提供良好的气流交换路径

二、冷凝

当室内空气在露点温度或露点温度以下与冷表面接触时，就会冷凝。由于空气温度下降，它的保水能力降低（冷空气比暖空气含水分少），并且冷凝水沉积在冷表面上。冷凝通常发生在窗户和金属屋顶上，它们的温度往往接近外界空气，但温暖潮湿的空气遇到比露点温度更冷的表面时，就会发生冷凝。防止冷凝的一种方法是增加隔热层。在寒冷的建筑中，例如室内竞技场，除了屋顶材料下的R-5隔热层之外，通常不会这样做。避免冷凝的主要防线是清除建筑中积聚的多余水分。只需引入外部的新鲜空气，使其吸收内部水分，然后排出即可。适当尺寸的自然通风开口能提供足够的空气交换，以防止湿气积聚。在最寒冷的日子里，竞技场建筑材料上偶尔会出现冷凝现象。只要木材和金属材料能够变干并在大多数时间保持干燥，冷凝对于它们来说就不会成为问题。建筑材料旁边截留的水分是一个问题，例如金属屋顶旁边的湿绝缘材料。

长期冷凝和气味都表明通风不良，出现这种情况是因为，竞技场中没有排出足够的污浊空气。

长期冷凝和有异味的空气是通风不良的表现，说明没有从结构中去除足够的水分。长期冷凝会导致屋顶滴水、隔热和建筑材料饱和、生锈，以及建筑构件强度退化。解决方案有补充热量和通过通风增加空气交换。增加额外的热量只是增加竞技场空气的保湿能力，因此通风是必要的，以去除潮湿的空气，并用更干燥的室外空气代替。最简单、成本最低的解决方案是用更大、无障碍的屋檐和屋脊开口提供自然的通风换气，或者打开其他竞技场开口。例如大门，周期性地向内部"通风"。机械通风风扇和进气系统可用于内部潮湿空气与外部干燥空气的交换。

三、炎热天气通风

随着温度从冷到暖的变化而调整。如果竞技场在北方气候条件下全年持续使用，或者主要在温暖的气候条件下使用，建筑物内的开口结构可以尽可能地将空气冷却。这里讨论的开口是除了基本空气质量和寒冷天气除湿所需的永久通风开口之外的开口。在温暖的室外温度下，理想情况下，室内竞技场用作遮阳棚，建筑开放以允许尽可能多的凉风进入。至少，提供大型端墙门，并铺以侧墙滑动门或摆动门板（图16－15）。大的侧壁门也经常被使用，这样当微风方向改变时，大的开口可以让空气通过建筑物。事实上，除了寒冷的天气之外，在竞技场内，最受欢迎的是令人愉快的微风。春季和秋季天气多变，因此面临的巨大挑战是侧壁和端壁开口必须定期更换。

图16－15 滑动门和嵌板很受欢迎，为夏季微风进入竞技场提供了很大的开口

在炎热的室外温度下，室内竞技场作为一个带有开放侧壁的太阳能屋顶，以允许尽可能多的凉风进入。

侧壁窗帘

竞技场上的侧壁窗帘提供了灵活性，可以提供小的或大的空气交换开口，并以较低的成本实现采光。窗帘覆盖了大部分侧壁区域（图16－16和图16－17）。侧壁窗帘织物和施工技术可以选择有吸引力和持久性的安装。从美学角度来看，与其他侧壁材料相比，窗帘的吸引力众说纷纭。永久开放的屋檐入口位于幕布上方，因此即使关闭，竞技场环境中也有新鲜的空气进行交换。

图16－16 作为侧壁上部的窗帘可方便提供大的新鲜空气和光线开口。它们通常是自上而下打开的

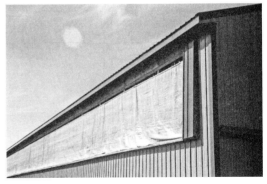

图16－17 当封闭时，半透明幕墙材料允许光线进入但阻止风进入。窗帘上方设有连续的屋檐开口

每个窗帘开口都可以通过简单的绞盘组件方便地打开和关闭。窗帘通常从上到下打开，这样，在寒冷的天气里，当窗帘最低限度地打开时，空气从屋檐高处进入，以尽量减少气流在马和骑手之间穿过。从屋檐高度到离地面 8 英尺以内的侧壁上的窗帘，在户外活动时可以减少马分心（图 16 - 18）。在温暖的气候条件下，完整的侧壁开口是从屋檐到地面，但由于竞技场围栏保护，对于马和骑手来说凉爽的交叉风是比较受欢迎的。

与实木或金属侧壁材料相比，大多数侧壁窗帘材料是半透明的，可以为竞技场提供更强的自然光。窗帘材料来自农业建筑供应商，既可以是单层的，也可以是多层"隔热"窗帘，尽管后者通常不会提供

图 16 - 18 室内竞技场的上部墙壁采用幕墙材料，有充足的光线进入并使室内空气充分交换。在窗帘开口处设有防鸟网，以防止鸟类进入，当幕布升起时作为支撑幕布的一部分。光线进入和阴影大小可以通过在开口处增减遮光布或其他网格材料来调节

超过 R - 5 的绝缘值。侧壁窗帘的缺点在于，如果细绳支撑没有保持拉紧，在有风的条件下会有些抖动。这可能会分散骑手和马的注意力。对窗帘的体验表明，马在一两天内就会适应。正确的安装将减轻大多数摆动和美学挑战。在窗帘式侧壁竞技场中，以能够增强光线并获得新鲜空气作为优势，获得了高度赞誉。

四、寒冷天气通风

在冬天，室内竞技场既可以与室外温度保持一致，也可以通过补充热量以提供温暖的环境。竞技场可以使用空间加热或辐射加热系统进行全天加热。或者，可以根据需要进行顶部辐射热加热。第十二章详细介绍了马厩和竞技场场地中常用的加热系统，本章只简要对其概述。室内竞技场环境的加热无论是加热系统的安装还是运行和维护，其成本都是很高的。

这里讨论的是永久性供暖系统，而不是住宅、办公室和野营中常用的便携式"空间"加热器。由于无人进行加热操作，使得燃烧产生的烟气或不适合多尘及潮湿环境的结构可能会引起火灾，因此不建议将这些便携式加热器用于室内场所。

农用型加热器用于潮湿、多尘的环境，其中含有易燃物质，如床上用品或基脚材料。使用农用型加热设备，可以最大限度地减少燃气机组发生的火灾危险。通过保持加热元件和周围的易燃材料（包括天花板和墙壁绝缘材料）之间的适当距离，可解决空间和辐射加热装置的安全使用问题。竞技场表面基础材料包括有机木制品和无机砂，其可燃性各不相同。

1. 寒冷场地定向加热

在寒冷的气候下，考虑在教练经常站立、游客观看活动或骑手聚集的地方设置头顶辐射加热。这可将热量在需要的时间引导到需要的地方，而不是将整个竞技场都保持在高温

状态下（图 16-19）。由于不需要预热时间就可以使整个建筑物达到期望的温度，所以对热量的控制可以简单到只需要一个开关就能根据需要打开或关闭辐射加热装置。计时器刻度盘非常有用，用户通过它选择加热时间并节约能源。定时器能够自动关闭加热器，增加了加热器的安全性。寒冷（未加热）的骑行场地不需要隔热。为方便在寒冷气候下适度控制屋顶的冷凝，推荐使用 R-5 屋顶隔热材料。

辐射热可以用来长时间加热竞技场地板。大量受热的地板（和基脚材料）将通过对流和再辐射向周围释放热量。为保持竞技场内较高的气温，建议采用完全隔热的建筑。

图 16-19　辐射加热器用于加热场馆关键位置，比如观众区域
（由底特律辐射公司提供）

使用辐射加热器用于加热场馆的关键位置。

2. 竞技场的空间加热

对于寒冷气候下的竞技场来说，比较受欢迎的附加设施是为竞技场的整个空间提供辅助加热。单独的单元加热器通常是最便宜、最容易安装的选择。它们可以使用燃气或热水来加热，通过风扇从装置中排出空气。空间供暖的其他选择还有围绕竞技场周边的热水管"散热器"，但这不是常见的应用。将竞技场中的空气加热到 40～50°F，足以消除环境中的寒气。为了确定所需的总补充热量，需要进行热量平衡，其中需要考虑典型的室外温度、期望的室内温度、建筑隔热水平和冬季除湿所需的通风率（补充热量计算示例见第十二章）。

单元加热器通常安装在建筑物的高处，以避免马和骑手的交通堵塞。这样做的缺点是热空气从头顶排出，并没有自然的倾向落到马和骑手所在区域（热空气上升）。对于一个 60 英尺×120 英尺的竞技场来说，计划提供至少两个单元，最好四个单元，这些单元可以安装在竞技场内部以跑道的方式引导热空气。每个单元通过小而有效的风扇水平地引导热空气，但它不会把热空气一直吹到竞技场的另一端。在这样一个大的室内空间中，自然温度分层时最热的空气将定位在天花板附近，对竞技场使用者并无好处，因此一个大的挑战是如何使用单个加热器将空气均匀分配。安装在天花板（或桁架）上的桨式风扇可以非常有效地混合和引导这种分层的暖空气向下流向地板。加热装置应安装在易于维护的地方，可以通过梯子接近或通过滑轮系统降低来维护。燃气装置需要燃气管道连接到每个单独的加热器。典型的单元加热器规格为 70 000～250 000 Btu（Btu/HR）。

供热机组风机气流在分配管道中流动的噪声是空间供热系统的一个显著缺点。对于用于比赛、演示或教学的室内竞技场来说，降低供暖系统的噪声非常重要。

使用单元加热器对竞技场进行温度控制，可能包括设置为所需温度的农业级恒温器。加热器将循环开启和关闭，以满足温度设定值。恒温器是一种相对便宜的温度控制设备，但要意识到它们的温度设定刻度盘不太精确（通常在 2～70℉）。在恒温传感器附近挂一个简单、便宜的温度计，检查控制器和加热器的性能。将恒温器放置在大约一人高的地方，以检测马、骑手和教练将体验到的温度。大多数恒温器通过安装在设备本身的线圈来检测温度，但是恒温器可以有一个远程传感器来检测安装位置以外的温度。将恒温传感器（无论是远程的还是在恒温器上）放置在远离加热器排气和其他冷热点明显的地方。让传感器远离阳光直射（或其他辐射源），这样它就不会显示竞技场温度加上辐射温度增益。传感器上的灰尘堆积会延长传感器的反应时间。

对于大型商业或公共展览场地，空间供暖系统设计将变得更加复杂，并接近非农业商业建筑中使用的系统类型。目前，在农业使用环境中，大量灰尘和高湿度负荷为室内竞技场的设计和维护带来巨大挑战。许多举行活动的竞技场所提供的温暖环境能给顾客以舒适感，大部分热量可以被直接引导到座位区，或者在座位区上方提供辐射热。

无论加热系统简单还是复杂，都要选择为应用于农业的风扇、控制器和加热器。农业设备所使用的材料和设计制造适应潮湿多尘的环境，能够使用多年，例如防潮和防尘的电机外壳。

当通过补充热量来减少冷凝并降低加热成本时，建议使用更坚固的侧壁和屋顶隔热材料。第十二章介绍了更多关于适用于竞技场环境的绝缘材料。仍然需要通风来清除冬季积聚的湿气。与自然通风相比，在加热场所采用机械通风可以更精准地控制空气交换率。当达到高湿度水平时，可以设置自动控制来打开加热场地的机械通风。

加热的空气含水率更高。因此，一旦对室内竞技场环境补充热量，若补充热量被关闭，就需要小心管理以控制冷凝水。关闭热源后，让竞技场过度通风，用更干燥的室外空气冲散充满湿气的空气。如果让温暖潮湿的空气在竞技场中冷却，那么水气在寒冷的墙壁和屋顶上的凝结就越多。

3. 管道中的空气

聚乙烯管或其他风机和管道系统（图 16 - 20）可对整个骑行竞技场分配热空气或新鲜空气。这些风机和管道系统有利于对单元加热器进行空气分配，这些空气可以是新鲜空气、加热空气或再循环空气，或者它们的混合物。聚乙烯管由透明塑料材料制成，而刚性风管通常由木材、PVC 管或金属板构成。塑料管或刚性管道将为每个加热器提供 50～100 英尺的空气分配，热空气通过沿管上均匀分布的孔排出。与单独使用单元加热器相比，这些孔用于向下或水平地引导空气，以在整个竞技场结构中分配良好的空气。当空气对塑料管充气时，塑料管会发出相当大的声音并快速运动。这将使毫无戒心的马和骑手感到不安。当使用室内竞技场时，建议即使在关闭加热器的情况下，也要始终保持充气状态，以免出现令人恐惧的充气—放气循环。与永久管道系统相比，聚乙烯管便宜，因此，当它积聚很多灰尘时，可以进行更换。第十二章介绍了

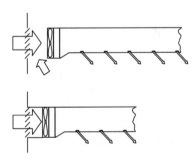

图 16 - 20 管道可以分配加热的空气，在一个充分加热的室内竞技场中让预热部分靠近混合加热场地附近的空气

暖风分配管道的详细设计。

第四节　灯　光

室内竞技场的光线可能非常暗，对骑手或马没有吸引力，需提供人工或自然照明。自然照明包括在更传统的结构上使用半透明的墙壁覆盖物或敞开的门、窗帘和窗户面板（图16-21）。环箍结构通常有半透明的屋顶材料（图16-10）。室内竞技场中设置人工照明对于夜间骑行和没有自然照明的情况是非常有必要的。20～30英尺烛光的光照水平足以满足骑行的需要。白色或浅色的天花板、墙壁和基脚材料可以最大限度地提高反射率，并以很少甚至没有额外费用的方式使内部变得明亮。深色内部表面增加了所需的光输出以提供与浅色内饰相同的照明水平。

图16-21　自然光线通过室内竞技场四周的半透明面板。在角落的高架平台提供了一个相对便宜的建筑，让观众可以很好地观看竞技场的活动。在平台下提供存储，用于培训辅助等

使用浅色表面和基脚材料以及半透明面板的自然光照亮室内竞技场内部，然后辅以高效高强度气体放电（HID）电灯。

一、人造光源

竞技场的人工照明通常采用荧光灯或高强度气体放电（HID）照明设备，以获得更高的照明水平，并且比使用白炽灯的成本低得多。幸运的是，由于天花板高度为16英尺或更高，明亮、节能的HID灯适合被使用。HID选项包括金属卤化物灯（投射出明亮的蓝色光）和高压钠灯，它们的亮度为微黄色（低压钠灯具有停车场灯所发出的黄光，不建议用于室内照明）。HID灯在高温下工作，在炎热的夜晚为竞技场又增加了相当大的热量。荧光灯不会产生同样多的热量，但通常不用于10～12英尺高度以上的安装。需要比高强度气体放电灯更多的荧光灯来提供同样的亮度。荧光灯有冷启动问题，选择冷启动灯泡和镇流器可以最大限度地减少冷启动问题；气体放电灯没有冷启动问题。更多照明系统设计信息以及灯寿命和能效的比较请参见第十一章。

1. 步行灯

应在"照明"开关上安装一套白炽灯装置，以实现最低照明，HID灯需要大约10分钟才能达到完全照明状态，并且在短照明时间内启动（例如检查或只在竞技场中行走），成本高。同样，频繁地开关荧光灯也会缩短灯泡寿命。

2. 特殊的灯

对于执行复杂任务的场地末端或区域，如最终定位或指示，可提供50英尺烛光或更

多的照明。竞技场外部的安全和出入照明通常是理想的，可以配备高强度气体放电灯或白炽灯、泛光灯。为了节能，两者都可以配备运动或日光传感器。公共场所需要应急灯，遵守出口标志的规定等。

二、自然光照

1. 边墙半透明面板

自然照明可以成功地构建到室内竞技场的结构中，以降低人工照明的电气成本，并为黑暗的室内提供满意的亮度。幸运的是，竞技场的设计趋势是提供自然光入口。安装在屋檐下侧壁高处的半透明面板能提供相对均匀的漫射照明。安装至少 36 英寸高的半透明面板，即使在阴天也能为骑行提供足够的光线。根据气候晴朗和多云的天气模式定制半透明面板的数量。与马厩相连的竞技场存在一个问题可能是来自侧壁的自然光的有限可用性。

阳光直射将穿过半透明面板，除了有益的光线之外，还有两种潜在的有害影响。首先是竞技场中类似温室效应的热量积聚。虽然在冬天是可取的，但这增加了在炎热的夏天必须去除的热量。如果大多数骑手在夏季使用室外骑马场地，设施经理应确定热量积聚是否会影响竞技场的使用。直射阳光的进入可以通过屋檐突出物来减轻，屋檐突出物遮蔽了侧壁面板，使其免受夏季阳光的穿透，同时允许冬季较低角度的直射光线穿透（见第十一章）。这并不能缓解冬季光照模式的问题。

通过半透明面板直接进入竞技场的第二个问题可能是在竞技场地板上抛出的明显的明暗图案，这可能会使马感到困惑（图 16 - 9 和图 16 - 22）。侧壁半透明面板产生平行于侧壁的长条状光线。刚到竞技场的马可能会跳过或回避这种模式，直到它们习惯。漫射光而不是完全透明的面板有利于减少地板上明显的图案。屋檐挑檐可以设计成阻挡一些光线直接进入。挑檐为建筑提供了一个更加完美和精致的外观，并允许屋顶水从竞技场基地和建筑基础设施排出。

环形结构使用半透明的覆盖材料，以获得充足的光线进入。选择能提供令人愉快的高亮度而没有令人生厌的眩光材料。更多不透明的覆盖材料可以提供适度的光线进入，同时降低太阳光的吸收（图 16 - 23）。

图 16 - 22　光线通过半透明的面板直接照射进来，在寒冷天气里这通常会带来理想的热量增益，并使地板呈现明显的明暗图案（照片取自图 16 - 21 所示的观景台）

图 16 - 23　环形结构的半透明覆盖材料对丰富室内的自然光线有很大作用。对整个建筑系统来说选择这种材料能减少炫光和对太阳能的增益作用

2. 边墙的门和窗帘

铰链或滑动门板在打开时将提供额外的自然照明（图 16 - 15）。它们通常在温暖的天气下打开，在那里它们用于自然通风。可移动面板可能具有即使在关闭时也能使光线穿过的玻璃。

侧壁窗帘材料通常是半透明的，因此即使在关闭时光线也能进入（图 16 - 17）。使光线和空气进入的另一个选择是使用网状材料，而不是实心窗帘材料或除实心窗帘材料之外的材料。可以使用温室遮光布或类似材料。遮光布是一种编织的聚丙烯织物，选择它能阻挡 5％～95％的光线。因此，一部分光被阻挡，以减少来自直射光和热量积累的眩光。网格织物避免了空气通过大开口进入竞技场时的风速，以便在有风或凉爽的天气进行新鲜空气交换，但降低的空气流速对竞技场中居住者来说更为舒适。建议使用不超过 80％的编织物进行遮光，以确保即使在最冷的天气也能提供足够的气流，同时提供足够的遮光效果。

3. 屋顶透光板

位于屋顶的半透明面板会引起光、水和热问题，因此不推荐使用。从屋顶半透明面板投射到地板上的图案甚至更麻烦，因为它们遍布竞技场内部，似乎对马影响更大。半透明面板的温度膨胀和收缩特性与周围的屋顶材料不同，因此即使是在安装和嵌缝最好的面板周围，也会因不同的材料移动形成间隙而导致漏水。最后，没有办法阻挡阳光的直接穿透，而屋檐悬垂可以避免热量积聚和照明模式的影响。

第五节　常见竞技场的设计特点

一、可视区

我们很乐意为非骑手提供观看比赛场地。为椅子、看台、观景台或封闭休息室提供一个区域，设置在端墙或角落的观看区（图 16 - 21 和 16 - 22），与设置在长边墙上的观看区相比，能更好地观察环形跑的活动。为了防止竞技场的灰尘进入观看区域，需要一面带窗户的墙。休息室意味着更多的便利设施，而不是一个观赏区，可以从闲置到豪华。

二、骑乘门卫

马镫形栏杆和骑手护墙板在室内竞技场很常见。目的是防止骑手的马镫和膝盖接触支撑竞技场屋顶的柱子。铁轨可以简单到一根 2×8 的木材铁轨，沿着柱子内部钉在马镫高度。显然，不是每个人的马和马镫都在同一高度，所以这种方法有其局限性。下一步是用木质包层（如胶合板）将大部分较低的 4～6 英尺的侧壁封闭起来，以提供一个光滑的表面。金属面竞技场需要这种木质衬垫来保护马受伤害和金属免受损坏。

图 16 - 24 和图 16 - 25 所示为骑手首选防护装置。这种倾斜的防护装置使马蹄车辆与墙保持至少 12 英寸的距离，为骑手的膝盖和马镫沿墙通过留出空间，而不会撞到柱子和墙壁。马将学会在墙边追踪，所以即使在敞开的大门处，也需要在竞技场周围保持这种护墙（图 16 - 26）。可以在门和门口提供摆动式门护板。防护墙材料通常由 0.75 英寸的外

部等级胶合板制成，但也可以是 2×6 的榫槽木材，以获得更大的强度和吸引力。防护罩上的顶板应向竞技场内部倾斜，以帮助清除污垢和灰尘。

在室内竞技场周围的骑手保护装置可以保护骑手的膝盖和马镫。

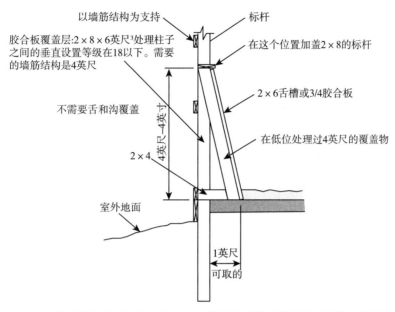

以墙筋结构为支持

标杆

胶合板覆盖层:$2 \times 8 \times 6$英尺³处理柱子之间的垂直设置等级在18以下。需要的墙筋结构是4英尺

在这个位置加盖 2×8 的标杆

不需要舌和沟覆盖

2×6 舌槽或3/4胶合板

在低位处理过4英尺的覆盖物

4英尺-4英寸

2×4

室外地面

1英尺

可取的

图 16 - 24　一个较低的墙构造细节，以防止马靠近墙时骑手的膝盖和脚接触竞技场的柱子

图 16 - 25　可移动的竞技场警卫保护骑手在大的侧壁门打开。当关闭时，支柱支撑着摆动防护罩的两半

图 16 - 26　骑警在整个竞技场周边都是连续的，所以为进入竞技场入口提供了门禁警卫结构（如图所示，背对固定的警卫）

三、训练设备存放

角落或竞技场末端的小存储区是放置训练辅助工具的理想场所，如桶、杆、锥、跳台和栏杆。这些设备需要短期存放，方便骑车人使用。因此，在规划阶段为它提供一个安全、不引人注目的地方，避免骑行活动开始时显得碍手碍脚。类似物品的长期存放通常最好在另一个结构中。如果在储物空间上方增加一个夹层观景区，那么该空间应具备两个有用的功能：储物和观察竞技场活动。

四、单独存放

使用竞技场区域储存设备，与提供附属棚或附近建筑物储存大量设备相比，使用竞技场区域储存设备占用了相当昂贵的施工空间（图 16 - 27）。竞技场场地的表面维护需要拖拉机、耙拖、软管和浇水设备以及手动工具等设备。与其把它们放在竞技场里，不如放在附近。从马厩到竞技场的通道附近或内部的储藏室可以起到这种作用。竞技场南侧的屋顶延伸部分可以起到双重作用，既可以遮盖储物空间，又可以遮挡通过侧壁半透明面板进入的阳光。与单独的建筑相比，这种附加存储可能是最具成本效益的选择。

图 16 - 27　在竞技场地外提供专用仓库，存放表面清洁设备和大量训练辅助用品，比如跳跃器具和桶

五、公用事业

为了保持竞技场基础材料中的水分、进行清洁以及为马提供饮用水，必须提供水。第十七章介绍了基础供水系统选项。尤其是在公共场所，洗手间可能比较便利，除非在附近的马厩或办公室提供洗手间。照明需要电气服务，而人工照明电气负载通常需要安装子面板（图 16 - 28）。子面板需要符合电气规范，并需要保护其免受马攻击，即使对于竞技场中的松散马也是如此。所有布线都需要在所有马可达位置（图 16 - 29）用管道保护至 12 英尺高。如果安装了 UF - B 以外的布线电缆，则需要在整个竞技场内对布线进行防潮和防尘保护，详情请参见第十章。在潮湿多尘的环境中（例如在室内竞技场中）使用合适的电线。可能需要电话分机，因此骑行过程不会因返回马厩办公室而中断电话。紧急情况下，应在附近使用电话。

图 16 - 28　电力供应需要一个子面板，以适应竞技场内光源所需要的电力负荷要求。马在任何时候都不能进入分面板区域，包括竞技场内的马，使用有盖的方便插座和开关装置（这里没有显示）

图 16 - 29　在室内竞技场使用防潮和防尘固定装置（未显示）和保护接线装置是必要的。必须在马能达到的高度（最高 12 英尺）保护所有线路，特别是在马能自由活动的竞技场上

六、其他设施

对于几乎连续使用的竞技场来说，便利性和舒适性对于骑手和教练而言至关重要。可以考虑在一个小区域或部分房间内提供便餐服务，如咖啡和其他饮料，以及小型冰箱和烤箱。这就需要供应电力和水，以及大量的电器插座。短期的马具储存处便于在培训活动和课程之间进行更换。

音响系统可以为比赛练习提供背景广播节目或音乐。立体声系统需要一个减少灰尘的区域，或者用一个可以让电子设备散热的盖子防尘。扬声器应安装在骑手高度以上，低于12英尺高度的接线应受到保护，类似于为电缆提供的保护。

镜子可以使骑手评估自己和马的位置，并且在大多数培训中都是受欢迎的训练辅助工具，在盛装舞步赛场上尤其常见。后视镜必须足够大才能使用（6英尺×12英尺），并建议使用钢化玻璃以提高耐用性。镜子的长边水平放置。一个至少6英尺高的镜子应该能让人们看到在中等规模竞技场另一端的活动。将镜子的下边缘放在离地面约5英尺的地方，以减小马和地面修饰设备活动造成破损的可能性。理想情况下，大多数端壁在整个宽度上都应有一排镜子，类似于舞蹈室或健身室。减少镜子的覆盖范围，应将镜子放置在可以评估大多数骑行活动的位置。端壁中心的一面大镜子可以看到整个竞技场的大部分内容。端壁拐角处的镜子可以评估竞技场长边轨道的性能。在端壁尝试提供至少三面镜子，每个角落一面，中间三面。

大型镜子昂贵且沉重。支撑要求每个反射镜具有2×4或2×6木材的框架，具体取决于侧边的长度，背衬由3/4最小厚度的外部胶合板制成。大镜子需要额外的2×4框架加固。一种预先设计好的选择是一扇4英尺宽、8英尺高的镜面滑动衣柜门，这种衣柜门在各大家居建材商店均可找到。

第六节　现场准备

一个有效的马厩建筑群包括对地面进行分级处理以处理地表径流，同时不造成侵蚀，并且还关注地下水设施。

将室内竞技场建置在高地上或在场地上加高地基，以保持竞技场基础不被水侵蚀。应避免在低洼地区，或者有高水位或泉水的地方建造。从邻近土地排放到竞技场场地的径流需要使用导流沟、截水沟或堤坝分流。

地表排水的良好坡度可达20%，因此根据需要进行分级。第十八章包含适用于室内和室外竞技场的场地准备和排水细节。场地准备的主要区别是，室内竞技场的表面设计不会排水，因此是平的而不是倾斜的。第四章提供了有关定位竞技场与其他农庄特征的信息。

将室内场馆屋顶的雨水和融雪排到远离地基的地方。这可以通过排水沟和落水管系

图 16-30　有必要从竞技场的屋脊排出大量的水。如果平坦的地形太平坦，不能将水引导至合适的位置，则需要一个地下排水系统

统或地下排水沟来完成（图 16-30）。附近的建筑需要一个屋顶排水系统或周边排水沟，否则屋顶径流会流进室内竞技场。即使对于一个 60 英尺×120 英尺的较小的室内竞技场，也要考虑到一场 1 英寸的降雨会在竞技场每个长侧壁 1 英尺宽的区域倾倒 30 英寸深的水。使用屋顶排水沟和落水管将屋顶水转移到分流或渗透区域，并远离周围的围场或粪肥堆放区。从没有排水沟和落水管的室内竞技场，屋顶流出的任何径流应通过地表水流、排水沟或截水沟引至植被覆盖区，如牧场、农田或渗透区，以避免竞技场周边出现泥泞和侵蚀。

建筑物基础周围需要地下排水，以减少冻胀和水分渗入内部。完工的室内竞技场表面高出周围地面约 12 英寸，以保持建筑垫干燥。更多信息参见第七章。

室内竞技场应保护好精心规划的多层骑行表面，该表面由高度压实的基底材料和适当准备的基底层组成。

第七节　室内骑马场地面结构

室内骑行竞技场场地表面可能由多种材料组成，如第十七章所述。一个成功的骑行表面是由一系列构造良好的底层支撑的。在建造良好的骑行竞技场表面之前，要注意分级和基底材料的选择和安装。第十八章包含更详细的底层信息，但此处包含概述，并特别注意室内竞技场的表面构造。

室内竞技场地面通常由三层构成：基底层、地基层和基脚材料层。最下面是基底层，由压实的、天然存在的原生底土组成。上面是地基层，采用分级良好的材料，并碾压坚实、均匀至 4~12 英寸，可为上面的基脚材料层提供坚固、平整的表面。坚实的地基保证了骑行的稳定性。最上面一层是基脚材料层，骑行道上一般覆盖 2~4 英寸厚的松散的基脚材料（图 16-31）。

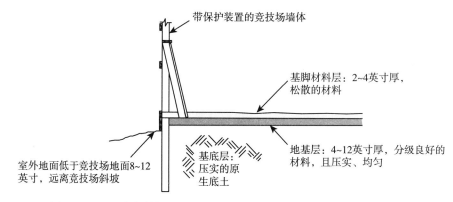

图 16-31　室内竞技场地面的多层结构：基底层、地基层和基脚材料层

良好的基底材料特性包括分级良好或分级广泛，其中不同尺寸的颗粒可以被压实成致密、均匀和平整的表面。分级良好是指一种混合物，其中不同大小的颗粒以相对比例表示，从小砾石尺寸到粉砂和黏土尺寸的颗粒。这允许细颗粒填充大颗粒之间的空隙以形成可压实的材料。合适的分级材料应由直径不超过 0.25 英寸的骨料组成，以避免某些地基层材料进入基脚层时造成任何潜在的蹄部损伤。压实的黏土底土在潮湿时通常过于光滑，容易形成坑洞，不适合用作基底材料。典型的基底材料包括由石灰石、青石或白石组成的

工程碎石材料。基底层和基层材料需要用重型设备碾压，如 8～10 吨的压路机，以便压实至足以承受骑马活动。

室内竞技场地面选用的是水平的基底层，这与室外竞技场不同。室外竞技场的基底层和地基层之间需要有 1‰～2‰ 的坡度，以促进地表水的流动，该坡度对于室外竞技场非常重要。而室内竞技场不太可能出现雨水，因此没有必要设置坡度。

室内竞技场基地建设实施纲要

1. 确定竞技场大小。
2. 选择功能性场所的地点。
3. 除去表层土壤。
4. 建立或修改场地以利于排水。
5. 压实原生底土作为基底层。
6. 建设室内竞技场的外墙。
7. 添加分级良好的地基材料，整平并压实至 4～12 英寸。
8. 建设骑手保护措施。
9. 骑行道上再次覆盖松散的基脚材料。

本章小结

室内竞技场场地为在各种恶劣天气时的骑行提供了更好的环境。它们的简单结构对骑行表面是一种保护，在温暖的气候条件下，仅在骑行区域提供一个屋顶就足够了。在寒冷的气候条件下，一个更坚固的带有侧墙的建筑是阻挡冬季风的理想选择，一些竞技场可能会加热以提高使用者的舒适度。竞技场上使用季节性开口，如大门、滑动板和窗帘，在所有季节为骑手提供舒适的环境。全年都可通过永久开放的屋檐和屋脊开口提供通风，即使在最冷的天气，以保持竞技场内空气质量良好。为竞技场环境提供自然光会使室内环境比通常仅由电灯提供的环境更加明亮。大多数竞技场都有夜间骑行用的电灯。场地准备强调保持室内竞技场场地干燥。建议使用独立的室内竞技场和马厩，以改善两个建筑的环境，降低火灾风险，并减少骑马和马厩活动之间的冲突。竞技场大小取决于预期用途和预算。在 60～80 英尺宽的竞技场场地上桁架结构是最为典型的，而刚性框架结构在宽度大于100 英尺的场地上更为经济。竞技场内部的便利设施包括沿墙支撑柱的骑手保护装置，以保护骑手的膝盖和脚，在运动过程中检查马和骑手位置的镜子，单独的储藏室用于存放额外训练用的辅助设备，以及通常为观众提供的观察休息室。

第十七章

竞技场表面材料

第一节　竞技场的表面

对于完美的骑行表面或基脚材料，目前并没有通用的建议。"完美"的骑行表面应该有足够坚固的缓冲垫来提供摩擦力以最大限度地减少对马腿部的冲击，既不能太光滑，也不能有太多灰尘，不仅要减少马蹄的过度磨损，还要满足在寒冷天气下防冻、便宜、易于维护的要求。基础材料的成本取决于当地材料可用性和运输成本。例如竞技场的预定用途，无论是用于跳跃、驭马还是驾车，都会影响场地材料，比如其抓地力和松散材料的深度。人造材料或注册商标的材料是另一种选择，这种材料对当地可用性的依赖性较小，并能更好地保证材料性能。天然存在的无机材料（沙子等）由能够提供符合公认标准的原材料或混合物的采石场提供。

推荐基脚材料严格配方的一个困难是，各地材料差别很大。例如，一个地方的沙子通常与另一个地方的沙子品质不同。材料在各地的命名可能有很大差异，并导致混乱。然而，有可能制定一些指导方针和使用常识，来获得一个良好、实用的基础材料是可行的。采石场的无机材料（沙子、石粉、砾石、路基混合料用作基底）可根据与采购产品中发现的粒径和粒度分布相关的标准术语进行指定。粒度分布以"标准"格式描述基脚材料。通过一组孔径越来越小的筛子摇动基脚材料来确定分布，以使较细的材料最终落在较低的筛子上，而较大的颗粒落在较高的筛子上。

基脚其实是一种动态材料。许多成功的竞技场表面是由两种或两种以上的材料复合建造而成的，通常是由于持续使用的结果。竞技场表面最初是一种材料，随着时间的推移，它会分解成更小的颗粒或被压实。随后，第二种材料被添加到表面，经过若干年后"自然地"混合在一起，结果是一个良好的可操作的基础，不再有简单的描述。此外，由于马蹄动作的影响，基脚材料会分解。

其他竞技场表面可能开始主要由一种材料构成，并保持不变。随着旧材料的分解，这些竞技场表面被新材料覆盖。大多数竞技场表面至少每隔几年就需要修建，因为竞技场底脚材料会不断遭到破坏，不会永远存在。计划每5～10年进行一次完整的基底更换，或至少一次大修。即使有适当的管理，使用最精心挑选的基脚材料也很少无限期地保持其良好的属性。

本章重点关注那些马匹数量适中到较高的场地，比如商业设施中的场地。一个私人后院竞技场，每周使用一次或两次，其磨损程度要小得多，可能只需要设计一个简单的竞技场就足够了。最重要的是，事实证明一个成功的骑行路面意味着基础较好的基底和地基。

（图 17‑1）。一个好的室内或室外竞技场表面只是多层复合材料的顶层。基底材料是结构类似于支撑路面的基底的硬包装材料。竞技场建筑的基底和底层设计见第十八章。本章讨论的松散基脚材料安装在地基之上。基脚需要"编织"到基底材料上，这意味着当马在竞技场中工作时，不允许松散的基脚沿着压实的基底自由滑动。"编织"是通过一些基脚材料选择自然实现的，并且这种设计也可以应用于其他基脚材料装置。

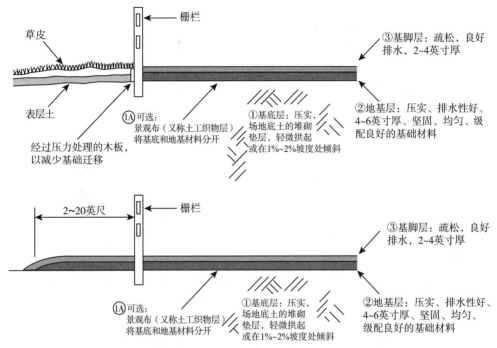

图 17‑1 基础材料仅仅是骑行竞技场的顶层，它依赖于一个合适的地基和基底层的支撑

　　基础设施农场的室内和室外场地使用的基脚材料可能不同，要考虑每个竞技场的条件和用途。例如，室内竞技场可能主要用于寒冷天气，室外竞技场用于其他季节。室外竞技场可能需要排出大量的水，同时期望大部分基脚材料会留在原地，因此排水良好、不漂浮的重材料将是理想的。一个室内运动场的基脚材料混合物能保持水分更长时间，这将减少人工浇水的次数。室内运动场的表面材料可以通过保留水分来掺入盐分以控制灰尘。或者，可以添加蜡聚合物或油涂层来减少灰尘。

第二节　了解基础材料

原材料

　　选择基础材料的主要原则是获得在不压实的情况下保持其松散性，同时为骑行活动提供适当的稳定性。基础材料由颗粒组成，颗粒的特性会影响其作为基础材料的适用性。大多数基础材料的主要成分是自然形成的沙子、淤泥和黏土颗粒的混合物。在筛分分析中（可从大多数工业沙生产商处获得），这些都是从最大到最小的粒径列出的。除了基础混合物中的沙子、淤泥和黏土颗粒之外，可能还有有机材料（原始的或通过马粪粪便添加的）以及添加剂，如涂料、合成纤维或橡胶片。当颗粒之间的空隙被较小的颗粒填充时，就会发生压实，从而将颗粒基质"桥接"在一起。压实是材料中颗粒尺寸和颗粒形状范围的函数。对于下面的讨论，在描绘常见的粒子形状及其与相邻粒子的关系时，应"小心谨慎"。

表面材料的选择主要有两种。一种方法是，他们喜欢从大部分由原生土壤组成的基脚开始，用经常使用的设备来操纵表面，以达到所需的骑行特性。另一种方法是设计一种由交付材料组成的表面，该材料符合预期骑乘活动的标准。两种方法都会奏效。选择的方法通常取决于当地的土壤条件和当地开采原料的可用性。本节后面的大部分讨论都与设计表面有关。当一个人使用原生土壤作为主要成分时，是否使用这种材料决定于现场土壤特性。全国各地的土壤特性都不一样。对于竞技场基础材料的讨论，概述合适材料的特性是具有指导意义的，这样就可以对当地土壤的适宜性进行评估。

粒度范围是选择基脚材料的第一个关键要素。当基脚主要由一种粒径的材料组成时，它不能压实。在极端情况下，这可能是一个松散的立足点，以至于在骑行过程中改变方向或速度时没有太多的"抓地力"，从而导致不稳定。相比之下，当使用广泛分级的材料时，则存在许多颗粒尺寸（达到指定的最大尺寸）。有了这种广泛的粒度分布，最小的颗粒填充了较大颗粒之间的间隙，因此最终材料被有效地包含在较小的体积中或者被压实。

骨料颗粒形状是基脚材料选择的第二个关键因素。与"次棱角"颗粒相比，棱角分明的材料（如人造砂或石粉）更容易压实。与棱角较小的粒子相比，锐角材料可以紧密地结合在一起，并且粒子之间的空隙更小。次棱角的粒子已经有最尖锐的角被打断，所以它们不能紧密地结合在一起，并在粒子之间提供更大的空隙。为了形象化地描述这一点，想象一下一块砖放在相邻的砖旁边。棱角分明的新的砖紧密、均匀地摆放在一起，使相邻表面之间的空间均匀且非常狭窄。再想象一下，砖块经过长时间的磨损，变成了边角破碎的次方形。将这些次棱角的砖块紧密地放在一起会在砖之间留下更多的空间。由次棱角颗粒组成的骑行面将相对稳定，因为大范围的颗粒可以在不滚动的情况下嵌套在一起（圆形颗粒将滚动），但不会压实，因为圆形边缘之间有空隙，这些空隙提供了缓冲，制造的颗粒像拼图一样聚集在一起，并且没有空隙，因此没有缓冲。

粒子需要一定的倾斜度来抵抗粒子之间的运动。圆形颗粒似乎在相邻颗粒之间提供了最大的空隙空间，因此不易压实。但主要由圆形颗粒组成的基脚并不合适，因为颗粒之间的稳定性太低。想象一下，一个由滚珠轴承或弹珠组成的巨型基础。海滩和河沙通过水的磨损作用产生圆形颗粒，去除了大部分棱角。这些圆形颗粒只有在饱和水的海岸线附近才具有稳定性。次棱角的粒子对粒子之间的运动提供阻力，而没有圆形粒子的滚动作用。次棱角状的颗粒形状是典型的自然开采材料。自然形成的沙子，原来棱角分明的颗粒，其最锐利的角被折断。由于它们的形状以及比人造材料更不易成为灰尘的特性，使得这些开采的材料更耐用，并且能够提供更好的牵引力和稳定性。碎石或砾石是制造出来的，带有尖锐的棱角，直到它随着时间的推移被用作竞技场的基脚。这种对粒子最锐利角的侵蚀最终使它们呈次棱角状，但前一角留下的细颗粒有可能变成灰尘。并不是每个人都生活在可承受的采沙运输费用的距离内，因此有必要了解并学会管理所在地区的可用资源。

颗粒形状的另一个方面是与基脚基质中的细颗粒有关，细颗粒可以由淤泥或黏土颗粒组成，这取决于所选择的沙子的分级。在竞技场基脚的最细颗粒中，黏土的扁平颗粒形状在潮湿时更容易滑动，因为这些颗粒与棱角较大的粉沙颗粒相比更容易相互滑动。含有大量黏土或粉土颗粒的基脚混合物在干燥时会有灰尘，因为这些超细颗粒很容易脱落，在潮湿时会很滑。此外，小黏土颗粒很容易通过填充空隙将较大的颗粒"黏合"在一起。

当需要可压实的材料时，如竞技场底座、畜栏地板底座或建筑地基下，使用广泛分级的人造材料，其有角度的颗粒尺寸范围从非常细到所旋转的最大尺寸（通常不大于 0.25 英寸，超过这个尺寸会擦伤马蹄）。碎石是最有用的压实基材。

当需要一个不可压实但稳定的基脚表面时，选择一种均匀分级的材料，以便大多数颗粒都在有限的尺寸范围内。选择具有次棱角状颗粒形状的材料。骑行活动的类型将部分决定骑行表面所需的稳定性。均匀分级的材料将具有一定范围的颗粒尺寸，大部分在合适的竞技场颗粒尺寸的中间范围，但是它不具有包含细颗粒（导致灰尘和压实）和大颗粒的极端情况。

在选择基脚材料时，一个越来越重要的特征是基础材料对马蹄的磨损性。如果马的主要骑行区域是这种类型的基脚，则使用相对不磨损的材料，如木制品或碎皮革，则马可以不穿戴蹄铁。相反，沙子、石粉和其他棱角分明的骨料会磨损蹄壁。

第三节　常见的基础材料

一、沙子

沙子是许多竞技场表面的常见成分，范围包括直径 0.05 毫米的细沙到直径 2.00 毫米的粗沙不等。沙子可以单独使用，但通常与其他粒度或其他材料结合使用。铺设沙子时务必小心，确保其深度适当。深度超过 6 英寸的沙子会对马的肌腱造成压力。建议从大约 2 英寸开始铺设，根据需要一次增加 0.5 英寸（对于主要用于骑行竞技场，从 1.5 英寸开始）。新铺的沙子含有吸收震动和反弹的气穴。然而，尽管沙子是固体、无机的，但随着时间的推移，它会侵蚀并压实成不合适骑行的表面。

沙子干得相当快，因为它排水良好，所以经常浇水是必不可少的。一些管理者在沙基材料中添加保水材料，如木制品或商业添加剂，以在浇水期间保持水分，从而减少灰尘。

良好的基础材料需要一定规格的沙子。马场表面应包含清洁和筛分的粗沙、硬沙和锐沙。细沙将更容易分解成足够小的颗粒，以形成灰尘。"清洁"是指材料已被淤泥和黏土冲洗，使沙子变得不易压实，灰尘更少。"筛分"意味着大的、不需要的颗粒已经被清除，并且留下了尺寸更均匀、不易压实的材料。坚硬的是石英砂，最长可使用 10 年。从采石场获得的"次棱角"沙与河沙中发现的圆形颗粒相比具有尖锐的颗粒。天然开采材料的次棱角状颗粒是旧的沙层，这些沙层在自然水的作用下（通常）风化成仍有棱角的颗粒，可为竞技场表面提供牵引力。人造沙是非常细的碎石，也有棱角，但没有真沙那么硬。有棱角的沙子比圆形的沙粒具有更好的牵引力，圆形砂粒在脚下表现得像数百万个滚珠轴承一样。

沙子通常是最便宜的竞技场基脚材料；然而，最适合作为骑行表面的坚硬、棱角分明的水洗沙却是最昂贵的沙之一。"废"沙或"死"沙含有大量的淤泥和黏土颗粒，它们是"干净"沙的副产品，对于良好的竞技场基础是不可接受的。对于桶赛和切割这些需要急转弯和急停的骑行项目来说，单独清洗过的沙子太松了。湿沙比干沙提供更多的牵引力，但是需要频繁和大量地浇水，这在某些地方并不现实。

在选定的沙产品中允许 5%～10% 的细粒（通过 200 目筛）提供有助于黏结较大沙粒

的颗粒。比这更多的细粒、沙子混合物在潮湿时会变得非常光滑且多灰尘。提供 5% 的细粉将促进一定的黏结作用，同时降低产生粉尘可能性；随着沙子的磨损，细颗粒百分比将增加。对于设计为使用天然表层土的场地表面，混合物中 10%～30% 可能是"泥土"，其余则是沙子。不幸的是，如果不进行抑尘处理，这两种混合物中的细粒物质会变成粉尘。天然或合成纤维可用于黏合松散的沙子，增加灰尘的风险较小，但成本高于添加细料或当地土壤。沙土混合竞技场在西部骑行比赛中很受欢迎，对于需要高牵引力速度赛来说，这种场地就可以保持湿润，并且可以更加压实或耙成松散的混合物，以便进行滑行停止和转弯等动作。

其他材料如木材和橡胶，可以与沙子混合，以克服单独使用沙子时遇到的一些困难。添加到沙基中的木制品将增加保湿能力，提高牵引力，同时增加一些缓冲作用。橡胶为沙基增加了缓冲，并可通过减少沙粒对沙粒的磨损来延长沙的使用寿命。虽然橡胶可以为磨损的沙基增加一些垫层，但对于旧沙和被侵蚀沙，更好的解决办法是丢弃失效的表面材料，用新的混合物代替。对于已经失去使用价值的地面材料，添加橡胶是一种相对昂贵的选择，最好是将其替换掉。

二、石粉

石粉提供了良好的牵引力，排水良好，若保持浇水和耙平，它可以成为一个美观的表面。如果允许干燥和压实，它将几乎和混凝土一样坚硬，当在室内使用时注意湿度管理。如果不是在整个基脚深度保持湿润，石粉则会产生非常多的灰尘。对于基脚材料，石粉（也称为蓝石、石粉、石灰石筛、风化花岗岩或白石）应在狭窄的等级尺寸范围，以便不容易压实。石粉是竞技场基底准备中使用的路基材料的更精细版本。如果所在地区的石粉分级良好且适合作为压实的基础材料，那么它由于很难保持松散，不适合作为地基材料。相比之下，当石粉不可压实时，它可以成为合适的竞技场基础材料。

与橡胶混合的石粉将提供比单独的石粉更不紧凑的基脚，同时保持石粉提供的高牵引力以快速改变方向和速度，例如起跳和落地活动。

三、木制品

木制品可用作主要的基础材料或与其他基础材料混合使用。木屑或粗木屑将为全无机基脚（沙子、石粉）提供主要的缓冲和保湿能力。木制品变化很大，不仅全国各地不同，甚至同一个木材厂的不同批次也不一样。任何木制品最终都会分解，因为它是有机的，而越来越小、越来越软的木制品会分解成越来越小的颗粒，最终导致地基被压实。随着旧木材的分解，预计每隔几年就会添加更多的木制品。最终，可能需要移除一些基脚以保持适当的深度。

人造木制品可用作主要的基础部件。全木基脚采用纤维交织材料提供缓冲，以获得牵引力。木质基脚材料包含比木屑或锯屑更大更长的碎片，这些碎片更耐用，正确安装后几乎不需要维护。木基脚由 0.5～1 英寸的细长部分，或是由木纤维和一些更细小的木屑混合而成，用于将木质基脚编织到基底材料上。全木基脚通常安装在 1 英寸厚的湿洗角沙层上，以进一步将木片固定在高度压实的基底表面。硬木制品比软木制品耐用。不要使用胡桃木和黑樱桃硬木制品，因为它们有剧毒。由于这个原因，并且为了控制装运过程中污染物（大木块、钉子、地面托盘上的钉子等）的质量控制，建议从专门供应马场基脚的制造商处购买木质基脚。与基于沙子和石粉的基础材料相比，全木质基脚的一个优点在于降低了马蹄的磨损。材料必须保持湿润，以保持木材之间的黏附性。完全干燥的全木材基脚很滑，由于木材变得更脆，不能有效地交错牵引。相比之下，大块全木基脚（例如，大块树皮或大于 1 英寸见方而不是细长的木头）在过度潮湿时会变得滑。

四、橡胶

回收的鞋子或轮胎中的橡胶可以被磨成小颗粒。橡胶来源可能有所不同，因此应使用马蹄材料供应商提供的产品。需确保切碎的产品不含金属（来自钢带轮胎）或其他异物，或者在交付时检查货物。研磨橡胶通常与沙子或其他表面材料混合，以最大限度地减少压实，并在表面添加一些垫层。橡胶制品不会像木头一样降解，但会通过与沙子和马蹄摩擦而分解成更小的碎片。它能够使室外竞技场的表面颜色变暗，减少眩光，并通过吸收更多的太阳辐射，在冬季能更快地解冻表面。纯橡胶往往太有弹性，黑色会给户外竞技场的使用者带来很大的热量。室内竞技场用户可能会注意到有橡胶味，但这样能够防止马误食。橡胶块会漂浮，在大雨时会分离并脱离基础材料混合物（图 17-2）。这只需用表面处理设备重新混合即可。以每平方英尺 1～2 磅橡胶的添加速度将其加到沙子或石屑中。碎屑状橡胶块适用于减少沙土或石粉混合物的压实。平坦的橡胶片（或纤维）将有助于交织在一起，形成一个需要更大稳定性的干

图 17-2　在大雨过后，橡胶片可以浮到基础混合物的顶部。橡胶必须用表面处理设备重新混合到这种碎石混合物中

净地基。橡胶纤维基本上将整个基脚深度编织在一起，形成一种不像纯沙子那样容易移动的材料。

第四节　具有挑战性的基础材料

一、表层土

由于当地土壤类型的差异，表层土很难界定，但因其用于种植作物或草皮的特性，使其不适合用于竞技场基脚。不建议使用表层土的原因在于，它是一种广泛分级材料，易于压实。表层土是黏土、壤土（淤泥）、沙子和有机材料的混合物，提供了很多细颗粒，干燥后会产生粉尘问题。随着时间的推移，有机质进一步分解，加剧了灰尘问题。含有大量黏土的表层土湿滑，干燥时变硬。并不是所有的表层土都能很好地排水，因此大雨过后需要比前面讨论过的表面材料更长的时间才能再次骑行。当原生土壤中含有大量沙粒（超过50%）或与沙子混合时，沙砾可以继续得到充分的利用。

二、畜栏垃圾

畜栏垃圾（粪肥和垫料混合物）可以在很短的时间内用作竞技场的基础，并且是公认的廉价材料。因为它几乎完全是有机物质，所以它会布满灰尘并迅速分解成小颗粒，容易被压实。尘土飞扬的污垢和吸引苍蝇的可能性将是一个值得关注问题。如果畜栏垃圾中含有大量粪便，气味会很难闻。被分解的尿液和粪便释放出的氨气对马的呼吸系统不利。在室外竞技场，潮湿的畜栏垃圾会很滑。即使在室内竞技场，当保持足够的湿度来抑制灰尘时，畜栏垃圾表面往往也会很滑。它至少需要每年更换一次。

第五节　就地取材

当地基础材料价格较为廉价的原因在于，由碎皮革、工业副产品和矿山废料组成的基础材料已经被用于竞技场建设。将前面提出的良好基础标准与当地材料的特性相匹配，以帮助确定材料的理想程度。

第六节　值得尝试的基础配方

这种沙子和木材产品的结合已经成功地在宾夕法尼亚州立大学和许多私人竞技场使用。
1 000 英尺^2 竞技场场地的配方：
- 沙子的密度为 100 磅/英尺^3
- 12 吨沙子铺设 3 英寸深
- 8 吨沙子铺设 2 英寸深
- 木屑的密度为 15 磅/英尺^3
- 1.25 吨（或 6 码）沙子铺设 2 英寸深
- 0.5～0.75 吨（或 3 码）沙子铺设 1 英寸深
（一个"码"是一个立方码或 27 英尺^3）

第七节　基础材料的特征

表 17-1 列出了几种常见基础材料的特性。这些特征代表专为良好的竞技场基础而选择的特征（例如潜在灰尘）。你可以看到为什么木制品会被添加到一个基脚，以增加保湿能力，为什么橡胶块或沙子会被添加，以减少压实。图 17-3 给出了位于宾夕法尼亚州中部商业登机设施的六个室内竞技场场地的基脚颗粒尺寸分布 [颗粒尺寸分布决定了复合材料（如竞技场基脚）中颗粒直径的不同范围]。注意，两个沙质竞技场的粒度分布非常不同。这强调了为什么应该在竞技场的基础上，对想要的沙子（或任何其他材料）的类型有明确的要求。有些材料出售时带有粒度分布分析。将混合物中的细颗粒或直径小于 0.1 毫米的颗粒保持在最小值是很重要的。灰尘是由黏土和淤泥颗粒组成的，在混合物中应保持 5% 以下，其直径为 0.001～0.005 毫米。而直径为 0.05～0.25 毫米的细沙和极细沙在干燥时也会产生粉尘。且粉末越多，产生粉尘的可能性就越大。

表 17 - 1　骑行竞技场地基材料的特性

材料	前期的使用	缓冲或压实阻力	改善牵引	灰尘	排水	保水性	潮湿路滑	冻趋势	耐久性	研磨料	可维护性	花费
沙子	地基	H	M	L	H	L	N	L	H	H	L	M
木头产品①	地基	H	M	V	M	H	V	V	M	L	M	L - M
	增加保水性											
石粉	地基	M	H	H	H	L	N	L	H	H	M	L - M
	压实基底											
橡胶片①	预防过度压实	H	M	L	H	L	N	M	L	L	L	H
土	增加稳定性	L	V	V	V	V	Y	H	H	M	H	L
废弃物品	地基	M	L	H	L	H	Y	V	L	L	H	L

注：L 表示低，M 表示中等，H 表示高，V 表示变量，Y 表示是，N 表示否。
①当材料从专业的马蹄铁供应商购买时，潜在的污染物减少。

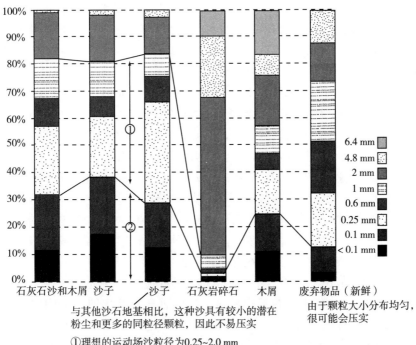

图 17 - 3　六种室内骑行竞技场地基材料的粒度分布。减少细料的用量将降低粉尘的潜在危险

第八节　除尘管理

　　骑行竞技场，尤其是室内竞技场，都被灰尘问题所困扰。灰尘会刺激眼睛和鼻子，并对马和骑手的呼吸系统造成影响。据估计，一匹闲着的马每分钟吸入 16 加仑空气，在剧烈运动时，每分钟可吸入 600 加仑空气。为达到抑制灰尘的目的，尽可能减少空

气中的灰尘量应该是材料选择和后续管理的首要任务。除了对马和驯马师的呼吸刺激，灰尘覆盖了竞技场附近的所有结构和设备。当很大一部分细颗粒松散并飘浮到空气中时，灰尘就会从表面升起。自然，轻颗粒比重颗粒更容易悬浮。通过以下三种方式减少轻质颗粒：

1. 通过仔细选择基脚材料，消除基脚混合物中的细颗粒，如淤泥、黏土或细沙。即使是粗糙的材料，如沙子和木制品，也会随着时间的推移分解成许多细小的颗粒，因此后期的维护对于减少灰尘至关重要。在一些基脚混合物，为了增加牵引力和保水能力，特意添加了 10%～30% 的这些材料；但是要意识到，为了抑制粉尘，需要经常进行防尘管理。如果细粒含量较高，则应部分或全部更换材料。在粪肥混进去之前，先把它移走。粪肥会分解成细小的颗粒，造成灰尘问题。

2. 用简单、便宜和环保的水润湿颗粒以增加其重量。由于室内竞技场不下雨，设施经理必须负责湿度控制。水分的保持和蒸发取决于地点和季节，因此每周检查湿度水平非常重要。能够容纳更多水分的材料可增加浇水与活动之间的间隔时间（本章下一节将详细介绍浇水）。

3. 提供一种将颗粒黏合在一起的添加剂。很多骑行表面添加剂都可用。可以使用保湿剂或对表面进行修改，以在干燥的地方捕捉和保持更多的水分。木屑和其他有机材料作为第一道防线能很好地保持水分。合成或天然（如椰子）纤维可用于基脚颗粒缠绕，将材料黏合在一起。类似猫砂的晶体可以吸收相对大量的水，然后在干燥时将水分释放到周围的基脚材料中。水添加剂可以减缓蒸发，增加水分渗透，或促进微生物在基脚材料上生长，以获得水分和结合活性。泥炭藓含有大量的水分，并且在保持湿润的情况下，它能有效地黏结地基混合物。一旦泥炭苔藓干了，它就不再具有黏合能力，变得松散，可能会变得很滑。完全干燥的泥炭藓是疏水的，需要相当大的努力来重新湿润。

油基产品（如棕榈油、椰子油、矿物油和大豆油）可以减轻重量或将细颗粒黏合在一起，类似于水的作用。第一层用来覆盖所有的基脚颗粒，以增加它们的重量。随后每年或每两年一次的用油量大大减少，以覆盖新形成或已经磨掉原始基脚颗粒上的颗粒。随着时间的推移，植物油会变得腐臭。使用废机油会对环境造成危害。蜡或药物级石油涂层是一个很好的选择，其持续时间更长但成本更高。后者具有类似凡士林的特性。这种石油涂料在两次使用之间能保持 10 年左右，不仅能抵抗紫外线还不会变质。

盐可作为吸入空气中的水分的基脚材料。与普通食盐氯化钠（NaCl）相比，氯化钙（$CaCl_2$）和氯化镁（$MgCl_2$）更便宜、更有效。其有效性在于氯化钙和氯化镁具有三种可用于结合水分子的离子，而氯化钠只有两种离子。盐的应用已经失去了作为保湿添加剂的优势，因为它会使马蹄变干，而且作为一种盐，会腐蚀金属，如室内马场的侧壁和与尘土一同扬起时接触到的结构支撑物（在北方寒冷的气候条件下，这些盐仍然有效且常用于降低基础材料的冻结温度）。盐的使用率是每 1 000 英尺^2 竞技场使用 20～50 磅。随着浇水或降雨，盐会从土壤中渗出，因此需要补充。

第九节　水的利用

给基脚材料浇水可以降低灰尘水平，并可以给松散的沙质或木质基脚带来一些牵引力。频繁的深层浇水将是常规竞技场维护的一部分，因此应提前计划好，使其成为一项不那么艰巨的任务将会有长期的好处。这样做的目的是使材料在整个过程中保持湿润。

浇水要保持地基均匀湿润，深度为 3 英寸。一旦场馆的湿度适于骑马，就使用园艺用品商店的计量器来确定湿度，并在以后的浇水过程中努力达到这一湿度。给竞技场浇水就像给花园浇水一样，不需要淹没它，也不能仅仅弄湿顶部。浇水时要频繁，短时间内浇大量的水。干燥期是为了让基础材料吸收水分。事实上，在再次使用竞技场之前，要留出大约 4 小时或一夜的时间，以便让水分渗透。一旦达到需要的湿度，再次浇水只需要重新润湿最上面的表面，因为表面比下面的地基干燥得快。浇水计划自然取决于季节（气温）、风速和室外竞技场的日照，以及室内竞技场的空气温度和湿度水平。当竞技场表面开始出现灰尘迹象时就浇水，可以保持底层的湿度。每周检查一次湿度水平，例如在高温低湿的干燥环境中或竞技场表面风速较大的情况下，检查应更频繁。室外竞技场中，在阳光直射的情况下每天都会使顶层的基脚变干。

浇水系统包括那些需要持续或频繁人工参与以正确应用水的系统，以及那些自动化系统，一旦安装或设置，在浇水过程中几乎不需要人工关注。需要高度人工参与的浇水包括手持式喷头、花园洒水器和拖拉机安装的喷雾器（图 17-4）。自动化程度更高的系统包括吊顶式或柱式喷头和自动灌溉系统。

手持式软管浇水需要相当长的时间，而且水分添加不均匀。这样做的好处是，浇水的人可以根据场馆地表的干湿程度，或多或少地浇水。花园洒水器可以定时运行，并随着时间推移覆盖整个竞技场表面。这使得其他的杂务可以由操作员来完成，但是在覆盖范围上可能没有手持技术那么统一。当洒水器在一个区域停留太久时，则会出现水坑。安装在拖拉机或皮卡车上的喷壶可以与表面处理配合使用（图 17-5）。应在竞技场附近设置一个防冻消防栓，以供应软管或洒水器用水。消防栓是一个方便的水龙头，用来给水箱注水，水箱由卡车或拖拉机拖着穿过竞技场。

图 17-4 拖拉机或装载水喷淋罐：一种自动润湿竞技场表面材料的方法

图 17-5 为了有效抑制室外竞技场表面灰尘，大量的水是必要的。为了充分抑制灰尘，需要湿润的不仅仅是土壤表层

自动竞技场浇水由一个永久安装的洒水系统提供，该系统位于室外竞技场的周边或整个室内竞技场的屋顶框架内，或由室内和室外竞技场的机械化田间浇水设备提供。竞技场

的宽度和可用的水源决定哪种系统最有效。

园艺级或农业级洒水系统（齿轮驱动转子或冲击头）适用于为马场表面提供相当均匀的洒水。室内竞技场中安装在天花板上的喷雾器产生水雾，其覆盖范围均匀。在冰冻条件下需要安装防冻装置。景观洒水器可以安装在室外竞技场周围，使水能喷洒整个场地（图 17-6）。室内或室外洒水装置的间距取决于特定喷嘴的预期覆盖模式。侧装式喷水装置需要较大的流量才能将水喷射到50 英尺以上的距离。更大的喷洒距离提供了不均匀的水应用，在相邻的润湿圆或半圆之间有未润湿的表面区域。对于室内竞技

图 17-6　园艺类洒水装置可用于室内和室外竞技场自动化表面浇灌的过程

场，由于侧装式喷头配水不均，导致部分区域用水量过大，由于室内竞技场基地不具备排水功能，因此这将是一个值得关注的问题。洒水装置可根据需要启动或由定时器控制。

竞技场表面材料可以通过现场浇水设备湿润。对于场地较大或水源较少的场地，柔性软管移动系统是一种有效的选择。但缺点是每次使用移动软管时都必须安装。一旦安装完毕，它将在无人值守的情况下运行，洒水车上的移动软管到达软管卷盘后自动关闭。它的优点是比周边安装的洒水装置配水更均匀，并且可以通过室内和室外场地浇水，使其效用加倍。自动系统的安装和维护成本是基础浇水中最高的，但劳动力明显减少。

在寒冷的气候下，冬季浇水是一项挑战。水太多会使基脚冻硬，水太少则灰尘会普遍存在。这对于室内竞技场来说是一个特殊的挑战，骑手们希望室内竞技场的地面全年都可以使用。随着寒冷天气的临近，管理人员可能会选择减少室内运动场的用水量。在可能冻结的情况下，使用不会压实的基脚材料的优势更为重要。过量的水可以通过排水良好的材料，如沙子，而不会将颗粒结合成固体。许多室内竞技场管理人员在冬季使用盐来降低基脚的冰点，在天气变暖时停止使用。

第十节　表面养护

竞技场使用期间，马的不同运动方式将导致基础材料变得不均匀。竞技场的密集使用区域受到的碾压最严重。根据骑行规律，高交通区域一般位于竞技场对角线上，靠近桶或杆及中心线。密集使用区域的基础材料将会因为马的踩踏而被甩出道路，而剩下基础将被更紧密地压实。在高密度运动区域，基脚材料几乎完全消失，而马在底层材料上运动，这种情况并不少见。这是非常不可取的，基脚应该在高度压实的基底材料上提供缓冲。马蹄接触基底会造成基底产生永久的痕迹，修复费用高。靠近跳跃的基脚也会被压实。令人惊讶的是，骑术教练站的位置是竞技场中最紧实的地方之一。

可以用设备拖曳的方式将不均匀基脚进行重新分布（图 17-7）。计划每周至少去一次竞技场，或者是一周进行三次或三次以上的轻型竞技，一般在比赛之前就应该进行拖动平整。经常使用的竞技场需要每天一次或多次拖动表面。一旦基脚受损形成了较深的痕迹

路径，就很难修复。在高密度运动区痕迹很常见，但频繁地重新分布基脚可防止继续损坏。室外竞技场围栏线处的基脚堆积会减缓地表水的排放。为了减少平整的时间，应使用适当的设备提高效率，这些设备应方便连接动力，并可以根据基脚情况调整重量。

有几个方法可用于将竞技场基脚平整至原位。采用拖拉机牵引的铁丝网（增加重量）或木制的轻耙足以处理松散的基脚。但拖曳装置如果不能在平整后自主抬起释放基脚材料，会将基脚材料拖出竞技场，因此在出口前需要将拖曳装置抬起，以防止基脚材料被带出运动场。颗粒较细

图 17-7 需要频繁地使用装备来对骑行表面进行调整，以重新分配基脚，均匀覆盖基层材料，并且在某种情况下松动压实的表面材料

但较重的基础材料如沙子和石粉，可以使用短齿耙进行平整。尖齿是底部扁平的钝钉。强烈建议使用可调节的尖齿，这样可以重新平整和松弛整个基脚的深度，同时不会破坏基底材料。耙齿的调整需要匹配磨损和压实时的基脚深度，可以对多种场地的基础材料进行平整。确保尖齿设置长度足够短，以使它们不会穿透底层材料。因为这个基底昂贵，如果在平整时不小心挖到了基础材料，修复成本也很高。较重的耙子可以使用三点牵引装置。

本章小结

由于没有通用的成功骑行竞技场地表面材料的配方，了解建设竞技场的物理原理可以选择更好的材料。一旦安装好，就要学会管理基脚材料，因为每种材料和混合材料都有优缺点。基脚会随着时间的推移而改变，因此，要适应并相应地管理基脚材料。了解表面维护的原则，以及知道何时需要修改或更换基脚材料。选择坚硬、有棱角以及冲洗过的沙子，以保证松散基础成分的稳定性。添加约 5％ 的细粉将有助于将沙子黏结在一起，但需要对粉尘进行管理。良好的基础要求在防尘和表面处理方面进行定期管理。

第十八章

室外骑马竞技场的设计与建造

一个 100 英尺×200 英尺的室外竞技场被认为对各种骑行都很有用。小于 60 英尺×120 英尺的竞技场不宜进行剧烈活动。当然，一些比赛科目有共同的竞技场尺寸（表 18-1），例如 20 米×60 米（66 英尺×190 英尺）的标准盛装舞步竞技场。竞技场占地面积大于竞技场骑乘场地尺寸，因为该建筑将包括骑乘场周边以外的附加垫和排水设施。

表 18-1　建议竞赛活动的竞技场尺寸[①]

竞赛类型	宽（英尺）	长（英尺）
建议尺寸		
桶赛	150	200
障碍赛	100	300
套绳	150	300
自由赛	60~100	120~200
规定尺寸		
USEF[②]小	110	220
USEF[③]标准	120	240
USEF[④]小 20×40	66	132
USEF[⑤]标准 20×60	66	190

① 在竞技场表面以外的所有方向上继续将场地分级定为 2~20 英尺，作为场地衬垫，以缓解场地使用的压力，并适应场地外的排水。

②③ 美国马术联合会，前身是国家马表演协会（NHSA）。

④⑤ 美国盛装舞步联合会。

第一节　组建和位置选择

室外骑行竞技场由骑行表面和支撑骑行表面的底层材料基础层组成，尽管围栏或栏杆可选，但通常会使用它们来指定骑行竞技场的周边。附加组件通常包括用于防尘和洒水系统，也有用于黑夜骑行的照明设备，还可以为观众提供座位。

对于室外竞技场场地的选择，尤其是与排水管理相关的场地选择是必不可少的。选择尽可能平整的场地，以降低挖掘成本。甚至需要建造一个平整的场地，以便于排出骑行表面上的降水。所有的竞技场都需要一定程度的倾斜才能有效排水。

室外竞技场"场地"包括外部和向上斜坡，以便于排水。平整场地或安装周边排水系统，使地表水和地下水不会进入场地。将流入竞技场场地的地表水转移出去比在竞技场表面下安装精心设计的排水设施要重要。

场地要离马厩足够近，以方便使用，并尽可能选择远离围场和牧场的地方。因为竞技场活动可以刺激被训练的马，放牧的马也可以让竞技场内的马分心。比赛场地应与交通或活动分开，以减少噪声和干扰。为马和地面维护设备提供一个全天候的车道，以便进入竞技场。

第二节　最简单的竞技场

最简单的室外竞技场建筑仅使用压实的底土作为基础，并有一个分级、良好的排水系统。从竞技场区域去除表层土，根据需要调整底土的等级以促进排水，再次压实底土后，添加沙子并平整后作为基脚。最初从铺设 1.5～2 英寸的沙子开始（取决于骑行规则）进行压实。每次再增加 0.5 英寸，直到达到一个合适的基础。每次添加 0.5 英寸厚的材料更容易获得最佳效果。这种只有压实基底层和松散的基脚材料的双层竞技场，足以满足休闲骑行。简单的双层竞技场并没有适合所有天气条件的骑乘场地。在基脚下增加一个基层可为骑行表面提供更大的稳定性，并且除了极少数极少使用的室外竞技场以外的所有竞技场，这一做法都是推荐的。

为了提供全年的骑行场地，需要仔细进行场地准备。场地选择和准备是与竞技场场地耐久性和维护成本有关的最重要决策之一。

第三节　竞技场的使用

马的数量和用途将决定竞技场建设的复杂性和费用水平。如果不是每天都使用，那么一个简单的构造就足够了。但是，一个由板材建造的展示马厩将需要更复杂的多层基础表面和更细致的排水系统，供全年日常使用。频繁使用的竞技场应考虑最耐用的建筑，最初投资大，但从长远来看，成本更低，维护更少。即使是简单的、不常使用的竞技场也参照这里提出的建筑原则，以避免重建和维护带来的麻烦和产生的费用。尽管施工简单或骑行使用有限，但坡度和排水仍然是重要的问题。《基脚》［美国马术联合会（USDF）］对不熟悉竞技场建造技术的承包商来说很有帮助。熟悉道路施工和具有实践经验的承包商会对室外竞技场场地的施工感到满意，因为类似的技术也适用。

第四节　降水运动坡度

为骑马竞技场场地各个方向上的中心线拱顶或最高点提供 1%～2% 的坡度。只要径流水可以在它聚集的地方被处理，那么这种中央冠顶设计就能为水提供离开竞技场的最短路径。较短的水流路径意味着表面物质移动的机会较小，相比之下，在其他竞技场斜坡设计中，较大体积的水流将会通过较长的路径。对马和骑手来说，2% 的坡度通常是最好的，较为平坦，但仍要提供足够的坡度让水从场地流出。

有些马能够察觉到坡度的变化，对于盛装舞步这种高度训练的骑行方式来说，1%～

1.5%的坡度是最佳选择。在降水较少的地区，可以容许1%的斜率。在某些情况下，场地地形不利于高中心冠排水，因此竞技场可以在任一个方向上均匀倾斜1%~2%。在成本方面，尽可能减少表面材料移动，并在最短尺寸方向上提供坡度，以实现最低成本。但是，肉眼几乎无法分辨，需要使用测量设备来获得这个1%~2%的斜率（室内竞技场场地是平整的则可能不是为了排水而建的）。水不应存在场地内，如果水停留在竞技场的某个地方（图18-1），那么这就是一个低点，则需要改变高度或坡度来解决这个问题。

图18-1 当室外马竞技场的表面的路拱（或斜坡坡度）不足时，水会聚集在低处。没有足够的基础准备，在大量的被使用的竞技场场地形成低洼区域

第五节 地 层

在很多方面，建造室外竞技场表面与建造道路类似，因为两者建造质量均取决挖掘、压实和材料分层的质量和工艺。它们主要的区别是竞技场的最表层是松散的基础材料，而不是沥青。对于耐用的道路或场地建设来说，使用适当的技术对基底层和基础材料进行仔细的场地准备和压实是很有必要的。建议将室外竞技场建造成能将雨水和融雪从骑行表面流走并远离场地，而不是设计成允许水通过基层垂直向下流入排水沟。以下讨论假定为水平方向的水流运动而进行的施工。

一、室外竞技场建造要点

1. 确定竞技场的大小。
2. 选择功能位置的站点。
3. 清除表层土。
4. 建立或修改场址以方便排水。
5. 对底层的原生土进行分级和压实。
6. 添加级配良好的基层材料；选择斜坡，铺设成4~12英尺厚的地基层并压实。
7. 在周边安装围栏或栏杆（可选）。
8. 添加松散的基础材料作为骑行表面。

竞技场建筑成本差异很大，但粗略估计，一个全尺寸盛装舞步竞技场仅材料费用就需要大约 10 000 美元。这一费用仅包括 6 英寸的石粉基础材料和现场倾斜的 2 英寸的沙基脚。如果建议的竞技场场地位于能提供竞技场基础和基脚材料的区域，则该粗略成本不包括长时间的货运。该项开支仅用于材料，不包括使用交付的材料以及进行场地平整和竞技场建设的额外成本。

建造室外竞技场表面与建造道路类似，因为两者建造质量均取决于挖掘、压实和材料分层的质量工艺。

二、地基垫层

建造一个倾斜的基底层（垫），以支撑上面预期排水层。所有表层土将从竞技场、排水沟及其他受竞技场施工影响的区域移除。植草沟通常作为下层土推运区，用于在平整表面下建造基底层垫层。该垫层在所有方向上需要比计划的最终竞技场规模长 2~20 英尺，或远远超出周围的围栏（图 18-2）。此建议相对容易实现，因为基底层坡度通常延伸至路面以外，作为排水沟的一部分。

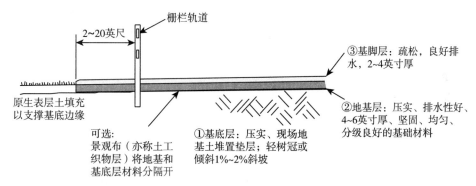

图 18-2 室外竞技场的建筑是倾斜的，用于地表水的排水，包括一个紧密的基底层和地基，以支撑骑行表面材料

基底层坡度为 1%~2%，以将地表水从竞技场场地移出。此基底层需要使用至少 8 吨甚至更重的压路机进行压实。推土机或前端装载机将无法提供足够的压实度。通常，将压路机引入到较合适的压实位置比花费大量精力压实多次，使用不合适的包装设备将下层土提升更具成本效益。基底的压实度至少应为 92%。压实增加了基底的密度，这使其不易受雨水、冰冻和马活动的影响，使得竞技场地基上形成坑的可能性较小。

三、地基

地基（或基层）是竞技场的基础，支撑着马运动的重量和冲击力，它还可以为基底层提供保护。

1. 材料

基础材料由石灰石、蓝石或白石组成。根据地区的不同，其他名称的基层材料可能会占优势，但要求"道路基层"混合是一个良好的起点。建议使用工程中的碎石材料。这种材料是许多大小不一的颗粒组成的集合体，不易打滑，一旦压实或湿润也不会膨胀。基础材料必须是一种分级良好的材料，能够很好地填充，并且需要能够将水从最顶端的竞技场基脚水平地排出。即使是适当压实的基层也能让 5%～15% 的水渗透通过，但目标是排水。对于排水不良的基底层，基层材料必须起到介质作用，使水能够水平流过基底。

使用骨料不超过 0.25 英寸的基层材料，这样大到伤害到马蹄的石块就不会进入基脚材料。选择含有至少 10% 材料的基础混合物，该混合物将通过 200 目筛，以确保较大颗粒之间的有效胶结。优选具有 15%～16% 的材料，该材料通过 200 目筛以便适当地黏合基础材料。沙子比例高或粒度均匀的混合物不会被压实。

尽量选择和所选竞技场表面基脚材料颜色具有强烈对比的基础材料。这将有助于通过视觉评估竞技场的故障点，并有利于维护。人们也容易看到基底材料是否已经进入基脚。

2. 建设

将地基和基底层延伸到竞技场围栏线 2～20 英尺之外，类似于一条铺好的路肩。这样做是为了防止竞技场的边缘在马沿着铁轨工作时被破坏。2 英尺的尺寸是将马蹄的冲击沿着竞技场轨道通过周围的基底材料消散的最小可接受尺寸。如果提供的基础材料尺寸为 10～20 英尺，则可以容纳马在周围的赛道热身。尽可能将基底材料压实至接近 100% 的压实度，但 95% 的压实度是比较典型的。如果准备得当，基层应该是光滑的，看起来像沥青。事实上，有些竞技场使用粗沥青作为竞技场基础。在安装基层之前，先安装竞技场的围栏和立柱。

基层通常为 4～6 英寸厚的压实深度，由分级良好的材料制成。基底层越软，所需的基层深度就越大。对竞技场表面的使用和磨损越多，就需要越深的基底。跳跃竞技场或同时有许多马的竞技场可能需要 6～12 英寸厚的基层。基层的坡度与基底层的坡度相同，即使是在适当建造的场地，也需要对基层进行维护。如果在日常表面维护过程中基层受到损坏，或者基层在深度浇水或大雨后没有得到充分干燥和硬化，那么在高交通量或受冲击区域可能会出现问题。

竞技场施工的最后一个步骤是在排水沟上均匀铺上一层表土，以便植草。表层土的铺设要与基层材料边缘的整个深度相接并起到支撑作用。该界面被碾压成一个完整的结合点。这种基底边缘的设计在使用天然材料方面比建造木材护圈更具成本效益。如果场地不允许 2 英尺长的木料，可使用木料支撑竞技场周边围栏线处的基层材料边缘（图 18－3）。从场地表面流出的水将在木材和基层材料之间流动，导致基层材料流失，因此基层边缘的维护是必要的。如果基层没有延伸到围栏周边之外，增加木材固定器是对基层边缘无支撑的改进。

3. 多孔基底选择

对于奥运口径的竞技场，需要有 1% 的低坡度，在大降雨期间和之后立即使用（只有 7%～8% 的材料通过 200 目筛网）。可以提供具有更多孔的基础材料，使 25%～30% 的表面水分渗入（尽管较常见的竞技场设计是为了分流雨水，但水的运动量为 5%～15%）。对于这种更具多孔性的竞技场结构，大多数雨水可以通过 1% 的竞技场冠状浅坡来排出，但是多达 1/3 的水将流经基层到达砾石层，以便使水从水平方向向竞技场场外流动。基底层倾斜 2%，以便更好地将水从现场通过砾石层排出。2% 的坡度可以通过组合材料将基层和表面材料之间的坡度调整为 1%。这显然是一个昂贵的竞技场建设。

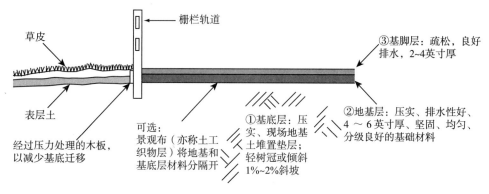

图 18-3　如果不能将竞技场衬垫延伸到骑行表面以外至少 2 英尺的地方，
则在竞技场周边的木板或木材可以用来固定基层和基脚材料

四、土工层

土工层包括室外土工结构或基底和基底层材料之间的一层结构（图 18-2）。这种结构足够结实，可以将两种材料保持在适当的位置，防止成分混合。由于雨水排出时往往会向下携带小颗粒，冻融循环会向上提升材料，因此室外竞技场的材料移动问题比室内竞技场更大。添加土工布层后，基层分级良好的骨料最终不会向下进入基底层，基底层中的任何岩石也不太可能向竞技场表面移动。当在基底层顶部使用土工结构时，也更容易压实基层。该结构还在传统的强压缩和弱拉伸的竞技场基础结构中增强拉伸效果。其结果是形成了一个竞技场基层，使表面载荷分布在更大的区域，从而减少了局部基层故障。这些特征将减少坑洞的形成。土工结构的材料铺设在基底层上，相邻结构的边缘有 12～18 英寸的重叠。一个 4～5 盎司聚酯无纺布过滤织物建议用于竞技场建设。土工织物的孔隙会被细小的土壤颗粒堵塞，因此建议将它们都用于预期有水流过的地方。对于竞技场施工，水在斜坡表面改道，预计不会向下流经基层。加上一层土工结构大约增加 10% 的施工成本。

第六节　水　管　理

邻近土地的径流需要通过分流沟、排水沟排走，或将竞技场建置在高地上，以便从竞技场区域分流。地面上的降水需要通过基础向下排放，并由基层水平引走，因为它不能有效地渗透通过高度压实的基层和基底层结构。显然，高的地下水位会使竞技场的表面变得柔软，不可取。选址应避免饱和土壤区、低洼地区或洪水泛滥的平原地区，尽管它们作为平地会很有吸引力。

不建议在竞技场内或地下排水沟排水，如果遵循前面提到的做法，将是多余的。与依靠竞技场地下的排水沟相比，倾斜排水和转移来水更为重要。竞技场表面的排水沟会堵塞。如果竞技场建在比周围地面高的地方，通过地面倾斜可以排出雨水，多余的水可被转移并从竞技场边缘排出，无须在竞技场表面下方设置排水沟。

确保水流绕过场馆，而不是穿过场馆，并确保降水可以流走。可以参考以下几点建议：

1. 转移竞技场的地表水。
2. 施工应在地下水饱和的土壤之上进行。
3. 通过倾斜地面来促进降水从竞技场流出。

一、地表水

分流沟渠可以收集或分流从较高区域流向竞技场的地表水，防止竞技场被水淹没。铺有草皮的洼地是浅而宽的沟渠，位于骑行区的一侧（图18-4），它们起始深度通常为6～12英寸，宽8～20英尺，这取决于它们所要处理的水量。它们向可以排水或集水的区域倾斜1%～2%。如果可能的话，侧面应该以约1:3（垂直:水平）的角度倾斜到洼地底部，并且应该种植草皮。洼地底部应该足够宽，以方便割草和维护。较陡的斜坡可以用大直径排水岩石覆盖。如果需要安装排水岩石，那么沟渠应该用栅栏围起来，以防止马被不平坦的岩石表面划伤。同

图18-4 从户外场地或其他转移的方法转移表层水

样，围栏可以防止马蹄撕裂和踩踏草皮洼地的地面，也能延长其使用寿命。洼地可能会比周围地区潮湿，因此更容易被马来回践踏损坏草皮。竞技场周边的排水分流设施为竞技场内的活动区域和周围的围场之间提供20～25英尺的缓冲区。

此外，还需要排水集水设施来控制从竞技场场地流出的降水。室外竞技场的排水沟可以建造成渗透区或植被过滤器。它可以是一个长的、长草的缓坡河道（洼地），也可以是一个宽阔、平坦、坡度很小或没有坡度的区域。马场更有可能采用斜坡式渠道。渗透区域不需要很复杂，但需要对植被进行维护管理，以保持植被覆盖。前面讨论的洼地通常具有双重作用，除了聚集和疏导从周围地区流入竞技场场地的地表水外，还能收集竞技场地表水。

二、地下水

地下水会削弱竞技场的基础（基层和基底层）。法式排水管是一种埋在地下的岩床，其最低处装有一根（可选的）穿孔水管。它通过在一个位置收集多余的水，并利用重力将水输送到多余的出口，从而帮助地下水流动，使多余的水可以方便处理。它位于竞技场外围。从最高收集点到出水口，法式排水系统的坡度可达2%。法式排水系统需要大量的挖掘工作，可以简单地清除竞技场附近多余的地下水。埋在地下的排水管存在细土颗粒堵塞这一潜在问题。在土工织物中包裹排水岩，既能让水通过，又能筛掉大部分细小的颗粒，但最终会堵塞，阻止水流进入法式排水沟。法国排水沟可位于洼地下方，以便同时处理地表水和地下水。

三、排水不良场地

饱和土壤将无法支持骑马活动，并在建造合适的竞技场方面带来了极大的挑战。应避

免场地排水不良和财产损失。有些场地和土壤条件如果不进行重大的水管理改造，将无法支持建筑或骑行活动。排水不良、饱和的土壤不能承受较大的重量。想想在相对干燥的土壤中行走和在饱和的土壤中行走的区别，我们称之为"泥泞"。泥浆不能承受重量，它会水平移动，留下脚印、坑洼和车辙。

对于一些马场来说，饱和场地是不可避免的。对于排水非常差或地下水位高的竞技场场地，需要提高到饱和土壤条件以上，或者需要在竞技场周边增加截水沟以降低地下水位。采用截水沟时，水处理在地下进行，而使用凸起的竞技场场地，则通过开放的狭窄沟渠处理从竞技场流出的水。内置式场馆垫层的一个优点是能够看到和监测沟渠与输出区域的排水情况。无论采用哪种解决方案都能很好地保持场馆基底层和基层的合理干燥。

1. 地下水

截水沟的安装降低了场地的地下水位，这样竞技场"垫层"就可以在饱和区上方干燥（图 18-5）。在竞技场周边安装拦截沟，深约 6 英尺，用粗砾石填充，底部附近有穿孔管。如果所选场馆有明显的下坡排水视角，无论深浅，都可以只在较长的竞技场一侧安装截流沟。在地势平坦的场地，可能需要在竞技场场地的长边和短边都设置截水沟，以便将侵蚀的地下水排出场馆。以 1% 的坡度将截水沟倾斜至可排放收集的水的区域；该区域可以是下坡、溪流（这是"干净"的地下水，不是含有颗粒物和营养物的地表水），或类似于化粪池系统设计的坑。如果场地地形是上坡，地表水和地下水在坡地和场馆相对平坦的地形交界处汇集，则需要设置截水沟来分流地表水和地下水。截水沟的间距最多可达 100 英尺，以便水从场馆中心横向流动的距离不超过 50 英尺。对于超宽场馆，在开始场馆基层施工之前，要沿着场馆中线安装第三条截水沟。这些沟渠用于收集和转移地下水，因此预计不会有大量的水通过竞技场基底材料流入竞技场下方的沟渠。

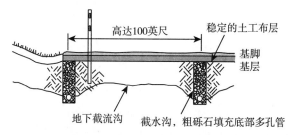

图 18-5　可以用拦截沟降低地表水

除有效降低地下水位的截水沟外，在压实基底层上方使用土工织物，以提供各层之间的横向张力支撑。显然，竞技场需要在大多数天气条件下使用，而由于在竞技场周边和土工织物层周围设置了深截水沟，这种设计导致竞技场建设成本高昂，且只有在相当极端的情况下才具有成本效益。最初提出"不要在低洼地区（饱和土壤）建造"的警告似乎更有道理了。

2. 加高垫层

对于排水不良的场地，第二种选择是加高场地，使场馆底部高出原地面 6～12 英寸，这一标高与建筑物场地排水系统的建议相同。这会让基底层和基层提升到含水饱和区以上，为竞技场场地提供具有足够承载强度的土壤，以满足骑马场的使用要求。竞技场的建造有一个坡度，可将雨水排出场馆垫层。在绝对平坦且地下水位较高的地面上，一旦清除表层土壤后，需要将大量填料运至现场，以将竞技场基底层提升至原始坡度，然后再高出6~12英寸，作为支撑基层的干燥平台。但在某些地区，移动大量填料来提升大型室外竞技场既不合理也不划算。

3. 碎石层

在长期排水问题较少的地段，基底层和基层之间铺设岩石排水层也取得了一些成功（图18-6）。该层由砾石组成，大部分可通过3/8英寸的筛网。这种类型的砾石可作为5号和7号石头的混合物出售，有时称为"57石"。在压实的底土上铺设一层6英寸厚的砾石层，可能需要使用抗老化织物层来保持基底层和砾石层的分离，这种多孔结构可实现水平排水。值得注意的一点是，在地下水位持续较高的场地上，这种集料砾石层会经常处于饱和状态，形成的砾石层仅能有效地将稀有地下水和侵蚀性地表水引离室外场馆场地。砾石层也可能是竞技场建设的一部分，它可以让水向基层材料渗透，但这种情况并不常见。

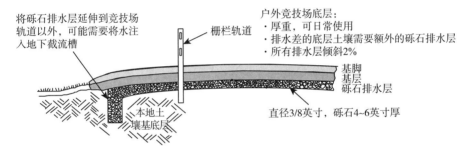

图18-6　对于底层土壤排水差的户外竞技场，则可在多层结构中增加一层砾石层，以利于排水

4. 室外竞技场围栏

大多数室外竞技场都有围栏来界定竞技场边界，但这不是强制性的，特别是在私人竞技场上。盛装舞步竞技场通常在地面上使用栏杆，且所使用的围栏或围栏的设计种类繁多。竞技场围栏的目的是为骑马者提供指引，它为马提供了一种封闭感，使其可以留在骑马区域。边界可能是对竞技场周长的一个简单建议，在一些环形表演区域采用较低的单轨设计，也可以是像围场围栏一样的大型围栏，用于圈出休息区。事实上，有些竞技场被用作岔道，但由于竞技场表面施工成本较高，且岔道会使马出现蹄部磨损、撕裂和粪便沉积的现象，所以这种做法并不可取。

通常，竞技场围栏应由坚固的柱子构成，不仅要足够明显且能起到抵挡马撞到围栏的作用，还应具有美感。大多数竞技场围栏都是用木头、硬乙烯基或金属制成的立柱式栏杆。表演场围栏通常会尽量减少栏杆的数量。在围栏内侧安装栏杆，可使表面更光滑，不会有柱子磕伤骑手的膝盖和脚。根据竞技场的使用情况，可能需要设置足够高的围栏来阻止马跳过。轻微向外倾斜的（10%）围栏可以让马沿着栏杆走，同时为骑手的膝盖提供一些空间。与室外骑马场相比，这种倾斜在圆形围栏建筑中更常见。因为可视性有限和存在马或骑手被缠绕的风险，所以钢丝网围栏并不常见。带有可视顶栏的马用网围栏是一种安全的围栏，几乎没有马和骑手被缠绕的风险。网状设计可为所有身高、无论是坐着还是站着的观众提供了良好的视野，还可以防止宠物和儿童进入。如第十五章所述，安全的材料和坚固结构的原则同样适用于竞技场围栏和围场围栏。作为围栏的基础，安装的柱子要足够坚固，通常是经过压力处理的木柱。竞技场围栏的边角可以做成圆角以引导马，也可以做成方形以方便训练。

竞技场大门通常由与周边围栏相似的材料制成，以减少干扰。围栏内应安装两扇大门，尽可能安装在相对的围栏线上。这可以选择不同的马进出模式，尤其适用于不同级别之间的表演场馆。竞技场地面维护设备可使用专用门，以避免马和车辆之间的冲突（图 18-7）。在裁判台或其他人类活动区域附近提供一个仅供人进入的大门或围栏，以便在不打开大型马和车辆大门的情况下进入竞技场（见第十五章）。

图 18-7　场地栅栏需要足够宽的门，以便于表面处理和设备进出

盛装舞步竞技场通常使用铁路轨枕或其他大尺寸木材而不是围栏来划定赛场周边。将 3 英尺长、直径为 1 英寸的固定杆以三根为一根的方式打入，以固定轨枕。盛装舞步竞技场是长方形的，没有圆角。

第七节　水　　电

室外竞技场场地需要电和水。提供给竞技场场地的电力相对便宜，并且具有诸如照明和音响系统等用途。需要用水来润湿竞技场表面材料以抑制灰尘。

一、电力

为室外竞技场场地提供照明，以延长竞技场的使用时间。在大多数情况下，照明的设计不是均匀地照亮整个表面，而是只提供足够的光以便看到表面和障碍物（图 18-8）。在简单的设计中，至少要在长边的 1/4 处（从每一端到中间的 1/4 的距离）的四根杆子上安装照明装置。在每个灯杆上安装两盏灯，以照亮朝向竞技场中心的灯杆左右两侧的区域。离地至少 12 英尺的灯具将高于骑手，并减少直射眩光；16～18 英尺的较高高度能更好地实现光线

图 18-8　在高杆上安装 HID 灯，为夜间骑行提供不直接照射的最少照明量

分布。在需要光亮、均匀照明的地方，可以设计更广泛的照明。高压气体放电灯（HID）与反射灯是最有用的户外照明设备。有关灯泡和灯具选择请参见第十一章。

二、水

在竞技场附近应设置一个防冻消防栓，以为软管或洒水器供应水。消防栓类似于一种方便的水龙头，用来给卡车或拖拉机拉过竞技场的水箱注水。自动场馆浇水可以通过沿周边安装的永久性洒水系统或机械化的田间灌溉设备来实现。竞技场宽度和可用水源是决定哪种系统最有效的重要因素。

园艺或农业级洒水系统（齿轮驱动的转子或冲击头）为室外竞技场地面提供相当均匀的洒水。它们通常沿着竞技场的两个长边安装，并被设置为以半圆形的方式洒水，喷水装置的间距基于特定喷嘴的预期覆盖模式而定。这些系统虽然具备自动操作的便利性，但喷水距离超过 50 英尺就需要较大的流量，因此不适用于宽度超过 100 英尺的竞技场。即使在 50 英尺的喷射距离内，水的喷洒效果也会变得不太均匀，在沿竞技场中线或相邻半圆之间会出现未被淋湿的条状表面。洒水器既可以根据需要启动也可以由定时器来控制。

竞技场的地面材料可通过机械化的田间灌溉设备来湿润。对于场地较大或水量较小的场地，软管移动系统是一种有效的选择。但存在着一个缺点，即每次使用时都必须安装移动软管。但相比于周边安装的洒水装置，它能更均匀地洒水，并且可以通过对室内和室外场地洒水，使其效用加倍。

第八节　观　众　区

为观众提供座位和防雨保护是非常值得赞赏的。座位可以是简单的长凳和户外家具。一个简单的、有屋顶的侧墙开放结构就可以提供防晒和防雨保护。哪怕是高出地面 2～3 个台阶的观看区域，都可以提高整个竞技场的视野。选址时还应考虑场地的地形，因为观众观赏区可以建在竞技场附近的斜坡上。根据室外竞技场活动期间的天气条件，观看区域可以配备辐射供暖、循环风扇和蒸发冷却等系统，以提高舒适度。

第九节　竞技场维护

一、表面平整

对室外竞技场骑行路面的保养和平整有两个功能。首先是保持垫脚材料处于良好的状态，以利于骑马；其次是保护竞技场基础结构的完整性。可以拖动竞技场的垫脚材料，以重新分配因马蹄作用而移位或压实的垫脚材料。此外，天气可能会将垫脚材料冲刷成不均匀的图案，因此还要在整个竞技场上均匀地铺一层深浅一致的缓冲表面垫脚材料。当表面基础变薄时，马蹄的作用会直接冲击基底，最终在基础材料中产生痕迹，从而危及基底的完整性。基底上的痕迹或其他坑洼对于保持基础材料的平整是有害的。基部需要高度压实的材料。但马在基础过硬的材料上活动时无法获得理想缓冲。还有一个很明显的问题需注意，就是在人流量大的地方（如竞技场栏杆周围）铺设垫脚。

表面修饰包括使用机械化和手持工具对基础材料进行平整和搬运。一般来说，表面修饰工具要么被拖在拖拉机后面，要么连接到拖拉机上。为了便于工具的定位和提升，可以在工具和拖拉机之间使用三点悬挂装置进行连接。针对地基材料的类型使用不同的工具，对于沙和筛分物等较重的材料，需要更有穿透力的疏通工具，而对于木制品或橡胶屑等较轻的地基材料，较轻的工具则能有效地重新分布。不同的工具要求操作员的技能水平相差很大，因需要较多的处理经验，尽可能使用无创工具来维护基脚材料和基底的完整性。这些工具不会将基底材料挖到地基材料中。可以调整齿的高度，以防止工具接触最下层基础材料。有些工具可根据不同的基底材料要求调整高度。

除了最先进的机械化设备外，可以使用手持工具，用于补充因大雨而被冲走的场地基础材料，或用于周边围栏柱和入口大门区域的精细工作。有关基础特性和维护的更多信息，请参见第十七章。

二、保留竞技场中的表面材料

通过马蹄部的甩动，基础材料会沿着围栏栏杆被抛掷在人流密集的区域。在竞技场表面的水流可以将较轻的基础材料冲走。第一道防线是频繁地将材料放回原位。但尽管如此，表面基础材料仍会在竞技场围栏的外部堆积（图 18 - 9）。一般来说，如果场馆的压实基础垫层延伸到场馆周边围栏之外，那么与基脚和基层材料在工作场地边缘结束的竞技场设计相比，将抛掷到竞技场外或冲到场馆外的基础材料弄回竞技场会更容易。可以将材料沿着压实的基础材料简单地堆积或推回竞技场，而不必将其举起并扔回竞技场。

沿着竞技场围栏外侧的基脚水平设置挡土板有助于将表面材料保持在竞技场垫层上。使用 2×6 的压力处理板或景观木材（或同等材料），安装在压实的基础材料上。挡土板确实增加了竞技场的建设成本，并破坏了地表水的排水。水需要能够排出场馆，同时不会冲走大量材料。即使用挡土板固定场地，也需要用铲子和耙子进行一些手工作业，以更换场馆外的地基。

排水孔可以设置在木板或木材下面，以利于水从竞技场表面排出（图 18 - 10）。每隔 4～8 英尺在 2×6 块木板上刻一个 1/2 英寸深的小排水孔，宽度与链锯锯条相同，以提供

图 18 - 9　室外竞技场场地表面需要频繁地调整，以保持基础材料松散、均匀分布，这些材料即场地外围材料，分别来自马和水流的影响

图 18 - 10　木板可以用来帮助控制基脚，防止其离开赛场表面。在木板下面需要有间隙让水流动，这里显示的是一根管道，使水通过基脚板

排水。将 4×6 景观木的两个端面的下角斜切，以便在两个木材对接时提供一个三角形开口。搁置在基底上的木板或木材不是一个密封良好的接合点，在其长度方向的许多位置，水会沿木板或木材下渗。自然而然的，一些基脚会被冲刷并通过排水间隙流到木板或木材上，良好的管理和维护要求定期将其弄回竞技场中。

三、闸门入口

室外竞技场维护的一个难点是入口的大门区域。由于密集的马和车辆通行，往往会形成一个低洼点，需要对场馆表面进行调节（图 18-11）。在该区域平整土地时要格外注意地表水的分流和竞技场降水的流动。在大门区域周围使用土工织物层将有助于分散载荷并稳定材料层（请参见"土工织物层"部分）。将通往竞技场的入口坡道定位在竞技场场地的较高位置，也将降低"水从竞技场流到人流密集区域"的可能性。

图 18-11　特别注意大量使用区域（如竞技场大门）周围的排水分级

本章小结

几乎所有的马场都设有室外竞技场。竞技场的建设首先需要固体填充作为基底材料，再加一层更硬的、分层良好的支撑基础材料。这些底层材料支撑着表面的材料，可以保持竞技场的长期运行。竞技场材料层的功能设计上与道路建筑非常相似，还要注意排水，保持建筑的完整性。室外竞技场设计的首要任务是将场地内的所有地表水和地下水分流，并使场地表面略微倾斜，以减少降水。各个竞技场的使用和现有场地条件将决定具体的竞技场设计和施工标准。为了保持适当的骑行条件和确保竞技场的使用寿命，需要对竞技场表面进行修整。

附 录

湿 度 图

第一节　湿度图与空气特性

空气湿度图以图形的方式呈现空气的物理性质。空气中含有与其物理性质相关的水分和能量，湿度图将这些性质联系在一起。了解湿度对于解决马厩和竞技场场地的环境问题非常有帮助。湿度图将帮助你形象化地理解环境控制的概念，例如为什么热空气可以容纳更多的水分，或者相反，如何让潮湿的空气冷却、冷凝。本附录解释了湿空气的特性是如何在湿度图中体现的。用三个例子来解释典型的图表使用。潮湿空气的特性在"空气特性定义"侧栏中解释，供你在以下讨论中参考。

湿度图将大量信息组合成一个形状奇特、相当复杂的图形。如果我们逐个考虑这些组成部分，图表的有用性就会更清晰。请参阅图 A-1，它是图 A-2 中更真实的湿度图表的简化图。湿度图的边界是水平轴上的干球温度标度、右侧垂直轴上的湿度比（含水量）标度和左侧表示饱和空气或 100% 持水量的上弯曲边界。如图 A-3 所示，该图显示了其他重要的潮湿空气特性。在不太明显的轴上标有湿球温度、焓、露点或饱和温度、相对湿度和比容。有关这些术语的解释，请参阅第三节"空气性质的定义"。潮湿可以通过找到这

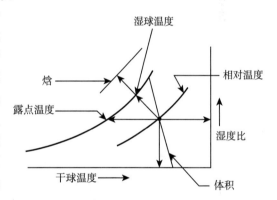

图 A-1　潮湿空气在简化的温度计上的性质。湿球温度和焓值使用相同的表格线，但是数值分别从不同的刻度读出来

两个性质中任两个的交集来描述。这称为"状态点"，所有其他的属性都可以得到。关键是要确定图表上的哪一组线代表感兴趣的空气性质。举例练习会有帮助。使用图 A-1 和图 A-3 以及图 A-2 中的湿度图来验证是否可以找到每个空气特性。

湿度图可在不同的压力和温度范围内使用。对于大多数马厩应用来说，图 A-2 所示为标准大气压（海平面 1 个大气压或 14.7 磅/英寸^2）和 30～12℉ 的温度范围。湿度特性也可用作数据表和在方程中使用。

了解湿度图的形状和用途将有助于诊断空气温度和湿度的问题。请注意，较冷的空气（位于图表左下方区域）不会像热空气（位于图表右侧）那样容纳太多的水分（如 y 轴的湿度比）。在我们所认为的正常环境条件下，一条"经验法则"是，空气温度升高 10% 可

以使相对湿度降低20％。湿度图的使用表明这基本上是正确的。例如，为了在关键时期降低冬季马厩的相对湿度，我们可以加热空气。

第二节 湿度图的应用

一、了解空气特性

干湿表给出的干球温度为78℉，湿球温度为65℉。根据这些信息确定其他空气特性。马厩和室内竞技场环境分析的两个有用的空气特性是相对湿度和露点温度。相对湿度是描述与理想湿度条件相比空气中含水量的一个指标，露点温度是指如果（干球）温度下降，何时会出现冷凝问题。

在干湿表（图A-2）上找到两个已知特性（干球温度和湿球温度）的交点。这个例子如图A-3所示，以便你检查自己的工作。干球温度沿底部水平轴分布。找到78℉的直线，它垂直穿过图表。湿球温度位于对角线虚线上，在标有"饱和温度"的上曲线边界处显示刻度读数。垂直的78℉干球线和对角的65℉湿球线的交点现在已经建立了测量空气的状态点。现在读取相对湿度为50％（曲线从左到右向上穿过图表），露点温度为58℉（沿着水平线，向左移动，朝向饱和温度的上曲线边界）。

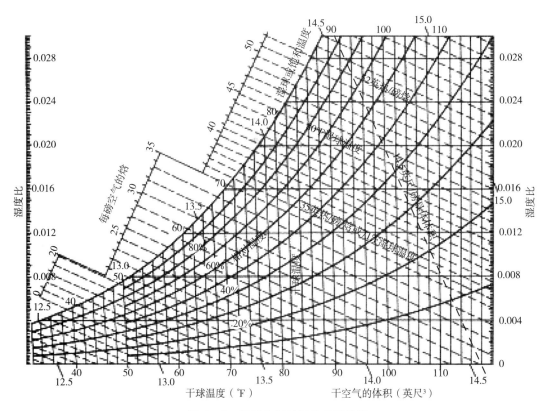

图A-2 显示空气的湿热关系曲线

从这些信息我们可以得出什么结论？对于大多数马厩和其他牲畜，相对湿度为50％是可以接受的。如果我们让空气温度（干球）降低到58℉（露点）或更低，空气中将达

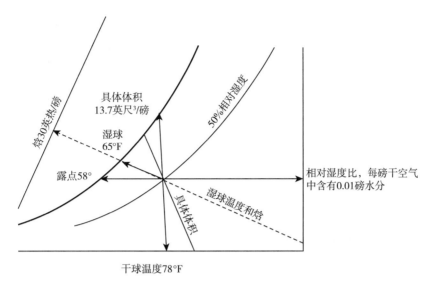

图 A-3　用于寻找空气的湿度性质，在湿度计上验证这些数值

到 100％的饱和水分并发生冷凝。在垂直 y 轴标度上看到的湿度比是空气湿度水平的可靠指标，因为它反映了 1 磅干燥空气中所含的水分，并不像相对湿度那样随干球温度读数波动。本例中空气的湿度比约为每磅干空气中含有 0.010 4 磅水分（从状态点向右水平移动至湿度比刻度）。湿度是空气中水分含量的良好指标，而相对湿度则取决于温度，如下一个示例所示。

二、冬季通风来控制湿气积聚

通常，空气在进入稳定的工作区或其他室内环境时会被加热。这提高了空气温度，但降低了相对湿度。考虑使用湿度计确定室外空气温度为 40°F（干球）时相对湿度为 80％的情况。这些空气被加热到 65°F（干球），然后被分配到整个建筑。图 A-4 描述了这个例子的过程。

在湿度图左下角找到进入的冷空气的状态点（图 A-4 中的 A 点）。注意，40°F 空气的其他特性包括湿球温度 38°F、露点温度约 34°F 和湿度比为每磅干空气中含有 0.004 2 磅水分。加热空气可以提高干球温度，而不增加或减少空气中的含水量。加热过程沿恒定湿度线水平向右移动；在图 A-4 中的点 A 和点 B 之间，将空气加热到 65°F（干球温度），导致相对湿度降低到 32％左右。加热后的新鲜空气足够干燥，有助于吸收环境中的水分（确认 B 点的加热空气露点为 34°F，湿度比为每磅干空气中含有 0.004 2 磅水分）。相对湿度较低的热空气可以与马厩里的潮湿、温暖的空气混合。当新鲜空气在动物居住的环境中流动时，它会在通风系统达到 75°F（干球）和 70％相对湿度（如图 A-4 中的点 C 所示）的排气条件之前吸收额外的水分和热量（图 A-5）。注意，在这种排出的空气中，湿度比增加了三倍，达到每磅干空气中含有 0.013 磅水分。这意味着，在温暖潮湿的废气中，从马厩中排出的水比从寒冷、高相对湿度的空气中排出的水要多得多。为了保持良好的空气质量，冬季通风系统的主要功能之一是去除马厩或骑行环境中的湿气。请注意，如果现在关闭加热系统并停止通风以将热空气封闭在建筑物中，那么空气将冷却并最终达到露点温度，从而导致表面凝结，是因为空气不再能容纳那么多水分。

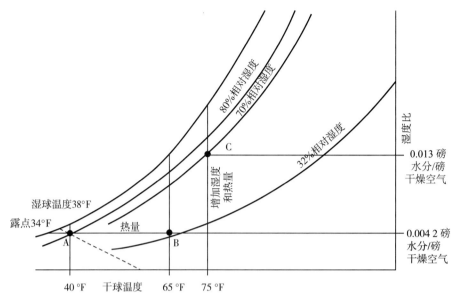

图 A-4　向稳定装置补充热量的图表

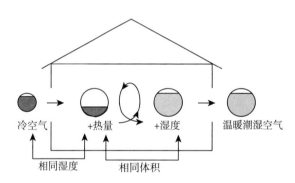

图 A-5　加热的空气会吸收更多水分，可以像海绵一样从马厩里吸走
水分，同时有更多的干燥的新鲜空气进入

三、炎热天气的蒸发冷却

　　蒸发冷却利用空气中的热量来蒸发水分。使用风扇迫使空气通过潮湿的材料，或者将水雾化成温暖的空气，这样空气中的热量就能将水蒸发。空气温度（干球）下降，而含水量（湿度）上升至接近饱和点。在炎热的天气里，蒸发经常被用来冷却因通风而进入马厩的空气。蒸发冷却的空气被带入马厩，并在马厩中与温度较高、湿度较低的空气混合，以获得全面的冷却效果。参考图 A-6，在湿度图上遵循这个示例过程。蒸发冷却沿着焓恒定或湿球温度恒定的线向上移动；例如，从温度为 95°F 且相对湿度为 30% 的 D 点到温度降低 24°F 的 E 点，蒸发冷却在空气温度降低 24°F 的位置最有效。请注意，干热空气（点 D 至 E）比湿热空气具有更大的蒸发冷却能力（在相同的热空气温度下，点 F 的相对湿度是点 G 的两倍，为 60%，温度仅下降 120°F）。幸运的是，尽管美国大多城市一直是夏季

炎热潮湿，温度为 90℉，湿度为 90％，但在最热的下午，夏季空气的湿度大大降低，蒸发冷却是有效的。

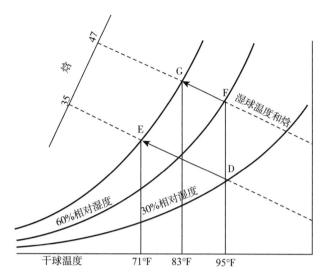

图 A-6　蒸发冷却过程。另一个例子显示湿热空气从 F 点冷却到 G 点。
请注意，干燥空气具有更强的蒸发冷却能力

第三节　空气性质的定义

我们周围的空气是干燥空气和湿气混合在一起的，它含有一定的热量。我们习惯于在讨论天气时使用温度、相对湿度和露点温度。这些及其他属性都包含在湿度图中。图表的形状和复杂性需要一些时间来适应，参考图 A-1 和图 A-2。你会发现图表的上弯曲边界有一个温度刻度，但可以代表三种类型的温度：湿球温度、干球温度和露点温度。这个上弯曲边界也代表 100％相对湿度或饱和空气。

通常用温度计测量的温度是干球温度。因为温度计的感应端是干的（与"湿球温度"进行比较）所以它被称为干球。干球温度位于湿度图的水平 x 轴上，恒温线由垂直图表线表示，因为除非另有说明，该温度通常假设温度为干球温度。

相对湿度是空气在一定温度下能容纳的水量的量度。在相同的温度下，空气可以保持 100％的湿度或饱和度，这与水的量有关。空气温度（干球）很重要，因为温暖的空气比冷空气含有更多的水分。相对湿度为 60％的空气中含有 60％的水分（该温度下的空气）。它还能吸收 40％的水分，达到饱和。相对湿度恒定的线由曲线表示，曲线从图表的左下角延伸到右上角。100％相对湿度或饱和度的线是图表的左上边界。

潮湿空气的湿度比是每单位干燥空气中包含的水的质量。这通常表示为每磅干燥空气中的水分磅数。因为潮湿空气的湿度比与温度无关，所以相对湿度在计算中更容易使用。湿度比在垂直 y 轴上，恒定湿度比的线在图表中水平延伸。

露点温度表示水开始从潮湿空气中凝结出来的温度。假设空气在一定的干球温度和相对湿度下，如果允许温度降低，空气被冷却，相对湿度增加，直到达到饱和，在露点温度或低于露点温度的表面发生冷凝。露点温度是通过从一个状态点沿恒定湿度比线水平向左移动，直到达到较高的弯曲饱和温度边界来确定的。

焓是潮湿空气的热能含量。它以每磅干燥空气的热量单位（Btu，英热）表示，代表空气中温度和水分产生的热能。焓在空气加热和冷却应用中很有用。焓标度位于饱和点上方，恒焓图表线的上边界从左到右呈对角线向下延伸，在该图表上，恒焓和恒湿球图表线是相同的，但数值是从不同的标度读取的。更精确的湿度图使用的湿球温度和焓线略有不同。

湿球温度是在空气通过湿传感器尖端循环时确定的。它表示水蒸发并使空气达到饱和的温度。这个定义中固有的一个假设是空气不会损失或获得热量。这不同于露点温度，在露点温度下，温度降低或热量损失会降低空气的持水能力，导致水凝结。在这个焓湿图上湿球温度的测定遵循恒焓线，但是数值是从饱和温度的上限曲线上读出的。

比容积表示空气所占的空间。它是密度的倒数，表示为单位质量的体积（密度是单位体积的质量）。暖空气比冷空气密度小，冷空气导致暖空气上升。这种现象被称为热浮力。通过类似的推理，暖空气具有更大的比容，因此比冷空气轻。在湿度图上，等比容线几乎是垂直线，刻度值写在上边界的饱和温度刻度之下。在这张图上，数值范围为 12.5～15.0 英尺^3/磅干燥空气。比容积越大，温度越高（干球）。

说　明

本文介绍了一种用于监测马设施空气特性的手持式仪器。

干湿表是一种用来测定干球和湿球温度的仪器。传统的相对湿度测量方法分为两步：湿球温度和干球温度，然后通过湿度图转换为相对湿度。干球温度用标准温度计测量。湿球温度由一个标准温度计确定，该温度计用覆盖传感器灯泡的湿织物芯修改。在灯芯材料上提供足够的气流，以便当蒸馏水（防止盐积聚）从湿灯芯蒸发时，温度下降，温度计读数反映湿球温度。可通过湿球或干球（通过温度计）吸入空气。干湿表被认为是高度精确的，但已被湿度计取代，用于大多数偶然的温度和湿度观测。

湿度计是一种直接测量相对湿度的电子仪器，而不是使用干湿表和湿度图。湿度计传感器具有矩阵材料，其中电特性能随水分含量而变化。其他湿度传感器材料表明，当水分子黏附在其表面时，会发生电变化。湿度计解释和显示传感器材料的变化。仔细校准至关重要。传感器材料可能无法耐受接近饱和的条件，因此当相对湿度上升到95%以上时，许多相对湿度传感器的可靠性是值得怀疑的。大多数湿度计提供干球温度和相对湿度的读数。这些设备可能需要几分钟来显示正确的读数，并提供3%～5%精度的相对湿度测量。在过去的几年里，湿度计的价格普遍下降，但可靠性却有所提高。

图书在版编目（CIP）数据

马厩设计与运动场建设 /（美）艾琳·费边·惠勒编
著；邵伟主译. -- 北京：中国农业出版社，2024.10.
ISBN 978-7-109-32509-8

Ⅰ. TU264

中国国家版本馆 CIP 数据核字第 2024MR6286 号

Horse Stable and Riding Arena Design
By Eileen Fabian Wheeler
ISBN：9780813828596
© 2006 Blackwell Publishing
All Rights Reserved. This translation published under license with the original publisher John Wiley &
Sons，Inc. No part of this book may be reproduced in any form without the written permission of the
original copyrights holder. Copies of this book sold without a Wiley sticker on the cover are unauthor-
ized and illegal.

本书中文版由 John Wiley & Sons，Inc. 授权中国农业出版社有限公司独家出版发行。本书内容的任
何部分，事先未经出版者书面许可，不得以任何方式或手段刊载。本书封底贴有 Wiley 防伪标签，
无标签者不得销售。版权所有，侵权必究。

合同登记号：图字 01‐2022‐2875 号

马厩设计与运动场建设
MAJIU SHEJI YU YUNDONGCHANG JIANSHE

中国农业出版社出版
地址：北京市朝阳区麦子店街 18 号楼
邮编：100125
责任编辑：神翠翠　　文字编辑：李兴旺
版式设计：杨　婧　　责任校对：吴丽婷
印刷：中农印务有限公司
版次：2024 年 10 月第 1 版
印次：2024 年 10 月北京第 1 次印刷
发行：新华书店北京发行所
开本：787mm×1092mm　1/16
印张：19
字数：462 千字
定价：120.00 元